人的全景

弹簧人、思维体操与进步

池宇峰 著

中信出版集团 | 北京

图书在版编目（CIP）数据

人的全景：弹簧人、思维体操与进步 / 池宇峰著
. -- 北京：中信出版社，2019.10
ISBN 978-7-5217-0890-5

Ⅰ.①人… Ⅱ.①池… Ⅲ.①心理学—通俗读物
Ⅳ.① B84-49

中国版本图书馆 CIP 数据核字（2019）第 161133 号

人的全景——弹簧人、思维体操与进步

著　　者：池宇峰
出版发行：中信出版集团股份有限公司
　　　　　（北京市朝阳区惠新东街甲 4 号富盛大厦 2 座　邮编　100029）
承 印 者：北京通州皇家印刷厂

开　　本：880mm×1230mm　1/32　　印　张：14　　字　数：280 千字
版　　次：2019 年 10 月第 1 版　　印　次：2019 年 10 月第 1 次印刷
广告经营许可证：京朝工商广字第 8087 号
书　　号：ISBN 978-7-5217-0890-5
定　　价：69.00 元

献给

爱思考的你

不盲从的你

同进步的你

……

先说坏消息，前期预读的读者反馈说，本书信息量有点儿大，开始的部分读起来有点儿烧脑；好消息是，读完的读者大多觉得收获巨大，而且阅历越丰富的读者感受越强烈。所以，还是坚持读完吧，毕竟，要想进步总是要费点儿工夫的……

目　录

理 论 篇
人的全景

第一章　解构思与行

第二章　思维操作间

实 践 篇
进步阶梯

推荐序一

在《人的全景》这本书中，作者试图探讨一个极其复杂的问题——如何解释人的心理过程和行为，特别是人的决策、动机、情绪以及背后的机制。这个问题其实是心理学作为一个学科存在的核心问题。为了写好这本书，作者阅读了心理学多个领域（包括认知心理学、认知神经科学、生理心理学、人格心理学、社会心理学、管理心理学等）的经典著作和前沿文献，足见作者在这本书上的用心。

这本书不是传统意义上的学术专著，而是作者立足于对人、社会和自然的理解和洞察，并在实证研究基础上进行理性思考的结果。作者提出了全因模型，将维持平衡状态看作人的终极目标，认为人的行为和思维是平衡态受外界刺激后的反应和产物。这个模型来源于作者对生活细节的思考，通过深入的探究去追溯行为和思维的本质和本源，最终找到可能具备普适性的答案。全因模型不执着于某些细节，在理论框架上有很好的概括和升华，用这个模型去解释人的心理过程和行为显得既简洁又深刻。

除了解释人的心理和行为的全因模型，这本书还强调了人认清自己的重要性。初读本书时，我收获颇多，不仅是因为书中包含作者对个人、企业和社会的理解，更是因为他提出了认识自己的行之有效的方法及其背后的意义。现实生活的压力往往让人疲于奔命，人们越来越少将注意力放在审视内心和认识自我上。这本书给出了人需要深刻认识自己的一个重要理由，它将认识自我视为人获得进步的必要前提，认为人只有认识了自我，才能改变自我，最终进步。书中以此为脉络，一步步展现了人天生的局限、本能引发的错误，从沟通、观念、改变等多个角度去阐述人可能犯的错及相应的解决方案。不仅如此，这本书还给出了诸多方法来帮助人认清自己。这些方法简单易行，不存在深奥之处。

这本书另一个值得称道之处在于，它将诸多心理学理论用简单易懂的方式表述出来，能极大地帮助人们对自己的心理状态形成初步认识。在过去数百年中，人类对外部世界的认识和理解取得了令人瞩目的进展，对自身的认识却举步维艰。对于承担认识人类自身这一使命的心理学科，艾宾浩斯曾这样描述它的发展："心理学有漫长的过去，但只有短暂的历史。"早期心理学是哲学范畴的，是人们对"灵魂"的思考。直到 1879 年德国学者冯特受自然科学的影响在莱比锡大学建立第一个心理实验室开始，心理学才开始脱离思辨性哲学，成为一门独立的科学学科。心理学是研究人类行为及精神过程的科学，其目标是在适宜的水平上客观地描述行为，解释行为产生的原因，预测将会发生的行为，最后控制行为以提高生活质量。当前，大众心目中对心理学可能有些误解，认为读心术、心灵鸡汤等就是心理学。但这本书的作者用通俗易懂的语言对心理学理论和名词做了恰当的阐释，让心理学变得更加亲近非专业人士。

该书洋洋洒洒 20 余万字，无论读者的专业背景如何，是否曾对书中讨论的问题有过思考，都能愉快地阅读，不至于为理论和术语所困扰，从而使读者更加理解心智之谜和行为之理。

北京大学心理与认知科学学院院长

推荐序二

我和宇峰相识于课堂。从亦师亦友的角度观察，宇峰给我的最直观的印象就是他与百年"水木清华"精神相辉映的高度专注、效率与理性特质。为了帮助他深入思考如何运用这些特质来承担继往开来的时代使命，我在课堂上问他的第一个问题是："百年之后，如果您到地下面见清华四大国学导师之一的王国维，会如何向静安公介绍自己？企业家、企业家学者、学者企业家（我的用语），还是关注社会各界利益（义），生财、取财有道，经世致用、文化双融的企业'士'？"

《孟子·尽心章句上》中说："士尚志，志，心之所主。"很多企业家或创业者在事业有成后，纷纷著书立说，办学立校。立功而后立言，似乎是目前企业界的风气与时尚。然而，宇峰撰写这本书的心志则截然不同：一则，他是我所见过的诸多事业有成的企业家中，少数落实理论与实践合一的思想家；二则，宇峰是一个十分专注于自我修炼、自我要求的人，能够真心地"立人立己，达人达己"。

穷理致知，大小若一

这本书很"大"。 在思想史上，轴心时代和启蒙时期的先哲十分热衷于讨论人的"全景"与"本质"问题，那是个群星闪耀的时代，但受限于当时的科技水平，这类论述往往指向某种抽象概念或超自然存在。随着自然科学与社会科学的发展，人们的认识逐渐深入，而学科边界乃至学科内部研究分支的壁垒却日益分明，使人容易陷入盲人摸象、以偏概全的困境。

在思想与科学两条线索汇集之处，宇峰的新作《人的全景》问世。我们可以从书中读到先哲们的宏大视角与自然科学最新成果的结合，由此发现一种全新的学术探索：在自然科学的基础上，以心理学为起点，结合化学、生物学、哲学、社会学等学科，俯瞰人类的心理过程，探索思考与行动的内在机制。这种将多个学科融会贯通所得到的全景式研究成果，让我们能够从更广阔的视野触及人类自我认知的边界，叩问"我是谁"这样的本质问题。在这种颠覆性的阅读过程中，读者将会有醍醐灌顶、豁然开朗般的愉悦。

这本书又很"小"。它"小"到贯穿我们的生活细节，甚至可以作为一本人生指南。面对一些我们经常碰到的困惑，如我们应该如何避免误解、如何接受观念、如何实现改变与创新以及职业发展中有哪些常见问题等，书中都做了精妙独到且深入浅出的分析。

这本书尤其对青年具有指导意义，当我们重新认识人的心理与行动机制后，那些渗透在书里的关于生活细节的剖析与建议，让本书变得更具亲和力与可操作性。而对那些历经沧桑且正面临瓶颈的人来说，阅读本书更将有恍然大悟的惊叹。

孔者，大也，大明之意；孔者，小也，孔窍，针孔之含义。"致广大而尽精微"，格局与细节兼具是《人的全景》给我的第一印象。

平衡态的奥秘和人性之"本"

《论语·学而》有言："君子务本，本立而道生。"中国传统智慧对于"本"有独到的见解。在西方哲学传统里，关于起源和本质的探讨也可谓汗牛充栋。然而，在当代社会，知识生产的专业化和知识传播的碎片化使我们很少拓展和延续对"本"的探究。"平衡态"理论的提出，既延续了先贤求本求真的精神，又将对"本"的探讨置于自然科学的研究基础之上。

古往今来，人们对"道"的追求孜孜不倦，"究天人之际，通古今之变"。蓦然回首，转向内求，"本立而道生"，这些人体内的身心奥秘，或许是我们揭示普适性规律的钥匙。

如何面对人的局限与错误

"人心惟危，道心惟微，惟精惟一，允执厥中"，我个人最推崇且立身行践的"精一"思维就是源自《尚书·大禹谟》的这句话，而宇峰更向前追溯，直指本源，探寻"人心惟危，道心惟微"的可能原因。

《人的全景》大胆提出了管理者和创业者的一些思维错误，读来让人心惊。事实上，我接触过很多创业者和企业家，发现那些失败的案例大多源于他们走入了这些思维陷阱。譬如，很多人容易陷入"自查无错"的陷阱，总是用自己的标准来判断和决策，然后用同样的标准复查和检验，自然觉得自己无比正确。同样地，很多人也容易陷入"期待性寻证"，只寻找、聆听自己愿意相信的信息。这些陷阱都可能使人困在自以为是的牢笼中而不自知。

倘若创业者和企业家能看到这些思维陷阱，通过自觉、他觉或训练，及早改变思考回路，则他们事业的成功率将大大提升。倘若青年能够理解这些对"人心惟危"根源的精妙剖析，则他们在人生道路上就可以少走诸多弯路，善莫大焉。

实现进步与幸福之路

这本书并非仅停留在个人层面，还怀着对社会和人类的责任感。在最后一章，宇峰提出"无罪之罪"的概念，这是对成功者的警醒与期待。在资源有限的世界，一个人的成功必定伴随着另一个人的失败，这是所有成功者的"无罪之罪"，而唯有选择善良，才是终极解法。决策时不损人利己，用合作和互助代替恶性竞争，关注慈善和青年的成长与传承，这是宇峰的思考与选择，也是《人的全景》这本书对社会的价值。

这是一本从内省自心到俯瞰众生的著作，充满了理性、冷静与智慧。用文化双融的观点来看，它既聪明，又有智慧。从动态竞争理论视角来讲，这本书就是旨在教会人们既要聪明地在竞争中胜出，又要充满智慧地免于竞争。"知人者智，自知者明"，知人与自知，一体两面，相辅相成。

宇峰不仅是一位成功的企业家，而且是一位善于将企业管理与人生中的实践加以总结和提炼、以实践为基础的思想者。他愿意"授人以渔"，引导大家在认识自己的道路上通往幸福。这体现了企业家的社会责任感，更体现了思想者和教育家的情怀。

由于专业背景和成长过程的差异，宇峰和我在某种程度上确实具有鲜明的对照，但我们二人在个人的使命感与历史责任感上却是殊途同归——异曲同工又文化双融：一位科学敏锐的企业家与一位探究人性的管理学者，两者"各行其道"，却同样致力于一个纯粹的目标——让世界变得更加双融与"完美"。

陈明哲

美国弗吉尼亚大学讲席教授、国际管理学会终身院士暨前主席

自　序

这是一本关于进步的书，进步的最佳方法就是认清自己，同时有针对性地持续改进。

这是一本写给改变者的书，尤其是写给年轻人，因为人只有勇于改变，才能持续进步。

在本书上半部分理论篇中，我将向大家介绍一套全新的思维框架，这也是我长期应用在日常工作和生活中的思维方法，我称之为"全因模型"。人的全部行为都是有原因的，都可以追根溯源到这个最基础的模型，这便是"全因"的由来。

在本书下半部分实践篇中，我将对人们在工作中常犯的阻碍事业发展的各种错误进行剖析，并有针对性地提出克制方法，希望能够帮助年轻人走向事业成功。

本书有三大创见。

第一，这是一次建立自由意志整体模型的新尝试。

全因模型用平衡态以及负反馈机制解释人的动机来源，并用人从出生后的所有经历、经验解释人的决策机制。人的一切思想和行为都可以在这个模型中自洽运转，而无须外部驱动。打个比方，要想从亚洲到美洲，人们可以选择乘飞机、轮船、热气球等工具。但如果没有这些工具，就像一万年前的冬季，人类可以步行穿过白令海峡，再远再难也能到达美洲。前者就像宗教、神学等理解人的自由意志的方式，而后者就像本书的全因模型，不借助神学、玄学或意念、灵魂等力量，也可以自洽地对人的自由意志进行整体的逻辑解释。需要说明的是，本书并不讨论人类的起源及演化过程，只讨论人出生后的思维与行动的逻辑。本书提供了一种不借助未知力量解释人类的思维和行为的模型，这一模型不与任何信仰及已有科学体系冲突，而且还可以与它们友好并存、互补。同时，本书也无意改变读者的任何信仰。

第二，本书全面剖析了我们思维中不受控制的那些部分，正是它们在远古时代保障了我们的生存，却又在现代阻碍了我们的个人发展。只有认清它们，我们才能更好地掌控自我，从而获得最大限度的进步。

"平衡补偿机制"解释了上文提到的那些不受控制的部分，即人在思考和决策时，如何通过调整各种经验的重要性及确定程度来减轻压力，恢复心理平衡。这时人们表现得就像一个"弹簧人"，运用富有弹性的四肢努力撑住，使自己在各种冲击下保持心理平衡。这一过程并不受主观控制，而是受身体保持稳定倾向的影响，从而推动神经系统进行自动微调，就像停车时如果变速箱齿轮没有卡到位就停了下来，齿轮就会自动啮合对齐，这时汽车会发生轻微位移，以达到最稳定的停车状态。人们在日常生活及工作中所犯的绝大部分错误都出自这种平衡补偿机制。如果能认识它，并积极应对，我们就可以实现快速进步，我们的判断能力也会大幅提升。

第三，本书最重要、最有价值的应用是总结了"自查无错"这个终极局限。我们所有人，包括常人、各种能人、各领域统帅都会止步于此，它是造成人生失败和社会灾难的关键原因。人们行动和自检的依据来源于同一套经验价值体系，因此无法发现自己的错误。如果人们从未了解过这个概念，就无法察觉它的存在。"自查无错"也许乍一听很深奥，但它就像一层窗户纸，一捅就破。这个过程就像摩擦生电现象，刚开始被魔术师用来故弄玄虚，但当原理被揭开后，人们才知道其实它很简单。如今，摩擦生电现象不仅人人皆知，而且广泛存在于生活的方方面面，其原理还被应用于发电。同样，如果人人都能认识到自查无错这个现象，人们将会更易成功及幸福，社会文明也会取得巨大进步。另外，还有"单倾选择""不知有不知无"等阻碍我们进步的"思维错误"，我针对它们构建了一套"思维体操"，即克服自身局限性，纠正各阶段错误的思维方法。

在本书的实践篇中，我将把这些思维错误和思维体操按等级呈现出来，希望处于不同发展阶段的读者都能有所收获。认识这些思维错误，就相当于给我们的头脑注射了"思维疫苗"，使我们在日后的生活中对这些错误、陷阱产生免疫，避免重复犯错，这是取得个人进步的必经之路。有针对性地掌握思维体操可以帮助我们提升思维能力，实现自我干预、自我治疗。

这套思维模型萌芽于我在清华大学化学系读本科的时候，之后我分别于中欧国际工商学院和长江商学院－新加坡管理大学企业家学者项目完成了硕士学位和博士学位的学习，加之 20 多年来我对工作、创业以及创新活动的总结，这套模型变得日益完善。受益于这套思维模型，我避开了很多陷阱，取得了多项事业发展，也获得了很多快乐。同时，它也对我理解个体、组织及社会的规律大有助益。

在我的头脑中，全因模型几乎可以解释人类的一切行为。它剖析了人的动机、欲望、记忆、思考、经验、价值观以及创新等一切关于人的思维和行为的微观机理。它看似复杂，但只要尝试将其应用于实践，你就会发现它非常简单，非常实用，稍有耐心就可以全面掌握。这一模型对人的逻辑模拟，就像电路图之于电路板一样。

全因模型的构建涉及心理学、认知神经科学，以及化学、物理学、管理学、社会学等多个学科的知识。在这些学科中，我认为心理学知识尤为重要，它在生活中无处不在，可以帮助人们认清自身并获得更强烈的幸福感。如今，心理学研究在全球已经发展出 52 个分支领域，心理学的分化导致人们越来越难以一窥心理学的全貌。与此同时，大多心理学的研究和概念，如曝光效应、证实性偏差等，只在学术界内打转，不被大众熟识。这些心理学概念对人们有着重要的价值，但被隔绝在冰冷的名词背后，显得高深莫测，与人们的日常生活相隔甚远。如果大家都不了解这些知识，就更谈不上用它们实现自我进步，这是非常可惜的事情。

因此，我尝试构建这种跨分支、跨领域的模型，试图用一目了然的名称将模型中涵盖的学科知识通俗化，从而使之更加易懂且不易被遗忘，希望读者在未来生活、工作之余，能随时想起，信手拈来，用它们审视并调节自己的思维和行为，帮助自己做出最正确的判断。

从模型构建到写作成书，这是一个漫长的过程。在这个过程中，我最要感谢的是我的家人，他们使我有充分的时间用于创作，并给了我大量的鼓励。同时，我想特别感谢我的研究团队成员韩笑、朱颜、王桧银、佘思侬、赵雅琦、邢哲、邝颖芳，以及几位重要的组织策划者王薇、张晓宜、陶鹏、王贵君，正是因为他们的支持，我那些充满跳跃性的想法才得以被打磨成整体性模型。

在《人的全景——弹簧人、思维体操与进步》这本书的出版和传播过程中，中信出版社的编辑付出了诸多心血，感谢他们专业的文字编辑与策划工作，使这本书能以今天这样的面貌与读者见面。

全因模型的一些模块是基于假设的模拟，必然会有考虑不周之处，真切希望获得相关专家的批判指正，以便在后续版本中完善。

我连续经历了多次创业成功，这要归功于我对用户需求及团队心态有比较强的感知能力，而这些均离不开一套正确的方法，以及这套全因模型。记得有一次在硅谷清华企业家聚会上，一位创业者说他 10 年前听过我的演讲，我在演讲中提到的"扳道工理论"让他受益匪浅，甚至改变了他的人生轨迹。这让我非常感慨。我见识过身边有太多人明明拥有 100 分的能力，却只收获了 30 分的成就与幸福，这与方法不对息息相关。因此，我希望这本书能帮助更多人掌握正确的方法，理解自己及他人的思维路径，掌控自己的喜怒哀乐，看清人生路上的选择，不断进步，在为社会做出贡献的同时取得个人成就，收获人生幸福！

池宇峰

2019 年 6 月

理 论 篇

人的全景

第一章
解构思与行

我们对宇宙的探索仍处在茫茫黑夜中，对人类思维和行为背后的逻辑也仍有不少迷思。对此，全因模型是一个崭新的构想：它既不过于宏观，因此有着实际的指导意义；又不过于微观，不至于让人陷入细节而无法看清全局。全因模型中的平衡态关乎人生命的根本目的，人一切需要与动机的出现，都源自平衡态失衡后的回调机制。因此，将平衡态作为撬动问题的支点，也许就是解构思与行的关键。

全因模型概述

在这一章，我将介绍一个简单、有效且能帮助你快速理解自己和他人的工具——全因模型。这个模型其实很简单，没有涉及过多学术研究的细节，因为我不希望你的注意力被细节分散。我们即将开始的，是一段在俯瞰视角下，从整体到局部，再从局部回到整体的旅程。

在地球这颗蓝色星球上存在着我们已知的和未知的亿万种生命，众多的生命组成了一个生态系统，这个系统得以维系的关键是它具备平衡稳定的特性，这就像生命体之间达成的某种协议，使它们可以共处，可以存续。更为关键的是，这种平衡稳定的特性不仅存在于生态系统中，还存在于地球上大大小小结构完备的生命体中，包括我们人类。

1932年，沃尔特·坎农在其著作《躯体的智慧》中描述了我们身体中稳定的秘密，他将其称为"稳态"。[1] 面对环境的变化，我们的身体会努力保持一个相对平衡稳定的状态，我们的各项生理指标都有这样的特性。比如体温，无论周围环境温度如何变化，我们的身体都会努力将体温维持在36℃上下。在我看来，保持平衡稳定的不仅仅是我们的生理指标，我们的心理指标也有同样的特性。我将坎农的生理稳态与心理的平衡稳定特性结合，建构了全因模型中的第一个模块——平衡态。

人类日常的行为都有其相应的动机，而动机是因人的需要产生的。有关人类需要的心理学理论有很多，心理学家之所以热衷于研究需要，是因为它是人类一切行为和思考的起始。然而，平衡态尝试解释的，是需要产生的源头，是需要产生的原因。

需要是由平衡态失衡引发的。我们由需要引发的一切行为或思考都服务于一个目的，那就是恢复和维持平衡。在这个视角下，我们的一切行为和思考就是平衡态的负反馈机制，即当我们偏离平衡时，会产生恢复平衡的需要，进而产生动机，并激发行为。这就是全因模型中的第二个模块——负反馈。

我们的一生就处于不断从失衡到平衡的过程，这其中充斥着无数的决策和行为。那么，我们在制定这些决策和实施这些行为时有依据吗？有一以贯之的准则吗？如果有，是不是只要我们洞悉了一个人的依据和准则，就可以理解并在一定程度上预测这个人的行为？答案是肯定的。人的一切决策和行为的依据都来源于全因模型中的第三个模块——经验价值清单。

我们每个人都有一套属于自己的经验价值清单，它来源于个人的经历、体验，以及从中总结出的经验、规律，还有最终抽象出的价值观。经验价值清单决定了我们认为什么是对的，什么是错的，什么是好的，什么是坏的；它还记录了哪些事情对我们有利，哪些事情对我们有害。若抛开生理基础，人与人之间经验价值清单的不同，就是人们在思考、决策、行为等方面产生不同的根源所在。也就是说，经验价值清单决定了一个人的思维和行为模式。

平衡态、负反馈、经验价值清单是全因模型中的三个主模块。接下来，我们要通过两个问题聚焦人的心理，用相对微观的视角探寻两个与心理平衡密切相关的子模块。

第一，是什么引发了心理失衡？

在马斯洛的需求层次理论中，人的心理需要被分为对安全感的需要、爱与归属感的需要、尊重的需要以及自我实现的需要。每个人都有可能在这几方面产生心理失衡，但每个人心理失衡的程度有所不同。那么，这种程度的不同因何产生？追溯其本源就会发现，它来自比较，是人与周围其他人进行比较的结果。在职场中常见的一个会导致人心理失衡的例子是分配奖金，当人们拿到的奖金数额与自己预期的差不多或比预期的更多时，就会很开心，但当得知同部门里其他人的奖金都比自己多时，马上就会不高兴。当我们比较的标准或对象发生变化时，心理失衡的程度也会随之变化。比较引发了绝大部分的心理失衡，它在一切心理需要中贯穿始终，这就是全因模型中的第四个模块——比较器。

第二，我们如何应对心理失衡？

生活中充满了挑战，因此心理失衡会频频发生。不是所有的心理失衡都能用行为来迅速恢复，在很多情况下，导致人们产生心理失衡的原因并不会轻易消失，因此人们常常会对事件发生的原因和结果进行弹性解释，以说服自己，"我不比别人差"或者"我没有错"。人们会通过改变认知的方式使自己恢复心理平衡，具体方法是：自我安慰、自找理由、自圆其说、自找台阶。绝大多数人的决策失误都来源于我们应对心理失衡的惯用策略，即全因模型中的第五个模块——平衡补偿机制。值得强调的是，我认为这种弹性解释机制是由物理及化学规律激发的，所以人们很难反抗。

以上就是全因模型中最重要的 5 个模块。从全因模型的角度看，人只有处于平衡态中才能生存，人的思考和行为就是负反馈，它服务于恢复和维持平衡态，人思考和行动的依据都来自经验价值清单，人的心理失衡大多来源于比较，人应对心理失衡惯用的策略是动用平衡补偿机制来助力其他方法。这个模型很简单，只有 5 个主要模块，但尝试应用后你就会发现，任何行为都可以在这个模型中找到位置。

接下来，我将分享我对于全因模型的思考细节，希望可以启发读者探索自己的内心世界。全因模型可以帮助人们看清自己、理解他人、洞察世界，同时它也是提升自我的有力工具。

平衡态——生存还是毁灭

"不要忘记，不管发生了什么，都要照顾好这个孩子……"亚伦回忆道，这是妻子维罗妮卡陷入昏迷前说的最后一句话。

2006年10月，据英国《星期日镜报》报道，在美国亚利桑那州尤马市，36岁的维罗妮卡在治疗癌症的过程中意外怀孕了。医生建议她流产，但维罗妮卡和丈夫亚伦都想将这个孩子生下来。由于怀孕，维罗妮卡无法继续接受化疗，随着腹中的胎儿一天天长大，她的病情越来越严重。维罗妮卡全身都处于剧烈的疼痛中，为了减轻她的疼痛，亚利桑那州菲尼克斯市医院的医生决定让她陷入诱导性昏迷，故而有了上文最开始的那句话。然而，维罗妮卡陷入昏迷状态后再也没有醒来，两天后，医生宣布她已经脑死亡，此时她腹中的胎儿才23周。后来，医生通过呼吸机维持她的生命，直至她腹中的胎儿长到足够分娩。最终，医生对她进行了剖宫产手术，成功接生了在母亲腹中待了30周的女婴小维罗妮卡。

其实，在各国的新闻报道中还有很多与维罗妮卡情况类似的母亲，她们在失去意识后依然奇迹般孕育了新生命。她们之所以能够做到这一点，所借助的正是人体具有的保持平衡稳定的重要特性，只要给予母体所需的营养，它就能保持一个相对平衡稳定的内环境，胎儿就能在其腹中发育生长。人体这种保持平衡稳定的特性，就是我们接下来要详细讨论的平衡态。

1. 需要和动机的源头

平衡态尝试解释的，是行为的起始之处，是需要和动机产生的源头。

心理学家将"需要"定义为有机体内部的一种不平衡状态。[2] 关于需要的心理学理论有很多，例如本能理论、驱力理论、精神分析学派的系列理论、马斯洛的需求层次理论等。心理学家不遗余力地研究这个课题，就是希望由此弄清人类行为的方向。但我们接下来要讨论的，是更本质的问题——是什么引发了需要？

一切要从我们的身体谈起。我们都知道，通常情况下，人体几乎所有的可检测指标均保持在特定的区间内，比如空腹血糖值的变动区间是每升 3.9~6.1 毫摩尔，腋下体温的变动区间是 36~37℃。当某些指标偏离了变动区间时，就意味着我们的身体可能出了问题，因为正常情况下，我们的身体有保持某种稳定状态的特性。生理学家坎农将生命体保持相对稳定的状态定义为"稳态"。稳态不是恒定不变的，它是一种动态平衡，身体中各个组成部分会不断地进行调整、改变，以确保整个系统保持稳定。

我们的身体为了保持稳态需要做大量工作，比如保持血液中水、盐的含量稳定，保持血糖、血脂、血钙、血蛋白的含量稳定，保持体温的稳定。这些工作需要消耗大量的能量，当身体能量不足时，大脑就会通知我们向外界寻找资源进行补充，这时我们就会产生进食和饮水的需要。如果不能及时补充能量，就会导致身体稳态更大程度的失衡。简单来说，生理需要的产生就源自生理稳态的失衡，由生理需要引发的行为就是在补充维持稳态所需的能量。

然而，人的行为远非生理平衡就能决定的，心理因素也发挥着重要作用。

你有没有过这样的体验：在一个非常重要的场合，自己因为紧张突然说错了一句话，话音落下的同时，懊恼的情绪就侵占了思绪。面红耳赤之余，你的脑海中一遍遍地重演着刚刚说错话的场景。虽然你的脸上可能还在努力维持着不自然的微笑，但同时你能清晰地感受到心脏因慌乱和担心而加速跳动。一段时间之后，头脑中冒出一个声音："咳！别想了！大家不会记得我刚说过什么的！"在这之后，心中的懊恼好像减轻了一些……

在我看来，不仅是生理，人的心理也有保持平衡稳定的特性。生理的平衡意味着人能活下去，心理的平衡则意味着人认为自己有能力活下去。人心理失衡的原因就是判断自己失去了竞争有限资源的优势地位。上述例子中，因为说错话后担心自己的形象受损，你的心理平衡被打破，那些懊恼、慌乱、担心的情绪就是你对心理失衡的感知。与此同时，面红耳赤、心跳加速是由心理失衡引发的生理失衡（心理反应可通过神经系统、内分泌系统、免疫系统与生理反应相连）。而头脑中冒出的那个声音就是你试图使自己的心理恢复平衡而做出的努力。尽管它不一定奏效，也许更有效的努力是在之后训练自己的临场表达能力，为重要场合做更充分的准备，但我想强调的是，所有后续的这些努力和行为都服务于一个目标——恢复平衡。

人的心理和生理相关联，并遵循着同样的法则，即不断地努力维持平衡态。我尝试将坎农的生理稳态与人的心理平衡稳定特性相结合，形成全因模型中的关键概念——平衡态。人的生存需要其各项生理和心理指标保持在一定的区间内，这样的区间就是"平衡区间"，而人的各项生理和心理指标保持在平衡区间内的状态即为"平衡态"。

我们的平衡态既包括生理指标（如血压、心率、电解质等）的平衡，又包括心理指标（如安全、尊重、社交等）的平衡。通常情况下，生理平衡的指标是比较固定的数值，心理平衡的指标更多是相对值。[①] 人处在平衡态时，各项指标处于平衡区间内。当某些指标偏离平衡区间时，平衡态就会失衡，相应的需要和动机就会产生。比如，血糖降低，属于生理失衡，人就会产生进食的需要和寻找食物的动机；在陌生的环境中与同伴走散，则是心理失衡，人就会产生安全的需要和找到同伴的动机。同时，人体的"身"与"心"紧密相连，比如在陌生的环境中与同伴走散时，人会感到恐惧，这一心理失衡会通过生理反应表现出来，身体会出现一系列应激类激素大量分泌和失衡的状况，进而出现心跳加速、手心出汗等连锁反应。

总结来说，我们的一切需要和动机均源于平衡态的失衡。

2. 平衡区间与生死区间

平衡区间就是人处于平衡态时各项指标所在的区间，当某一指标处于平衡区间之外时，则人处于失衡状态。一般情况下，某项或某些指标的失衡是指偏离平衡区间不远，也就是说仅仅会导致人失衡，不会导致人死亡，这时人会努力恢复平衡。

人体的指标还有一个"生命区间"，可以把它理解为人体所能承受的失衡幅度的范围。生命区间的上下界限就是人体所能承受的失衡幅

---

① 人对自身心理状态的评价依靠的是对自己心理状态变化的觉知，并不像生理指标那样有固定且客观的数值可作为参考。

度的阈值[1]，我把这个阈值称作"生死线"。当人体指标失衡幅度过大，超过了生死线时，则可能导致生命危险。例如，人的身体受到严重伤害，或患上严重的疾病，又或心理长期失衡，这些都可能使人体指标持续地、大幅度地偏离平衡区间，甚至偏离生命区间，跨越生死线，直至最终死亡。我将这称为"出死入生"：在生死线之内，即可生存；超出生死线，则会死亡。

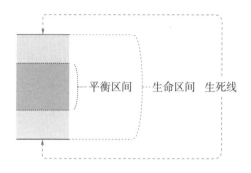

图 1-1　平衡区间、生命区间和生死线

人的成长和衰老过程、青春期和孕期等特殊时期，以及行为习惯都会使人体部分指标的平衡区间发生变化，这些变化并不代表人体失衡。然而，突发的疾病，比如感冒、肠道感染，就是人体失衡的表现了，因为这时人体内某些指标偏离了平衡区间。一些疾病在得到恰当的处理后可以快速被治愈，人体的平衡态只是暂时被打破，病好了就会恢复，平衡区间不会发生变化。但一些慢性疾病，比如 2 型糖尿病、高血压、高血脂等，则会导致某些平衡区间长期甚至永久地发生变化。

---

① 阈值又叫作临界值，是指一个效应能够产生的最低值或最高值。该名词被广泛用于各领域，包括建筑学、生物学、飞行技术、化学、电信技术、电学、心理学等，如生态阈值。

这时，虽然人体指标的平衡区间发生了改变，但各项指标仍在生命区间内，所以人能继续存活。

除此之外，有些疾病导致的平衡区间改变能够被人敏锐地察觉，有些却非常隐秘。比如缺钙、缺碘、缺锌，人体在缺乏这些微量元素的初期，我们几乎体会不到明显不适，无法察觉到自身体内已经失衡，直到更多、更大范围的失衡发生，并且有了明显的症状，我们才会有所察觉。比如，得了"大脖子病"，人们才知道自己可能缺碘了；小腿经常抽筋，人们才知道自己可能缺钙了。再如，很多癌症在发病初期都是极其隐秘的，没有典型症状，所以很多病患是在癌症已经发展到中期甚至晚期才有所察觉。这时候，身体的平衡态已经被严重打破，已经失衡的指标会不断影响其他关联指标，导致更多指标的更大幅度失衡，最后甚至危及生命。

3. 引发失衡的因素

人体是一个 24 小时持续被动接收信息的有机体，接收信息的途径有 6 种，即眼、耳、鼻、舌、身、意。[①]前 5 种是人的感官（即感受器），就是人接收种种外界信号的感受通路，比如看到大火（眼），听到不好的消息（耳），闻到刺激的气味（鼻），尝到奇怪的味道（舌），感知到各种触觉以及饥饿感等内部感受（身）。"意"是大脑对外界信息的解读，是我们了解事物意义的途径，比如父母拥抱孩子，孩子能感觉到父母的爱意。

人体每时每刻都在通过上述 6 个途径感知变化，目的就是及时发

---

① 全因模型中的"眼、耳、鼻、舌、身、意"与佛教中的"六根"含义不同。

现失衡，从而尽快采取措施恢复平衡。

我将引发平衡态失衡的因素统称为"失衡源"。从来源看，失衡源可以分为内部的和外部的；从属性看，失衡源可以分为生理的和心理的。内部生理失衡源是代谢，如饿了、渴了；内部心理失衡源是欲望，如渴望拥有一辆豪华轿车；外部生理失衡源是从外部接收到的信息刺激，如看到一只老虎跑过来；外部心理失衡源则是比较，如心仪的异性选择了别人。

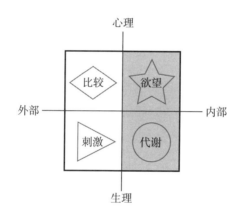

图 1-2　引起失衡的 4 种失衡源

内部生理失衡源：代谢

若让一个人不吃不喝，他能坚持多久？若让一个人不眠不休，他又能坚持多久？人们的饥渴难耐、疲惫不堪其实都是由身体代谢导致的平衡态失衡。

维持人体正常的功能需要消耗能量，而代谢则是能量交换的方式，日常的身体代谢会导致平衡态失衡。以饥饿感为例，饥饿感通常由血糖浓度降低引发。人的下丘脑精准地监测血液中各种化学成分的实时变化，当监测到低浓度的葡萄糖及高浓度的饥饿激素时，人体就会产生饥饿感。这时，人体的血糖浓度低于平衡区间，饥饿激素浓度高于平衡区间，这些化学物质浓度的变化会引发人体内一系列的化学反应，继而刺激神经产生饥饿的感觉和进食的动机，从而激活负反馈机制去获取食物。人体进食后，经过消化，血糖浓度上升，饥饿激素浓度下降，血液中化学物质的浓度都重新回到平衡区间内，这时的人体便会恢复平衡。

内部心理失衡源：欲望

欲望是什么？欲望中包含我们的一些愿望，还包含我们对人和事的一些要求，这些均是由各种需要引发的。在需要得到满足后，人会暂时恢复平衡；当新的失衡出现时，新的需要就会产生。[3] 需要就是人们的欲望。

人会同时有很多欲望，有的欲望可以立即得到满足，有的则无法立即得到满足。若欲望被延迟满足，人就会体验到压力，这就是对自身不平衡状态的觉知。棘手的工作、令人不快的人际关系、财务危机、结业考试等都是压力源，这些压力源的背后是工作晋升、受人喜爱、拥有财富、学业顺利这些欲望还没有得到满足。人们会把这些还未被满足的欲望暂时储存起来以缓解压力，这种机制我称之为"压力欲望库"[①]。在储存欲望后，人们会暂时恢复平衡以正常生活，当未来出现某些机遇能满足这些欲望时，它们会一个个跳出来，并得到满足。

---

① 压力欲望库是全因模型中描述人的需要、欲望如何储存的概念。详见本书第三章。

外部生理失衡源：刺激

人与外部环境的互动有简单的，也有复杂的。比如有人在你眼前挥拳，耳边传来巨大的响声，闻到了难闻的气味，这都是简单的外部互动。这些外界信息的刺激会使人紧张，与之相应的激素会被大量分泌，从而偏离平衡区间。对于这些简单的外部刺激，人会很快做出反应，躲避危险，然后迅速恢复平衡，相应的激素分泌也会相继恢复到平衡区间。

有一种特殊的简单外部互动——诱惑，我更愿意将其称为"唾手可得的快乐"，比如眼前的瓜子、桌上的冰镇可乐、商店里新出的科技产品等。人们原本是平衡的，但当诱惑出现在面前时，平衡就被打破了：诱惑会引发失衡。在我看来，所有能成为诱惑的事物，都是被人们喜欢过、期待过，让人们体验过快乐的事物。换句话说，诱惑均是已经被证实可以带来快感、收益的事物。而诱惑之所以会导致失衡，是因为如果放弃这"唾手可得的快乐"，人们就会感觉到"损失"，正是这种失去感打破了平衡。

外部心理失衡源：比较

除了简单的外部互动，人在生活中最常处理的是复杂的外部互动。

仔细观察，人与外部互动过程中永远离不开的一件事就是比较。社会心理学中有一个概念叫作"社会比较"，说的是人在现实生活中，有通过与周围他人比较来定义自己在社会中所处水平的倾向。人与人之间通过比较以分优劣，人们几乎是无法抑制地相互比较，比工作、比家庭、比长相、比能力、比学识、比涵养、比格局……并且谁都希

望自己是优，而不是劣，因为这就跟裁员一样，劣就意味着可能被
淘汰。

我将多种比较行为归纳成了一个模型——比较器，它管理着人的
各种比较行为。从某种角度来说，比较器加工的信息几乎占据了现代
人们生活和工作中绝大部分的思维。

4. 维持平衡态是生命的主题

有一天晚上，我照例给儿子讲睡前故事。

> 这是两条小鱼的故事。有一天，两条小鱼在河里游，迎面游
> 来一条大鱼，大鱼跟它们打招呼："嗨，小家伙，今天的水怎么样
> 啊？"两条小鱼礼貌性地回答："嗯，很好啊！"随即就游开了。
> 过了一会儿，其中一条小鱼问同伴："水是什么呀？"

儿子笑了，这条小鱼怎么连水是什么都不知道啊！我告诉他，因
为水对小鱼来说太平常了，以至它都意识不到自己就在水里。但是，
水对小鱼来说是至关重要的，因为有水它才能存活。

平衡态就跟水一样平常，以至我们几乎意识不到它，但它同样跟
水一样重要，缺少了它我们就无法存活。平衡态就是生命的主题，我
们一切需要和行为都服务于恢复和维持平衡态。

三分钟图解平衡态

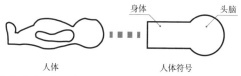

注：全书将以右侧图标代表人体，其中长方形示意身体，圆形示意头脑。

图1-3 人体与人体符号

注：①左图中的横线代表人的生理和心理处于平衡状态。

②右图中的曲线代表人的生理和心理偏离平衡状态，处于失衡状态。

图1-4 平衡态与失衡态示意图

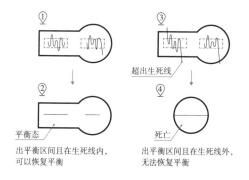

注：①人的生理或心理指标失衡，但在生死线内，最终可以恢复平衡（1→2）。

②人的生理或心理指标失衡，超出生死线，无法恢复平衡，最终走向死亡（3→4）。

图1-5 生死线内可以恢复平衡，生死线外无法恢复平衡

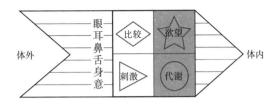

图 1-6　失衡源及引起失衡的 6 个途径

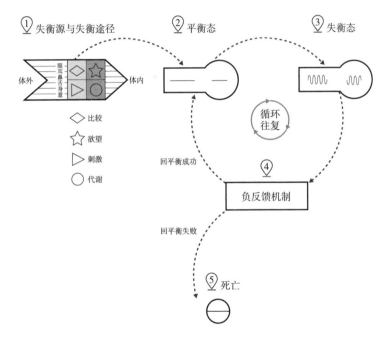

注：①失衡源经由失衡途径导致平衡态失衡（1→3）。

　　②平衡态失衡后，引发负反馈机制启动（3→4）。

　　③负反馈机制启动后若成功恢复平衡，则这一动作结束（4→2）。

　　④若多次负反馈均不成功，引发人体指标大面积失衡，超出生死线，则人会走向死亡

　　　（4→5）。

图 1-7　平衡态逻辑图

拓展阅读
如何解释人们看似"主动失衡"的情况?

在现实生活中,人们会做出一些看似"主动失衡"的行为,比如高强度的锻炼、登山、加班、熬夜,为不断追求更高成就而拼搏。看起来,人们并没有追求稳定,反而使自己保持忙碌状态,这该如何解释呢?我们可以从以下三个角度找到这一问题背后的原因。

1. 神经系统的最佳激活水平

人脑中有一个掌管激活水平的网状激活系统[①]。心理学家认为,每个个体的网状激活系统都拥有独特的最佳激活水平,个体总是努力达到或维持这一最佳激活水平。当人体处于最佳激活水平时,各方面功能水平会达到峰值,积极情绪与行为活动效率最佳。[4] 当人体偏离最佳激活水平时,行为活动效率会下降,人体会为了恢复最佳激活水平而调节刺激水平,调整行为。[5] 当刺激水平过低时,人会寻找更多的刺激,当刺激水平过高时,人会回避刺激。我们可以把中枢神经系统的最佳激活水平理解为神经系统的平衡态。

每个人的最佳激活水平是不同的,心理学家艾森克在《人格的生物学基础》(*The Biological Basis of Personality*)一书中提出了这样的理论假设:"内向者的大脑上行网状激活系统的活动水平比外向者高。"然而,后续的研究表明,其实本质的原因主要是内向者与外向者在面对相同的刺激时,大脑的唤醒水平表现出了差异。面对同样的刺激,

---

① 网状激活系统,是位于脑干腹侧中心部分神经细胞和神经纤维相混杂的结构。

内向者的网状激活系统的激活程度会更高、更剧烈，而外向者的网状激活系统的激活程度相对较低。这是因为内向者更加敏感，面对环境中的声音、气味、光线等刺激，他们的网状激活系统的激活水平更高，使得大脑的唤醒水平更高。所以，内向者用较少的刺激就能达到最佳激活水平，而外向者则需要更多刺激才能达到。

外向的人往往喜欢在周末安排聚会、运动等活动，这些看起来是主动失衡的行为，实则是在寻找更多刺激以达到自身的最佳激活水平。内向的人希望在工作结束后能安静地独处一会儿，实则是为了规避过多的刺激，从而恢复最佳激活水平。可以说，外向者那些看似没事找事、主动失衡的行为和内向者偏爱安静独处的行为，本质上是一致的，都是为了维持或恢复最佳激活水平，都是为了恢复神经系统的平衡态。

2. 身体的节律和习惯

在人体的各项指标中，有的是有明确的适宜区间的，而有的只有上限或者下限。生理指标中，心率、血糖、体温都有明确的适宜区间。心理指标中，社交太多或者太少都不行，适量最佳，安全感有至少需要保证的下限，压力有人所能承受的上限。

常规状态下，人体的各项指标会保持在一个平衡区间内，但它们不是恒定不变的。在一天或一个周期内，这些指标会在平衡区间内动态变化，比如，正常情况下，人的体温会随昼夜交替而变化，但不会偏离体温的平衡区间。同时，人体指标的一些平衡区间也并非是固定不变的，在人的成长和衰老过程中，或在青春期和孕期等特殊阶段，人体部分指标的平衡区间会发生明显变化。而要分析"主动失衡"，就必须要谈谈习惯对平衡区间的影响和改变。

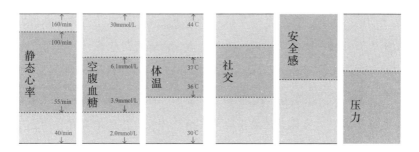

生理指标平衡区间 心理指标平衡区间

注：该图中的指标数据仅为示意。

图1-8 不同指标的平衡区间示意图

在日常生活中，有的人会每天安排固定的时间主动运动，如果突然不让他运动，他就会感到不舒服、不自在。这是因为长期运动的人，身体已经形成了某种节律或一些平衡区间，突然中止运动就会打破节律或导致一些指标异常，从而使身体失衡。因此，他们看似主动失衡的行为，实则是为了恢复平衡。

又如，老年人在刚刚退休后，可能会不适应新的社会角色、生活环境和生活方式，因而可能会感到焦虑、抑郁或悲伤，这就是人们口中的"退休综合征"。习惯了高压力、高成就感的工作的人，在退休之后，身体唤醒程度和成就感获得量相较退休前会差别很大，这就可能导致其身体激素分泌失调，某些指标偏离曾经适应的平衡区间，因而他们会感觉空虚、难受、不舒服。这时，他们往往会主动找一些事情做，比如养花、养鸟、学习新的乐器、登山、跑步等。这些行为看起来是主动失衡，而从全因模型的视角来看，这是因为多年的工作习惯使他们体内形成了某些平衡区间，退休后的生活太安逸，反倒打破了这种平衡。因此，他们不得不找些新的事情做，让自己忙碌起来，以恢复平衡。但一段时间过后，他们就会逐渐适应退休生活的节奏，又会形成新的平衡区间。

除此之外，经常有人问这样一个问题："很多亿万富翁在金钱上已经足够充裕了，为什么还要乐此不疲地工作呢？"亿万富翁持续地追求成功也是一种习惯。现在，"工作狂人"越来越多，其实这与人们长期养成的身体和心理习惯相关。习惯了每天忙碌，突然闲下来会导致身体节律被打乱，内分泌和生物钟混乱，只有再次忙碌起来才能使身体恢复长久形成的平衡状态。很多企业家一天不去公司或者不加班就难受，这也是同样的道理。各行各业有成就的人几乎都一样，都是因勤奋工作而取得成就，都习惯了高强度的刺激，停下来反而会引发空虚感和不适。

3. 为了恢复平衡态而行动

我在前文中提到，人平时处于平衡态，但当出现危机，人们预测自己在与他人的比较中会落后时，压力激素就会增多，人就会偏离平衡态，这时负反馈机制就会启动，引发我们采取行动以摆脱危机。比如，看到熊的身影，我们就会拼命跑，无论如何也不敢停下；担心自己在运动比赛中名次落后，我们就会拼命锻炼。

另外，当人们期望获得某种成功时，欲望本身也会引发失衡。人会在欲望的驱使下努力拼搏，争取成功，比如高考前的冲刺，竞标前的连夜奋战。这些内容我将在后续章节中有更详尽的探讨。

延伸思考

恐龙灭绝的根本原因是什么？从平衡态的角度如何理解？树木有平衡态吗？石头呢？

扫码看全书问题解答及延伸案例
www.rendequanjing.com

负反馈——思想及行动的发动机

"呼……太冷了！"摄像师穿着厚厚的防寒服，举着摄像机瑟瑟发抖。

BBC（英国广播公司）纪录片《人体奥秘》的拍摄团队正在冰岛的冰冻荒原拍摄故事的主角——维姆·霍夫，人们通常叫他"冰人"。

在这个温度低于零下 20℃的冰原上，维姆赤裸着上身，下身只穿了一条短裤，毫无保暖措施的他依旧行动自如。不仅如此，他还要挑战在临近冰点的湖水中游泳 15 分钟。大多数人在这样低温的水中可能很快就会失去性命。而维姆之所以做得到，是因为在严寒中的长期训练使他的抗寒极限得到了显著提升。他的身体越来越能应对寒冷带来的冲击，适应能力越来越强。他说："我做到的这些并不稀奇，任何人都能跟我一样，只需要意志力和持续的训练。"

维姆训练的，就是维持我们体温平衡的负反馈能力。

1. 维持和恢复平衡的负反馈机制

平衡态失衡后，人总有恢复平衡的倾向。人在偏离平衡后会产生恢复平衡的需要和动机，进而会采取措施恢复平衡，这一过程就是"负反馈"①。

如何理解负反馈？比如，钟摆围绕着中心位置左右晃动，这就是

---

① 反馈机制大致可分为两种：负反馈和正反馈。其中负反馈是系统偏离之后平息扰动的机制，目的是使系统趋于稳定。正反馈是系统偏离之后促使其更加偏离的机制，正反馈会放大扰动。

负反馈。再如，有风吹来，树枝被吹得偏斜，但它总会努力恢复到原来的状态，这也是负反馈。

负反馈帮助机体恢复平衡，维持稳定。但若遇上台风，树枝可能会因无法应对如此强大的外力而被彻底折断，再也回不到原来的状态。人也是如此，风之于树枝，就像外力或内心的欲望之于人类。正常情况下，人依靠负反馈机制来应对它们，以恢复平衡。但当其影响大到一定程度时，会彻底破坏人的平衡态，导致人彻底失衡，就像被彻底折断的树枝，再也无法恢复到原来的状态。

在我看来，人绝大部分思维活动和身体行动都是为了让自己恢复平衡的负反馈。人从孩童长大成人的过程，就是学习如何利用负反馈恢复平衡的过程。所谓"成熟"，就是指一个人有足够的经验，能够更精准地分析自己失衡的原因，同时熟练掌握负反馈方法的一种状态。

2. 自动负反馈

一般而言，人体生理的负反馈是由一套生理自动调节机制完成的。一个常见的例子是，人的一些积极情绪会自然消退，比如人碰到开心的事时，哈哈大笑几下之后就会自动停下来，这是因为积极激素①分泌过量也是失衡，人体的自动调节机制会使因为"过度开心"而失衡的身体逐渐恢复平衡。通常情况下，自动负反馈是我们主观上无法指挥，甚至意识不到的过程。

而一些复杂的心理负反馈，则需要经由人的行动或思考来完成，比如被误解后努力恢复名誉，到新岗位更勤奋地工作。

---

① 积极激素是人体分泌的会引发积极情绪的神经递质和激素，其中一些物质也会参与压力情绪的反应。

3. 行为负反馈

行为负反馈的基础——"战或逃反应"与奖赏中枢 ①

　　人类自原始时期就要应对环境中的种种危机。面对捕食者或敌对部落的袭击，只有那些能敏锐感知危险，准确评估情况，并快速采取行动的个体才能存活。而这一连串的"动作"都来自一个古老的系统——"战斗或逃跑反应"，简称"战或逃反应"。[6]这个系统是人体专门用来应对危险的，当危险出现时，这个系统会立刻被激活，使人体血压升高、心跳加快、注意力集中，以便尽快做出反应，解除威胁。

　　到了 21 世纪，我们要应对随时可能降临的疾病和恐怖袭击，争取紧缺的就业资源，面对同行竞争带来的压力……貌似与身处困境中的祖先无异，每个人都常处于失衡状态。面对各种压力带来的失衡，人类最原始的"战或逃反应"被保留了下来，并不断被激活，这便是我们行为负反馈的一个基础。

　　除了危险，环境中还蕴藏着各种机遇。我在前面讲过，欲望会让人失衡，而机遇则是可以满足欲望的机会。换句话说，每一个机遇都来自外部的刺激，这种刺激对我们来说就是诱惑。面对机遇、诱惑，我们大脑中有一个专门应对的脑区——奖赏中枢，这正是我们行为负反馈的另一个基础。

　　加班到深夜的你看到同事手中拿着一块冒热气的比萨，这时的比萨对你而言就是诱惑。你的奖赏中枢会被瞬间激活，产生"比萨很好吃""我吃了会很开心""我要吃比萨"等一系列念头。这就是奖赏中枢的作用，面对诱惑时，它让人产生"想要"的感觉，并且承诺你这么做

---

① 奖赏中枢，是大脑中与奖赏有关的区域，由一束互相连接的神经结构组合而成，包括中脑腹侧被盖区（VTA）、伏隔核（NAc）、内侧前脑束（MFB）、丘脑和下丘脑。

就能得到快乐。

还有我们现实生活中追求的高薪酬、职位晋升、跑车、豪宅、外表出众的异性等，这些都是由外部的刺激引发的欲望。只要有欲望在，我们就无法达到最完美的平衡状态。而一旦外界的机遇能帮我们实现欲望，奖赏中枢就会被立刻激活，让我们想要行动。

现代生活充满压力，同时每天都有无数的诱惑在刺激着我们。设想一下，如果人长期处于"战或逃反应"下的高生理唤起状态，在压力激素①的刺激下，持续心率过快，血压居高不下，身体会马上出现问题。反过来，如果人在积极激素的刺激下狂笑不止，身体也会无法承受。

行为负反馈的指南——经验价值清单

面对危险，我们如何"战"，如何"逃"？这与我们的经验有关。努力复习功课和作弊也许都能提高考试分数，但选哪种方式取决于我们过往的经验。同样，奖赏中枢的激活也跟我们的经验有关：不知道比萨是什么的人，不会想吃比萨；吃过比萨觉得难吃的人，也不会想吃比萨。

可以看到，经验在行为负反馈的激活和实施上都有着重要的作用，所有被用于指导人进行行为负反馈的经验都存在于一个我称之为"经验价值清单"的系统中。例如，人对食物的需要就受到经验价值清单的影响，它决定了人会对什么食物更感兴趣。有人讨厌吃生蚝，可能是因为他曾经有过不愉快的吃生蚝体验；有人爱吃生煎包，可能是因为他从小就吃妈妈做的生煎包。群体的经验可能会上升到文化层面，

---

① 压力激素，指在压力情境中人体会分泌相应的神经递质和激素，其中某些物质也会参与积极情绪的反应。在全因模型中，参与压力情境反应的神经递质和激素被统称为"压力激素"，以便读者理解。压力激素是负反馈机制的重要传动介质。

影响一个社群，甚至一个国家的人们的行为选择：感到饥饿时，中国人会优先选择吃中餐，欧美人则更倾向于吃西餐。

经验价值清单是一个非常重要的系统，它不仅决定了我们行为负反馈的方法和途径，而且决定了每个人分析失衡原因的精准程度。正如前文所言，人的"成熟"是指他有足够的经验，能够更精准地分析自己失衡的原因，同时熟练掌握负反馈的方法。同样是感到头痛，成年人会根据经验分析出，这可能是劳累导致的，睡一会儿就好，孩子则会因为缺乏相关经验，只能哇哇大哭。

总而言之，不论是危险还是机遇，都会使人处于失衡状态，这时大脑中的"战或逃反应"或奖赏中枢会被激活，人们开始搜索经验价值清单，寻找行为负反馈的方法，企图通过立即行动恢复平衡，而当无法立即行动时，人们会选择延迟行动。

然而，人的能力是有限的，总有一些危险躲避不掉，总有一些欲望满足不了，当行为负反馈无法帮助人们恢复平衡时，人们会怎么办？

4. 认知负反馈

当人们暂时无法做出有效行为来满足需要，或者"偷懒"不愿意付出行动恢复平衡时，会退而求其次地调整自身认知，例如寻找一个合适的理由解释失衡，或降低当前需要的重要性以帮助自己恢复平衡，这就是认知负反馈——通过思维和认知帮助自己恢复平衡的方法。

我将认知负反馈大致分为三类。

第一类：找到 100% 可以解释失衡的合理理由。比如，你未能准时参加某场重要会议，原因是刮台风导致航班被取消，台风这种不可抗力就是一种 100% 可以解释失衡的合理理由。失衡中的我们，一旦找到这种可以彻底解释失衡的理由，在这个失衡点上就能立刻恢复平衡。

第二类：使用平衡补偿机制。在职场中，当竞争对手比自己发展得好时，人们可能会告诉自己，"他只是运气好罢了"或"虽然他工作能力强，但他的家庭不如我幸福"。在我看来，人们经常使用的这种"自我欺骗"就是一种心理补偿，也是认知负反馈的一种。

人体的能量有限，大脑会精打细算地分配每一份力气，而所谓的心理补偿，就是用较少的力气、较易完成的方式来对失衡的自己进行调整、补偿，以恢复平衡态。

在生活与工作中，一个人无论才华多么出众，总会遇见比自己更有才华的人。这时候人可能会失衡，恢复平衡的方法有可能是选择一个新的比较维度，比如，他比我聪明，但我比他形象好；他比我有毅力，但我比他灵活；他比我能力强，但我比他人缘好……为了恢复平衡，人们总是能找到劝说自己的理由，我将这种平衡补偿机制形象地比作"调节经验弹簧"。这点我会在后文中详述，类似弹簧的平衡补偿机制是我们最常用的一种认知负反馈方式。

第三类：彻底降低某个事物的比较标准，降低期待。还有一类认知负反馈，不是因为"偷懒"，而是因为实在别无他法。当人暂时无法做出有效行为来满足需要，又没有合理的原因解释，还无法使用平衡补偿机制恢复平衡时，只能彻底改变对某个事物的期待和效用值，彻底降低比较标准来恢复平衡。比如，一个参加了5次高考都落榜的人，很可能会彻底放弃高考，认为自己不适合走这条路。人们口中常说的"我认命了"就是这种情况。

这里，我们再来谈一谈宗教。若抛开信仰和超自然力不讨论，从某种层面上讲，宗教也是一种帮助人们恢复平衡态的认知负反馈方式。

了解宗教发展史的人会发现，宗教的产生往往伴随着社会的动荡和灾难。很多宗教诞生初始就是在社会最底层、最艰难的人群中传播的。当面对一些重大的自然灾难、严重的生活危机、持续困苦而看不到希望的生活时，人往往是毫无反击能力的，人的渺小和无助在这种时候会体现得淋漓尽致。如果这样的失衡持续下去，人就会看不到希望，就会面临彻底的绝望甚至死亡。这时候，宗教的出现就成了把人拉回平衡态最大的力量，宗教对人正在经历的苦难给出了一种解释，比如赎罪、轮回，使人看到希望，看到未来恢复平衡的可能性，从而使人有更大的勇气面对困难。

认知负反馈是人们暂缓压力、恢复平衡的一种途径。每使用一次，人们的失衡程度就会有所降低，压力激素的释放就会随之减少，直到人们最终恢复平衡。

值得一提的是，人拥有负反馈机制的前提是，人体是一套互相嵌套、互相影响的化学物质反应系统，没有这套系统，人就不可能拥有这么全面的负反馈机制。它既包括调节体温、血糖等的自动负反馈，又包括因压力及积极激素而关联起来的行动及认知负反馈。

5. 储存能量以保障未来的负反馈

负反馈的核心内容很简单，即负反馈机制帮助我们恢复平衡，使我们得以存活。但为了确保在不可预知的未来，负反馈机制仍能顺利运行，我们会把多余的脂肪与能量储存下来，以备不时之需。

几百万年来，人类的身体持续热衷于做一件事，那就是储存脂肪。在恶劣的环境下，当我们感到饥饿和寒冷时，脂肪分解就是一种负反馈，能为我们提供能量，使我们的身体保暖，从而使我们恢复平衡。

就如同北极熊在冬眠前会尽可能地大量进食，储存脂肪，依靠消耗皮下的一层 5~7 厘米厚的脂肪，它可以舒舒服服地睡上几个月，即使在零下 50℃的严寒中极少进食也能生存。

在食物丰富的现代社会，脂肪不再是人们的首要储存目标。现代人更希望储存名、利、权、智慧、爱，以及所有被认为是好的、有价值的东西。人储存利益就像身体储存脂肪，凡是有价值的东西，我们暂且将其称为"利益脂肪"。无论是脂肪，还是利益脂肪，人们储存它们的目的都是一样的，都是为了应对未来不可预知的变化，使人体即使在糟糕的环境下也能顺利启动负反馈机制，以恢复平衡。

利益脂肪可以被看作人们为了确保负反馈机制能顺利运行而设定的一个"储蓄计划"。人们储存利益脂肪的根本目的就是获得更高的安全感、更强的竞争力、更大的生存机会。人们不介意多储存一些，以使自己在未来不可预知的变化中更好地维持平衡、抵抗风险，最大限度地保障未来的平衡。通俗地讲就是，财富不封顶、好事不封顶、快乐不封顶。

人从出生起就不可避免地与外界互动，若把人比作一个皮球，自出生起，这个皮球就在一个互动的环境中被拍来拍去、传来传去。皮球在众人间游走，与众人互动，每被拍一次、传一次，就会因受力而改变形状，但它总会想方设法地恢复原来的形状。皮球原来的形状就像人的平衡态，而恢复原来形状的过程就像负反馈。

平衡态和负反馈是人存在的基础。从生命的起点开始，人所有的行动都是为了维持平衡态，这是人类欲望的源头，也是人类发展的原动力。而生命的终点，就是人彻底地、无法逆转地失去平衡。

三分钟图解负反馈

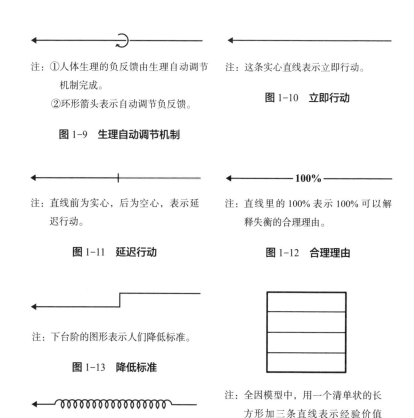

注：①人体生理的负反馈由生理自动调节
机制完成。
②环形箭头表示自动调节负反馈。

图 1-9   生理自动调节机制

注：这条实心直线表示立即行动。

图 1-10   立即行动

注：直线前为实心，后为空心，表示延
迟行动。

图 1-11   延迟行动

注：直线里的 100% 表示 100% 可以解
释失衡的合理理由。

图 1-12   合理理由

注：下台阶的图形表示人们降低标准。

图 1-13   降低标准

注：弹簧代表补偿机制。

图 1-14   补偿机制

注：全因模型中，用一个清单状的长
方形加三条直线表示经验价值
清单。

图 1-15   经验价值清单

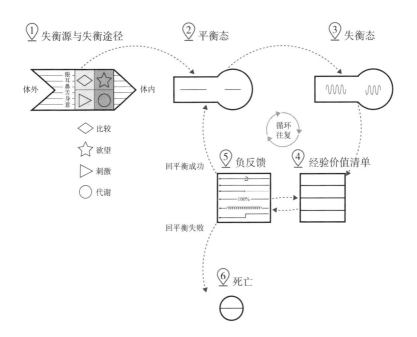

注：①失衡源经由失衡途径导致平衡态失衡（1→3）。

　　②平衡态失衡后，人通过搜索经验价值清单，决定使用哪种负反馈方法恢复平衡
　　（3→5）。

　　③负反馈机制启动后若成功恢复平衡态，则这一动作结束（5→2）。

　　④若负反馈没有成功，则继续搜索经验价值清单，寻找其他解决方案，重新进行负反馈
　　（5→4）。

　　⑤若多次负反馈均不成功，引发人体指标大面积失衡，超出生死线，则人会走向死亡
　　（5→6）。

图1-16　负反馈逻辑图

延伸思考

人晚上为什么要睡觉，跑步跑不动了为什么要停下来，吃饱了为什么
不继续吃？这些跟负反馈机制有关系吗？

经验价值清单——决策及行动的依据

有一次，我在北美分部碰到一群年轻的员工，于是坐下来和他们一起用餐，并询问他们的工作和生活状况。有一个中国小伙子说他对那儿的工作很满意，也喜欢那边丰富多彩的生活，但如果有机会他还是想回到中国，因为父母正在一天天老去，他希望能够在父母面前尽孝。一个美国小伙子也向我透露了想来中国工作和生活的意愿，但不同于中国小伙子，美国小伙子认为，由于美国的保险、养老等保障制度较完善，而且美国老人有自己照顾自己的传统，所以年迈的父母目前不需要他照顾，去不同的国家体验不同的生活更符合他的意愿。

面对同一件事情，不同的人会有不同的观念、判断和选择。上述两名员工都在美国工作，对工作岗位的兴趣、对不同文化的接纳、对家庭的责任感等因素都影响着他们的选择。他们是如何做出判断和选择的呢？

在我看来，每个人都有一套属于自己的经验价值清单，它们承载着我们头脑中的一切经验，以及这些经验对自身重要性的评估打分。经验价值清单包括经历清单、经验清单、价值清单和价值观4个子成分。

1. 经历清单——一切源于经历

"昨日种种，皆成今我"，我们每一个人都是自己过去经历的总和。

我们的头脑中存储着过去重要的经历，学习过的知识、技能，甚至包括一些无意识的倾向，我将这些内容统称为"经历清单"。

经历清单包含两部分内容：一部分是我们从亲身经历中获得的一手信息；另一部分是由外界输入的二手信息，例如他人讲述的故事、书本上的知识等。经历清单是我们的人生经历在头脑中留下的痕迹。

对于每一次经历，我们都会根据它给自身带来的利弊进行评价，我用打分来比喻这一过程，并将评价结果称为"利益分数"。例如，今天上班迟到了，老板很生气，自己很羞愧，那么这次经历可能就会被打 −3 分；骑车不专心与他人相撞，自己摔伤了，这次经历可能会被打 −5 分；在兴趣班上与老师进行交流，心情十分愉快，这次经历可能会被打 2 分；在阅读时，被金庸的武侠小说中的大侠以及侠盗罗宾汉等英雄人物替天行道、锄强扶弱的精神深深地感动，这次经历可能被打 10 分……还有一些经历，与自己无关，不影响自己的利益，也并未给自己带来情绪上的波动，这些经历就会被打 0 分。

总之，对自己有利的经历会被打正分，对自己有弊的经历则会被打负分，给自己带来的利或弊越大，利益分数的绝对值也就越大。所有被打 0 分的便是那些与自己的利弊暂时无关的经历。

2. 经验清单——经历的总结

经验清单来源于经历清单。经历清单中存储了大量的信息，但它们是冗杂的、低效的。人的头脑拥有找规律的能力，这种能力使我们可以从不同的经历中发现相同的要素，并发现要素之间的联系，从而总结出规律，形成经验。举一个简单的例子：当你第一天去一家公司上班时，你往往会提早出门，早早到达公司；此时的你对新同事并不了解，也不是很清楚公司的团队文化与工作模式。但一个月后，你就会总结出规律，清楚地知道最合适的出门时间，了解同事的一些喜好，清楚团队的氛围如何。在生活中也是如此，我们知道熬夜后的第二天会疲惫，坚持运动身材会变好，送礼物会使人高兴。这些经验使我们的工作和生活更加高效。

当然，人们也会从很多不好的经历中得出不好的和错误的经验。比如，有人在法制不健全的国家看到很多人行贿，并且看到那些人因此受益而没有受到惩罚，从而得出一条经验：行贿是不会受到惩罚的。有人看到背信弃义者获得了利益，从而得出经验：不守信用有时是可以的。有人看到一些人含着金钥匙出生，不努力就能天天享乐，从而得出经验：努力并不重要，人可以不劳而获。

除此之外，某些经验并非是我们经过归纳总结得出的，而是直接通过"非逻辑接受"①得到的。例如，在我小的时候父母告诉我，多喝豆浆对身体好，所以我一直保持着爱喝豆浆的习惯。再如，健身教练教我运动后放松肌肉的方法，我尝试后感觉很好。这些经验都不是我们自己总结的，而是他人或书本告诉我们的，由于我们在相关领域缺少知识和经验，在接触到这些观点时，无论它们是对是错，我们都不会思考太多，而是会直接接受。

当经历形成经验时，已有的利益分数会被归纳总结，通过加权平均得出一个新的利益分数。比如，从多次迟到引起他人不满的经历（假设每次经历的利益分数分别为 –10，–8，–5，–10……）中我们会得出一条经验：迟到会招致他人厌恶。从和不同朋友相处的愉快经历

---

① 非逻辑接受，全因模型中描述的人们对全新维度的信息无阻力、不加逻辑分析就接纳的现象，详见本书第七章。

（假设每次经历的利益分数分别为 5，10，20，25……）中我们会得出一条经验：好朋友会给我们带来快乐。而原先利益分数为 0 的经历在形成经验后的分数依旧为 0。

就这样，一条条经验相互交织，形成了一张巨大的经验网，构成了我们的经验清单。经验清单是我们的行动手册，是我们解决一切问题的方法来源。

3. 价值清单——决策的依据

经验清单中存有很多经验，其中有的经验利益分数为正，有的经验利益分数为负，有的经验利益分数为 0。当我们在某个特定情境下需要调用一些经验做决策时，那些在该情境下利益分数为正或为负的经验就组成了价值清单，利益分数为 0 的经验则仍保留在经验清单中。价值清单最大的作用就是计算利弊，通常只有当最终结果为正，也就是利大于弊时，我们才会做出行动。那价值清单具体是如何工作的？让我们来看几个例子。

上班通勤方式的选择

假如你是大城市中的一名上班族，很看重效率，也很重视环保，但也比较在意上班途中的舒适度和经济成本。你可以选择开车或者坐地铁的方式上班。在做选择时，假设你只调用了以下 4 条经验：开车更节省时间，开车更舒适，开车会排放尾气，开车消耗汽油很贵。根据你的亲身经历，这 4 条经验会有不同的利益分数，分数的绝对值越高代表这条经验带给你的利或弊越大。假设这 4 条经验对你而言的利益分数如下：

①开车更节省时间（50分）。

②开车更舒适（20分）。

③开车会排放尾气（–30分）。

④开车消耗汽油很贵（–20分）。

将以上4条经验的利益分数相加就可以得出选择开车上班的总利益分数：50+20–30–20=20分。结果为正，说明开车上班的利大于弊，因此你就会选择开车上班。

读到这里，有人可能会有些疑惑："生活中我并没有感觉到这些利益分数的存在，也并没有对利益分数进行加减，这些分数是从哪来的呢？"在全因模型看来，不同的信息会刺激头脑产生"电压"，"电压"有相对的数值，在价值清单中就体现为利益分数。当人们做决策时，产生的不同"电压"会汇聚到一起得出一个综合结果，只有结果为正，即利大于弊时，人们才会采取行动。大家都知道，我们的肌肉只有在获得神经电压信号后才会产生反应，我们之所以没有感受到这个过程，是因为"电压"的运算几乎是瞬间完成的潜意识过程，它和直觉、感性、喜欢不喜欢一样，都是极快速的神经综合反应过程。

大学生在毕业时面临继续深造还是就业的选择

与选择交通方式相比，这是一个更复杂、对人生影响更大的选择。它涉及专业、学历、家庭、金钱、爱情、理想等多方面因素。因个人经历和身体条件不同，每个人在面临这一选择时所调用的经验和每条经验的利益分数均不同。假设你在考虑是否要继续深造时，调用的经验以及每条经验的利益分数如下：

①拥有更高的学历会更有竞争力（30 分）。

②拥有高学历会受人尊敬（5 分）。

③继续深造还要花费父母的积蓄（–20 分）。

④继续深造意味着和恋人不在一个城市，沟通感情会很困难
（–20 分）。

⑤继续深造会有更多可以自由安排的时间，会更加自由舒适
（5 分）。

⑥继续深造会导致自己缺乏社会阅历，不利于个人成长（–3 分）；

综合以上 6 条经验，对你来说，选择继续深造的总利益分数就是：
30+5–20–20+5–3=–3 分。结果为负，即弊大于利，因此你就不会选择
继续深造，而是会选择就业。但如果你目前处于单身状态，那么第 4
条经验的利益分数就不再是 –20，而是 0，这时选择继续深造的总体利
益分数就变成：30+5–20+0+5–3=17 分。结果为正，即利大于弊，你就
会选择继续深造。

4. 价值观——价值的凝练

经验清单和价值清单中的内容都是一条条带分值的具体经验，将
这些具体经验进一步归纳总结，形成高度抽象的概念之后，就形成了
我们的价值观。

每个人的价值观都不完全相同，这很大程度上源于我们所处的环
境不同。根据美国心理学家尤里·布朗芬布伦纳的生态系统理论，每
个人都成长于一系列相互嵌套的系统环境中。[7]

不同的环境造就了不同的经历清单、不同的经验清单和不同的价
值清单，最终塑造了每个人独特的价值观。

人的价值观会随着年龄的增长发生变化。人在小时候拥有的经验很少，经历每增加一些，经验和价值观就会很容易发生变化，原先认为与自己的利益无关的经验有可能会在后来产生价值，原先与自己的利益密切相关的一些经验也可能会因为情况的变化而失去价值。随着年龄渐长，新的经历虽然仍在不断填充着人们的经历清单，改变着人们的经验清单、价值清单以及价值观，但是改变的幅度会越来越小，年龄越大，人们的价值观就越稳定，越不易改变。小风小浪往往掀不起波澜，唯有重大的事件才能在短时间内改变一个人的价值观。例如，经历过战争的人会更加懂得和平的宝贵；目睹亲人病重甚至离世后，人们通常会更加重视家庭与健康；有了孩子之后，因意识到自己身上肩负着更大的责任，父母会变得更加成熟稳重……

2008 年，中国汶川发生了里氏 8.0 级特大地震，举国悲怆。抗震救灾完成后，12 岁什邡男孩程强打出"长大我当空降兵"的标语欢送救援军人的场景感动了无数人。2013 年，正在念高中的程强选择参军入伍，加入空降兵部队。如今，他已经成为模范空降兵连的班长。正是军人救灾的伟大身影在他的心中埋下了种子，使他将成为一名军人、救助更多的人作为自己人生的方向。

5. 生命的价值

对我们每个人来说，生命都是极其宝贵的。但为什么有的人会因为信仰或为了救人而宁愿献出自己的生命？通常情况下，人们通过价值清单计算结果而采取的行动都是对自身有利的，尤其是有利于自身生存的。然而，在万分之一甚至更少的情况下，人们会主动结束自己的生命（例如献身、自杀等），这是否违背了人类求生存的宗旨及价值清单的计算原理？毕竟如果失去了生命，再多的利益也无福消受。

从全因模型的视角来看，这种主动结束自己生命的行为正是价值清单计算的结果。在每个人的价值清单中，生命都是有分值的，假设其分值为一万分。但在很多具有强烈的社会责任感或道德高尚的人心中，自己生命的分值并不是最高的，还有比自己的生命更有价值的。比如，在爱国志士的心中，祖国的价值远超自己的生命；在某些拥有虔诚信仰的人看来，信仰的价值也超过了自己的生命。当他们面临抉择时，一旦献出生命这种行为的价值清单计算结果大于 0，他们就会选择做出献身的壮举。匈牙利革命英雄、爱国诗人裴多菲笔下的《自由与爱情》一诗很好地体现了这一点："生命诚可贵，爱情价更高，若为自由故，二者皆可抛。"

换一个角度来看，当人们"舍己为人"时，会将此时的"人"看作是"己"的一部分。母亲视孩子的生命为自己生命的一部分，战士将国家安危融入自己的生命。因此，对他们来说，虽然舍去了自己的生命，但被拯救的同样是"己"。当被拯救的"己"的价值大于自己生命的价值时，人们就会毫不犹豫地舍己为人。

除此之外，还有一些情况下人们可能会结束自己的生命。比如，患有某些心理疾病的人因长期处在痛苦之中，一直看不到希望，感受不到快乐，他们预测未来的收益将永远是负值，永远回不到平衡态，对他们而言，活着的利益分数比死亡更低，这些人就会选择结束自己的生命。有些国家的法律允许安乐死，也是因为同样的道理。在中国古代，人们观念守旧，如果一名女子失去了贞洁，那她可能会预期自己未来会永远受人非议，永远无法释怀，也就永远恢复不了平衡态，此时，她活着的收益分数可能就是负值，因此她可能就会选择轻生。

    在我们的日常生活中，99% 的情况都不涉及生死抉择，所以我们可以说：人的行为大多都是为了追求生存，追求更美好的生活。即使是那些利他行为，大多也都是出于同样的目的。

三分钟图解经验价值清单

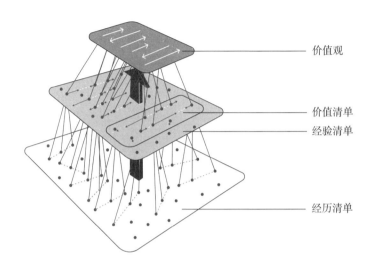

注：①经历清单中的多个经历点经过归纳总结成为经验清单中的经验点。

②经验点的箭头朝向代表利益分数的正负，线段长短代表利益分数的大小。

③当人做决策时，相关的经验进入价值清单进行利益分数的计算。

④经验清单中与同一概念有关的多条经验经过总结，成为价值观。

⑤经验清单中，当前与自己利益相关（即利益分数不为 0）的部分就是价值清单。

图 1-17　人的经历清单、经验清单、价值清单与价值观

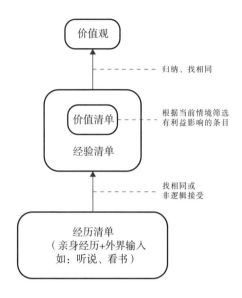

图 1-18 经验价值清单的形成

拓展阅读

1. 价值观的因果失联

我在前文中说过，每个人所处的环境会对他的价值观产生巨大影响，当某种环境因素导致一种价值观形成之后，人们通常会长久地坚持这种价值观，即使原来促使它形成的因素已经不复存在。比如，经历过艰难困苦的老一辈人，即使现在生活条件得到改善，仍会坚持之前所接受和践行的勤俭节约的价值观。再如，在东方文化背景下长大的人，即使到了西方生活，大多数仍旧保留着东方的生活方式。

之所以会有这样的现象发生，是因为我们的大脑并非时刻计算着之前经历过的全部因果过程，而是会存储已经计算过的结果。如果我们经常使用这些计算的中间结果，而且没有产生坏的影响，那么我们就不会想要去改变它，也不会想着去检查它。人的头脑并不像计算器中的公式那样灵敏，并不是每修改一个参数，结果都会发生变化。这也是一种节省能量的方式。

2. 社会价值观对个人价值观的影响

当一些价值观有利于整个群体时，它就会被群体中的大部分人推崇，从而形成社会价值观。

每个人都有个人价值观，它可能与社会价值观相符，也可能与之相悖。当个人价值观与社会价值观相悖时，个人通常会接收到负面的社会评价。尤其是当个人价值观会损害他人利益时，个人必然会受到排斥。比如，大家都不喜欢大声喧哗、影响别人的人；看到一个人总是浪费食物，我们就会对他很生气；如果一个人总是不尊重他人，我们不会愿意跟他交朋友。当一个人因价值观不同而被群体排斥时，他通常会感受到压力和不安全感，进而导致失衡。这时，在平衡态的驱使下，他必须采取措施以解除压力。通常，他会改变自己的行为及观念，向群体靠拢。如此他就获得了如何在社会中受欢迎而不被排斥的经验，并接受了社会价值观。

延伸思考

艰难时期，有人为了家中老幼有东西吃而去偷；有人偷书读；有人偷名牌衣服穿。上述这三种情况的"偷"，用你的经验价值清单来评判，是否会有不同？为什么？

比较器——激发斗志或陷入深渊

伏尔泰与卢梭同为启蒙运动时期最伟大的思想家、文学家，他们身上有许多相似之处，都崇尚自由与平等，饱受当局压迫，在流亡中颠沛流离。然而，同为启蒙思想家的二人并没有因此成为朋友，反而一直在较劲。起初，他们的相识并没有那么浓的火药味，甚至是相互欣赏的。但在卢梭因论文获奖出名后，二者就开始较量。先是伏尔泰将卢梭寄给他的论文《论人类不平等的起源和基础》斥为"反人类"，并在 1755 年 8 月 30 日致卢梭的信中讽刺卢梭："至今还没有人如此煞费苦心地让我们与禽兽同类。读了您的著作，人们意欲四足爬行。"紧接着，卢梭在《论戏剧——致达朗贝尔的信》中对戏剧的作用大加批判，而众所周知，伏尔泰认为戏剧可以增强人的理性。事情发展到最后，伏尔泰还指责卢梭的私生活混乱，揭露卢梭人格上的污点，卢梭不得不写出《忏悔录》作为回应，以避免受到更猛烈的抨击。二人始终关注对方，直到最后都相互憎恨。

1. 比较无处不在

不知大家能否发现，在上述卢梭和伏尔泰的互动中，有一个因素无时无刻不在悄无声息地影响着他们的想法、行为乃至整体生活，那就是"比较"。伏尔泰与卢梭不仅在文学上、思想上相互比较，还在人格、品德方面相互比较。

其实，我们每一天都在进行着各种不同的比较，只要稍做回忆，就能想起许多类似的例子。有时我们与他人比，和同学比谁的成绩更优秀，和同事比谁更可能得到晋升，和竞争企业比谁的产品和服务更好。有时我们与自己比，看看自己目前的情况比以前更好还是更差，随时检查自己是否处于比较安全的状态，是否远离了危险源。你可能会说，我没有和别人比。其实，比较分为主动比较和被动比较。当别人超过你时，你会感到有些失落，这时你的潜意识已经进行了被动比较，这使你感觉到压力，而且不得不去面对这个比较结果。

2. 比较的三种形式

我们的大脑一直在对未来进行预测，判断情况是否会对自己不利。这其中包含了对自然环境、自身情况、他人多方面的比较，我将它们分别称为自然比较、自我比较和社会比较。

自然比较来源于我们基因中躲避危险的生存本能，旨在评判环境危险程度的变化，是一种时间维度上的纵向比较。对人类的祖先来说，自然界中的危险无处不在，在生与死的博弈中，我们获得了躲避危险的本能——恐惧。恐惧是判断危险程度的晴雨表。当我们看到危险时，危险就会诱发我们对丧失生命的恐惧，随着危险源距离我们远近的变化，或者说对我们造成威胁程度的变化，我们的恐惧程度会上升或下降。当威胁生命的危险源离我们很近时，我们会感到心跳加速、浑身冒汗、手脚颤抖；当危险源离我们远一些时，这些恐惧反应就减轻了，因为我们判断当下所处环境的危险程度小于之前。这种对前后时间点环境危险程度的比较就是自然比较，它回答的问题是：我现在更安全了还是更危险了？

现代社会中，我们不再需要胆战心惊地防备来自丛林的危险生物，就算将城市比作现代社会的自然环境，类似失控车辆这样的危险源也不常出现，因此自然比较出现的频率并不算高。

自我比较存在于自我境况的变化中，是时间维度上的纵向比较，一天前的我、一个星期前的我，甚至一个月前的我和现在相比也许都不会有太大的变化，但我们仍在时刻进行着自我比较，判断自己的处境是否在向好的方向发展。自我比较回答的问题是：我现在赚的钱比过去多了还是少了？我的地位比过去高了还是低了？我的生活更幸福了还是更糟糕了？我的生存更有保障了还是更危险了？

由心理学家费斯汀格最先提出的社会比较是一种与他人进行的横向比较，通过这种比较人们可以评价自己。[8] 三种比较中，社会比较的分量最重，我认为社会比较占据了现代人绝大部分的思维。实际上，我们随时都在与他人进行社会比较，财产、成就、能力、地位、智力、名声等都会被我们拿来比较。我们试图依靠比较来判断自己当下的处境。我们有时可以意识到自己在比较，有时又好像意识不到；比较有时让我们感到快乐，有时却让我们沮丧。

我们之所以会进行社会比较，是因为这是我们了解自己，评价自己在群体中的位置的重要途径。想想那些我们用来比较的元素，它们有一个共同特征，就是没有固定标准，很难客观衡量。学术界将这些元素定义为人的"社会特征"，正是因为社会特征没有固定的衡量标准，我们只能通过比较来确定自我位置。

我们常说"这个人很成功"，可什么是成功？一个人要做出多少成绩、赚多少钱或者家庭有多幸福才算成功？并不存在一个客观标准。我们只有把这个人与其他人进行比较之后才能得出结论：这个人比大部分人赚的钱多或声望高，所以他是成功的。我曾看过一个有趣的理论，叫"镜中我"[9]，由美国社会学家查尔斯·霍顿·库利提出。该理论说的是，每个人都无法认清自己，只能猜测自己在他人眼中的样子。也就是说，除自己外的其他人都像一面镜子，只有当人们从镜子前走过，才能看到"我"的样子。

那么，我们不断进行比较的根本原因是什么呢？从生存角度考虑，我们正是通过进行各种比较来确认自己是否安全，是否落后，是否会被淘汰。自然比较旨在敲响"生命安全"的警钟，而自我比较和社会比较都是受到"资源有限"的"绑架"，这一现状使我们不得不去比较。人的潜意识随时都在评估自己的安全状态，需要确认"我"不比别人差，这样才能使自己在社会中有足够多的生存机会。我在"平衡态"一节中说过，人的一切行为都服务于维持平衡态，而维持平衡态的基础是活着。因为资源有限，从远古时代开始，人类就遵循着这样的规则：有能力的人能得到更多资源，更易存活；没能力的人只能得到少量资源，不易存活。具体来说，没能力的人在与敌人战斗时死亡的概率很大，在与本族人的竞争中失败的概率也很大，在极度缺乏资源的情况下会被群体首先抛弃，在残酷的自然环境中更难存活，而且更不易获得异性青睐。总之，有能力的人会拥有更多的生存机会，而没能力的人生存机会较少。换句话说，强大意味着生存，弱小意味着被淘汰。在比较过程中，人们如果发现自己跟周围的人差不多，甚至比大部分人好，就会顺理成章地得出结论：未来我能生存下去的概率更大，我会活得更好。相反，如果人们在比较中输了，就意味着自己可能会失去资源，进而会被淘汰，甚至死亡。明白了这一逻辑，就能明白人们为什么要了解自己的处境、位置，为什么要追求在比较中不输于别人。

我们对这三种比较已经有了初步的了解。我希望用一种简单的方法来描述这种综合的比较现象，每个人的大脑都有比较功能，都存在各种比较场景和比较方式，我们可以将它们统称为"比较器"，比较器管理着自然比较、自我比较以及社会比较的运作。

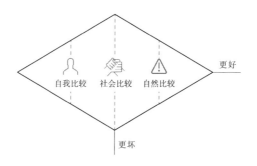

注：①图中左侧的人像表示自我比较，右侧的警示符号表示自然比较，中间的掰手腕符号表示社会比较，三者共同构成菱形的比较器。
　　②更好代表比较获胜，更坏代表比较失败。

图 1-19　比较器

3. 意识不到的比较

可能有人会质疑"社会比较占据了现代人绝大部分的思维"这一说法，这并不奇怪，因为社会比较往往悄无声息地开始，又悄无声息地结束，整个过程非常快，所以我们常常不觉得自己进行过比较。

我在面试求职者的时候经常会听到求职者有要"证明自己"的想法。当我对他们说，他们希望证明自己就是在和别人比较时，他们往往都很诧异，认为自己从未这样想过。这一点引起了我的好奇。尽管这么做确实有向自己证明的成分，但通常我们都是想证明给别人看，让别人知道我们并不差，有能力胜任某件事。正是因为别人可能质疑我们的能力，或者我们在与别人的比较中不占优势，所以我们才会想证明自己不比别人差，证明自己在社会比较中处于优势地位，不应该受到质疑。

在工作中，我们努力提升工作技能、拓展人际关系等，其实这一切想法和行为都有社会比较的成分，都是希望自己做得比别人好，因为在相同级别的员工中，工作效率更高的人更有可能获得晋升。在生活中，社会比较也很常见，比如我们努力做更好的父母，与朋友相处时希望自己更受欢迎，注重穿着打扮以使自己看起来状态更好。可能有人认为，注重穿着打扮是在追求美而不是社会比较。但"美"是相对于他人而言的，如果没有社会比较，人们不会建立起"美"的观念，更不可能追求美。

那么，为什么社会比较在影响人的同时却不为人觉察呢？我想这是因为比较是一种瞬间进行的思维方式。这就像我们在野外看见一只老虎，在看见它的一瞬间，我们头脑中就亮起了危险警报，使我们做出逃跑的反应，这时候我们不会去想牙尖爪利的老虎会对我们造成多大的危害，我们对这个问题的思考已经在 0.1 秒内即刻完成了。比较也是一种"0.1 秒即刻反应"，我们长期经历着社会比较，所以它已经成为一种习惯。比较的输赢就像老虎会伤人一样，不需要出现在意识思维中，就足以驱动我们的行为，所以有时候我们已经根据比较结果做出了反应，却没有意识到自己已经进行了比较。

另外，比较之所以能成为一种本能的快速反应，是因为我们借用了中间结果。我在"经验价值清单"一节的拓展阅读中已经提到过，中间结果其实就是存储在人的大脑中的已经经过计算的结果，人们可以直接使用它而不需要再次计算。比如，在做数学题时，当我们看到 3 × 3 时，并不会根据乘法运算法则按部就班地再推导一次，而是会直接使用 3×3=9 这个计算结果。在社会比较中，人们不会反复推导"一旦自己比别人差或自己的能力无法胜任某件事，就会失去很多资源"这一逻辑，而是常常直接应用中间结果——我需要证明自己很棒或者足以胜任某事。我们在一次次的比较中不断应用这个中间结果，所以我们会感觉到想要证明自己，却不一定能觉察到自己潜意识里的想法其实是"我不能输给别人"。

无论是自然比较、自我比较，还是无时无刻不在影响着我们日常行为的社会比较，都已经成为我们本能的一部分，即使在我们感知不到的时候，也在发挥着作用。

4. 比较器使人失衡

那么，比较器是如何影响我们的生活的呢？

从微观生理上看，当我们比赢时，体内会分泌大量积极激素，使我们产生轻松甚至狂喜的情感体验。大量的积极激素会使我们暂时偏离平衡态，但这些情感体验会自然消退，很快积极激素的分泌就会减少，我们的情绪会逐渐平复，我们的身体会回到平衡态。整体来看，比赢时，人们能够维持平衡态。同时，这些情感体验会使我们产生强烈的记忆关联，记住比赢的方法。

从行为上看，当我们比赢时，成功带来的愉悦感会推动我们不断进行自我提升，以实现更多的成功。就拿我自己带团队的经验来说，我发现塑造一个优秀团队最好的工具就是成功。为团队设定很多小目标，每达成一个目标都能使团队激发活力，并使团队变得更加稳定、高效、积极。

我们再来看人们在社会比较中比输的情况。很显然，没有人能一直在比较中获胜，当比较器告诉我们"别人比我强"的时候，这种威胁和压力就会使我们偏离平衡态。

在微观生理上，当我们比输时，身体会分泌压力激素，使我们产生紧张、焦虑、痛苦等负面情绪，促使我们想办法去恢复平衡。

在行为层面，当我们比输时，我们会采取各种策略来降低比输带来的压力感。这些策略包括积极地提升自己，不断学习、请教、思考、总结，也包括抵触、嫉妒、污蔑、谩骂等消极的行为。比如，同级的同事刚刚获得了晋升，你有很大的压力，当你寻找到机会同样获得晋升时，这种压力就消失了，随之而来的是愉悦的感受。当有些人无法通过积极方法恢复平衡时，他们有可能就会采取消极手段，但这是很危险的，因为这些消极手段会给人们带来心理压力，使人们再次套上枷锁。采取了消极手段的人们从表面上看已经从前一次比输的失衡中恢复了，但新的心理压力会使他们再次失衡。那些消极手段带来的价值批判甚至有可能使人们自暴自弃，难以翻身。比较之误是本书实践篇中将要提到的"思维错误树"的一个重要分支，不同于其他错误，比较之误终身存在，需要我们随时保持警惕。我建议比输的人永远放弃消极手段，永远要用积极的方法来使自己进步，这样才不至于因比较之误而面临更多的麻烦。另外，除了采取行动恢复平衡外，人们还会通过心理调节来帮助自己恢复平衡，具体方法包括：找到100%可以解释失衡的合理原因、降低比较标准及动用平衡补偿机制。这些我在"负反馈"一节中已经提及。

总而言之，是比较器扰乱了平衡态，比赢使我们开心愉悦，使我们想要变得更好，而比输使我们压力倍增，使我们不得不做出改变。

5. 掌控自己的生活

可以看到，比较器的确会产生一些负面的影响，它会给人带来压力，使人的平衡态失衡。这时，人们应该采取积极的行动去提升自己，哪怕慢一点、迟一点也没有关系，这是恢复平衡的最佳方法。但有些人在面对压力时不会很好地调整心态，就会导致不良后果。我曾经看到一则新闻，说的是有一个年轻人非常希望能成为一名成功的创业者，他为之持续努力了 10 多年，经历过无数次创业的失败，最终他自杀了。对于他来说，也许创业成功这件事远比家庭、情感、财富甚至生命更重要，所以他无法也不愿意降低自己的目标。目标的设定跟每个人的成长经历有关，如果因为某次偶然的经历我们设定了一个不切实际或不适合自己的目标，那将会非常糟糕。

但比较器并不是只给我们带来负面影响。事实上，比较可以说是社会进步的一大动力。正是因为社会比较给人们带来了压力，人们才会不断奋进、创新。我们的文明就是在不断比较、竞争中进步的。学者们积极探索着微观世界和宏观世界的奥秘，商人不断创造出各式各样的商品，技术人员飞速地进行技术改革，这一些都离不开比较和竞争的作用。可以说，没有比较，就没有竞争，就没有现代文明社会。

我想说的是：对任何事情都不要过度执着，努力过、奋斗过，无论结果如何，都要接受它，世界上还有更多美好的事物值得我们去体验。虔诚的僧人放弃社会比较，以求心境平和。尽管我们不可能像他们一样超脱世俗，彻底不"比较"，但仍可以从中学习一二，不要过于在意与他人的比较结果，而要充分体验经历的过程。

很少有人能掌控生活的方方面面，也很少有人能做到事事胜过他人，但我想我们仍可以在糟糕的局面下保持乐观的心态，寻找属于自己的胜利之道，与自己失败的一面达成和解。正像阿图尔·鲁宾斯坦所说的，"成功没有规律可言，如果有的话，或许就是能无条件地接受生活及生活带来的一切"。不仅如此，哈佛大学的幸福课告诉我们，制定自我和谐的目标才能让我们更快乐，要摆脱"舒适的麻木"，寻找挑战，激发自己的潜能，才能获得成就感。另外，我们应尽可能丰富自己的生活，避免将所有期望都寄托在一件事上。这样，当我们在一件事上不顺时，在另一件事上仍有机会成功。每个人都有自己的长处和短处，经过不断尝试，我们总会找到自己的闪光点。

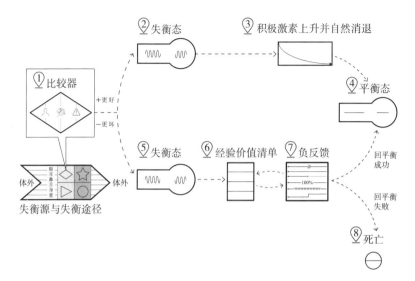

注：①外界信息传来，通过比较器比较后，如果比赢了则促使人体积极激素水平上升，之后
　　　积极激素会自然消退，使人体恢复平衡态（1→2→3→4）。

　　②外界信息传来，通过比较器比较后，如果比输了则促使人体压力激素水平上升，使人
　　　体失衡（1→5）。

　　③平衡态失衡后，人通过搜索经验价值清单，决定采用哪种负反馈方法恢复平衡
　　　（5→6→7）。

　　④若负反馈没有成功，则继续搜索经验价值清单，寻找解决方案，重新进行负反馈
　　　（7→6）。

　　⑤若多次负反馈均不成功，引发人体指标大面积失衡，超出生死线，则人会走向死亡
　　　（7→8）。

　　⑥若负反馈成功，则人体恢复平衡态（7→4）。

图1-20　比较器逻辑图

拓展阅读

1. 比较圈子的形成

比较对象是比较器的重要参数，比较器要发挥功能首先要决定"跟谁比"。在三种比较中，自然比较的比较对象是危险源，自我比较的比较对象是自己的境况，比较对象都非常明确，而社会比较则不同，它的比较对象并不是一开始就确定的，而是逐渐增加的。在社会比较中，比较器就像雷达，随时在寻找对我们有潜在威胁的目标。随着比较对象的增加，比较器的设定也会逐渐完善。对大部分人来说，比较器的设定基本都是在幼年和青年阶段逐渐完成的，每个阶段都会有重要的比较圈子。这些设定通常会影响人的一生。

幼年阶段的我们，一个重要的影响因素就是家庭。父母的期望会演变成比较器的一个判断标准。上学阶段的我们，一个重要的比较圈子是同辈群体。同辈主要指的是我们小时候的玩伴和小学、中学、大学的同学。工作之后的我们，最重要的比较圈子是同事。哪怕现在已经不在一起工作了，曾经在一起工作的经历很容易使我们将同事纳入比较圈子。

虽然每个比较圈子形成的阶段不同，但形成之后都会持续地对人的比较器的设定产生影响，我发现绝大部分成年人的比较都发生在以上几个年轻时形成的圈子中。当然，我们还会形成新的比较圈子和比较对象，比如每次换工作之后的新同事、某个兴趣团体的成员、谈恋爱时的竞争对手等，都是后面逐渐出现的新的比较对象。

需要注意的是，最重要的比较其实发生在同级别的人之间。与同级别的人进行比较的结果最直接地反映了自己的社会特征和位置。通过和他们进行比较，自己是否进步就一目了然了。

　　比较圈子的形成非常影响我们的幸福感。如果你在主要的比较圈子中处于平均水平以上，那么你的幸福感就会相对较高；如果你在平均水平以下，那么你的幸福感就相对较低，就会承受不小的压力。我当年在清华大学化学系读书时就有过类似的体会，高中时我的成绩一直是名列前茅的，但进入大学之后，身边优秀的人太多了，我发现自己很难在成绩上继续保持优势，这让我体验到前所未有的压力。这时候，我就改变了自己的比较圈子。我想，既然自己在科研上很难做得比这些同学更好，那就选择另辟蹊径吧。鉴于我是一个偏社会型的人，擅长沟通，最终我选择了去做企业。虽然我做企业的主要原因是希望能促进社会经济进步和创新发展，但我在科研圈与别人比较的胜算不大也是重要的原因。

　　随着一个个比较圈子的形成，比较器的基础设定就逐步完善了。完善后的比较器将持续地影响我们的工作与生活。

2. 比较的内容及自我评分的计算

　　那么，是不是所有的东西都值得我们去比较？显然不是。经验价值清单是比较器发挥作用的基础，只有人们在意的事物才会被拿来比较。一个体操运动员显然不会很在意自己的科研能力，也不会拿这点与他人比较，因为他的头脑中都是各种技术动作、最新的比赛、新出现的对手，当他和其他人比较时，自然也是比较这些事物。我们无法控制比较的时间，但我们可以控制比较的内容。

　　进行了一次次比较后，我们就会得到一连串的比较结果，这些结果与我们对自己的评价息息相关。如果一个人能在自己认为重要的事上比赢，那他对自己的评价就会提升很多；如果只是在不那么重要的事上比赢，那他对自己的评价就不会提升很多。比输后，个人对自己的评价下降也是同样的道理。个人价值观就是加权分，与比较结果相乘就能得出评价分。

举个例子，假如在你的价值观中，爱护环境、孝顺父母与事业成功三者的价值之比为 1:2:3，你与 A 在各方面分别比较，结果如下：

在爱护环境方面，你做得比 A 好，A 得 100 分，你得 120 分。

在孝顺父母方面，A 做得比你好，A 得 100 分，你得 80 分。

在事业成功方面，你做得比 A 好，A 得 100 分，你得 110 分。

那么，你对自己的评价分为：$1 \times 120 + 2 \times 80 + 3 \times 110 = 610$ 分。

同理，你对 A 的评价分为：$1 \times 100 + 2 \times 100 + 3 \times 100 = 600$ 分。

因此，在你眼中，你比 A 优秀，在社会中比 A 更具有竞争优势，面对 A 时，你心中没有压力，甚至有一点点优越感。

我们通过比较自己在意的事物，对自己在社会中的竞争力进行评价。

延伸思考

文人相轻、同行相斥、同级相争有什么共同本质？为什么一般成绩不好的人在一起玩，成绩好的人比较少扎堆？

弹簧人——头脑中的平衡补偿机制

1. 我们都是"弹簧人"

我们多多少少都有过这样的经历：明知熬夜不好，还是会在深更半夜刷手机，并自我安慰，"偶尔熬夜一两次没影响，之后早睡早起就行了"；春节时手滑摔了碗，心想"碎碎平安"；想追求心仪的异性，就为自己壮胆，告诉自己"我也不比别人差"……

在日常生活中，我们习惯于这样"自我安慰"，因为我们每天都可能遭遇这样或那样的不如意，比如早上刚买的咖啡被人撞洒了，上班迟到了，和同事因为工作上的事发生争执。面对各种不如意，我们的平衡态被反复打破，羞愧、愤怒、沮丧等负面情绪不断冲击着我们。我们往往会通过自我补偿来恢复平衡，对事件发生的原因和结果进行弹性解释，以说服自己，"这不是什么大事，我是对的，我应该做这件事"或者"我不比别人差"。这就是平衡态的补偿机制[1]，能帮助我们尽可能维持平衡态。这就像站在一辆晃动的公共汽车上时，我们两条腿的肌肉会不断进

图1-21 弹簧人

---

[1] 费斯汀格提出了认知失调理论，他认为人的态度和行为一般是相协调的，人追求的是内在的一致性。假如在某种情境下，二者出现了不一致，认知失调就产生了。当认知失调带来了压力和痛苦时，人们会通过改变自己对行为的认知、改变行为或者改变对行为结果的认知来减少失调。在全因模型中，平衡补偿机制是通过改变认知来恢复平衡的负反馈方式，与认知失调的解决方法部分重叠。

行微调来保持身体的平衡。

我们每个人就像是"弹簧人"，肢体就像是富有弹性的弹簧。每当受到外界的冲击时，人们会瞬间失去平衡，但人们总能及时撑住周围的墙壁或物品，利用弹簧的弹性稳定身体，尽管身体会微微晃动，但还是能保持住平衡。"弹簧人"身上的弹性，保证了其能出色地应对外界的冲击。

2. "弹簧人"的两个工作方法

"弹簧人"身上的弹性是其保持稳定的关键，那么弹性从何而来？

我们思考问题都是以经验价值清单为基础的，而这个清单中的每条经验都源于经历，由于我们的经历并不全面，因此由它提炼出来的经验也就不一定准确，这种模糊性既表现在经验的重要性（分数）上，又表现在经验的确定性（概率）上。模糊就意味着经验是可修改、可调节的，就像弹簧一样。每当"弹簧人"需要恢复平衡时，就会去调节经验的分数和概率，以便用最低的能耗轻松完成平衡工作。

注：弹簧代表经验的弹性特质，同时也是弹簧人的简化示意。

图 1-22 经验弹簧

值得注意的是，每根经验弹簧的弹性、粗细和长度都不同。100%确定的经验所对应的经验弹簧几乎没有弹性，就像太阳从东边升起这条经验，因为发生概率为100%，是很确定的，自然也就没有可调节和改变的空间。但其他的一些经验，比如某个产品是否会畅销，好人是否有好报，进大公司是否是好机会，这些经验无法100%确定，其经验弹簧就具备弹性，在我们需要的时候就可以被拉动、调整。比如，一个项目负责人为了能启动一个新项目，就会努力去说服大家这个项目会成功，慢慢地甚至自己也坚信这一点了。越不确定的经验越容易被主观改变。比如，爱情重要吗？金钱重要吗？友情重要吗？这些经验的重要程度因人而异，会随着人们的自身境遇、个人目标的改变而改变，弹性很大，容易在人们急需恢复心理平衡时进行弹性调节。

"弹簧人"就是这样通过调整、改变头脑中的经验价值清单来发挥作用的。当我们失衡后无法通过行动或找到合理理由来恢复平衡时，"弹簧人"就会立刻挥舞着手中的弹簧，或拉或推，通过调整经验的分数和概率来支撑，鼓励我们采取行动（事前自找理由）或者进行自我安慰（事后自找台阶），最终使我们恢复平衡状态，摆脱压力。

让我们来具体看看这两种方法。"弹簧人"的第一招就是改变经验的重要性，即分数。经验价值清单中的分数本来就是个性化的，其实并没有确定的值，这就给了"弹簧人"以"作弊"的空间，可通过改变经验的分数来恢复平衡。

比如，很多无法坚持运动的人就会这么做。研究显示，70%的运动参与者会半途而废。他们在一开始都觉得运动非常重要，自己要努力坚持运动，但慢慢地就会想要放弃，并说服自己运动没那么重要，眼下还有很多更重要的事要做，没必要太过在意是否坚持运动了。最后，他们往往会被这些自我说服的理由打败，半途而废。这种方式其实就是将原本经验清单中运动的重要性降低，将其一直降到让自己可以接受失败的程度，从"运动非常重要"变成"偶尔不运动也没关系"，甚至变成"现在可以不运动，因为我有更重要的事要做"。

"弹簧人"的第二招就是强行改变经验的确定性，即概率。经验清单中大部分的经验是否会生效并不是确定的。"弹簧人"会按照需要将经验生效的概率调高或调低。通常，喜欢博彩的人会提高自己命中的概率，酒驾的人会降低自己出事故的概率。再如，两人合作时，谁的贡献更大？谁的那部分工作对事情的成功起到了关键作用？很多时候大家无法 100% 确认，但各自心中都会稍稍提高自己的工作起到关键作用的概率。

心理学上有一种现象叫作自我服务偏差，说的是人们会把现实生活中的积极结果归功于自己的努力、能力，而把消极结果归咎于外界的不可控因素。[10] 在全因模型中，这就是"弹簧人"在作怪，大部分人都觉得自己比周围的普通人更聪明（调高了自己聪明的概率），当有人超过自己时，就倾向于把对方看成天才（调高了别人是天才的概率），篡改了比较失败的原因后，人们就能快速缓解失败的压力，同时又不需要降低对自己的评价。

正所谓"你看到的世界，往往是你想看到的世界"，"弹簧人"修改着经验价值清单，使人们眼中的世界能够符合自己想要的样子。

3. "弹簧人"无处不在

每个人都在不停地对事物做弹性解释，进行自我补偿，以调节日常的心理平衡。在社会中，每当我们失衡时，就会通过自找理由、自找台阶、自圆其说来缓解压力、恢复平衡。可以说，"弹簧人"无处不在，一直在积极地工作，在一些场景下还会非常活跃。比如，涉及理念上的争论时，我们总是想让别人接受自己的想法，当别人抛出一个与我们相冲突的论点，而且有理有据地证明了这一论点时，我们也许在那一瞬间会慌乱，但很快就会想出各种各样的理由来驳斥这个论点，让自己恢复心理平衡。

"弹簧人"之所以显得这么活跃，一个很重要的原因是，不同于找到客观理由、立即行动、延迟行动和降低标准这样的负反馈方式，"弹簧人"的弹性调节在负反馈的全过程都可以发挥作用，与其他方式并存。当其他方式不足以使人恢复平衡时，"弹簧人"就会立刻站出来，和其他方式合作降低压力，使人恢复平衡。值得注意的是，在与其他方式配合时和独自工作时，"弹簧人"起到的作用是略有区别的。

当人们找到客观理由时，会利用弹性解释来帮助自身恢复平衡，保持心理健康。尽管有的时候人们可以找到解释事件的客观理由，但仅仅有一个确切的理由并不总能让人们恢复平衡，这时候"弹簧人"就运用弹性解释起到了辅助作用。

比如，一名运动员因为意外受伤错过了一场重要的比赛。受伤毫无疑问是个足以解释结果的客观理由，但是只有这个理由并不足以抚平这个结果给该运动员带来的遗憾和苦闷，他往往还会想，"假如我去了，一定可以得第一名"或者"这个比赛错过了，我还会有更好的机会"，又或者"这个比赛也没有那么重要，奖牌的含金量不够高"。

在选择立刻行动后，"弹簧人"也不会停止工作，此时弹性解释会帮助人们消除心理紧张，在得知行动结果前暂时缓解压力。比如，孩子高考后，要等一段时间才能得知结果，在这段时间，父母往往会一边焦急等待，一边为自己做各种心理工作，告诉自己，"孩子一定能考好""即使考不好也有其他出路"。

延迟行动的过程中同样有"弹簧人"在发挥作用，跟上面一样，我们可能已经制订了行动计划，但是距离行动还有一段时间，这时候弹性解释就会起到缓冲情绪的作用，帮助我们暂时缓解压力，同时也起到促发行动的作用。

如果前几种方式都不能让我们恢复平衡，那我们就不得不降低标准了。降低标准本来就是无奈之下的"最糟选择"，很多时候并不能让我们的压力彻底消失，因此需要"弹簧人"从旁辅助。这时候，我们通常会通过弹性解释降低比较失败的事情在经验清单中的分数，让失败变得无足轻重。

回想一下，我们在生活中是否经历过或者见过这样的情形：两个人是同事，彼此有竞争关系，其中一个人的业绩总是比不过对手。在屡次失败后，这个人只能无奈地承认对方的工作能力的确比自己强，但承认这点不会让他好受多少，他也许还会告诉自己："虽然我的业绩不如他，但我的家庭比他的幸福得多，我只是更重视家庭，忽略了工作。"在承认失败、降低标准的同时，他也降低了经验清单中工作这一条目的分数，有时候还会提升家庭、健康等其他条目的分数，以此进行自我补偿，告诉自己只是输在了不重要的事上，在重要的方面仍可以赢。

"人是生而自由的，却无所不在枷锁之中"，卢梭曾以此来形容人所拥有的自由总是受限的。身体的自由是如此，思想的自由也是如此，思想本身看似没有限制，但实际上也会受到自身局限的约束，无法停止比较，也无法停止自我补偿。

4. 能耗决定"弹簧人"的行动

"弹簧人"的作用是任何人都无法回避的，因为人们不会一直顺心，也不会一直获胜，只要有不顺心或失败，需要补偿的概率就非常大。

"弹簧人"的四肢或推或拉，目的都是使人尽可能远离失衡源，向着平衡"使劲"。

在"推"和"拉"的过程中，有一个要素始终起着重要的作用——能耗。当人处在失衡状态时，无论是承压时情绪的剧烈波动，还是人的思考、行动，都需要大脑调动很多能量去应对，身体也会分泌大量激素，神经系统同时处在亢奋的状态中。而当人处在平衡状态时，人体则没有承担多余的压力，用化学语言来形容，就是物质处在能量最低状态，也是当前形态的最稳定状态。此时，"弹簧人"安静地待着，处在平衡中，不需要四肢或推或拉，这是"弹簧人"的"轻松时刻"，它处在最舒适的状态。所以，当人体失衡时，会大量耗能，为了降低能耗，人会有很强的动力一定要恢复平衡状态，一旦无法立刻采取行动恢复平衡，弹簧的推拉作用就至关重要了。可以说，"弹簧人"的弹性调节是必需的，而不是想与不想的问题。

下面，我们通过两个形象的比喻来说明。以能量碗为例，平时的我们就像待在碗底的小球，平衡且稳定。当碗受到外界冲击时，小球就会弹到碗壁上。但小球会极力想回到碗底，如果碗壁带有黏性，阻碍了小球，那么小球就会拉动弹性的丝线回到碗底。再以降落伞为例，我们平时站在地面上时，同样是平衡且稳定的，但当我们受到外界冲击，被抛到空中时，我们会打开降落伞企图落回地面。如果降落伞不幸被树枝挂住，我们就悬在了空中，假如此时降落伞的绳子是可伸缩的，我们会毫不犹豫地拉动它，帮助自己回到地面。需要注意的是，这里的平衡稳定指的是心理的平衡而不是力的平衡。对于小球来说只有处在碗底时才能达到平衡状态，对于人来说只有站在地面上时才能达到平衡状态，一旦平衡被外力打破，即小球处在碗壁时或者人悬在空中时，就会承担着多余的压力，就会竭力回到能耗最低的平衡状态。

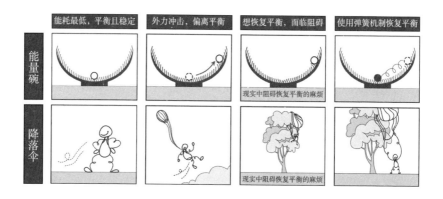

图 1-23　能量碗与降落伞比喻说明图

这两个例子中，当受到外界冲击时，如果我们能立刻行动、解决问题，就会立刻回到碗底或地面。比如，考试没考好时，马上补考过关。但很多时候我们无法马上补考，或者即使能补考也不一定能通过，这就相当于黏性碗壁或树枝，阻碍着我们马上恢复平衡，让我们一直感到不安。这时，弹性解释机制就会起作用，帮助我们尽快摆脱不安的情绪，使我们的身体减少或停止压力激素的分泌，以尽快回到稳定且低能耗的平衡状态。

另外，"弹簧人"是否发挥作用也与人当下的能量状态相关。当人精力极度充沛时，会更倾向于用行动来解决问题，恢复平衡；当人精力不足时，会更倾向于启动节能的弹性解释来帮助自己恢复平衡，避免耗能的行动。可以说，能耗是"弹簧人"的督导，推着"弹簧人"努力工作，恢复平衡。

5. 凡事有度，适可而止

失败后的自我补偿是我们头脑中不可回避的一环，但它并不一定是坏事，理解"弹簧人"的工作方式并合理利用它，可以有效帮助我们消除心理紧张，恢复身心平衡，促使我们积极行动，改变自己。

"弹簧人"好的一面体现在以下两个方面。首先，"弹簧人"会在行动前寻找支持行动的理由，这在某种程度上可以坚定我们行动的信心。我在创业之初，经常会有自我补偿的念头，这帮助我坚定了创业的信心。在做教育软件之前，我不太确定它是否会受市场欢迎，于是就鼓励自己，人们应该会需要这样的产品，即使销量不好，至少这样的教育产品对社会是有益的。最后，这款产品非常成功。在决定做动画片之前，我也在想，即使不能从中获利，至少可以算是给孩子们的一份礼物，因为这类动画片是有教育意义的。结果非常幸运，我们制作的动画片推出后很受欢迎。获得这些成功并不是弹簧人的功劳，但它促使我做出了行动的选择。现在，我在做有关人类历史的网站"全历史"，我告诉自己，即使不能从中获利，至少可以帮助人们更多地了解历史，从历史中学习，推动人类和平与进步。

其次，"弹簧人"会在人们失败后充当负面情绪的缓冲器。偏离平衡态会使我们产生压力和焦虑情绪，相比行动，调整认知更加容易，是一种快速缓解压力和焦虑的方法。

林肯是美国历史上最伟大的总统之一，他曾经历经商失败、家庭不和、竞选州议员落选等失败和困境。有人曾统计过，林肯一生中只成功了 3 次，失败了 35 次，他说："此路艰辛而泥泞，我一只脚滑了一下，另一只脚也因而站不稳。但我缓口气，告诉自己，这不过是滑一跤，并不是死去而爬不起来。"

我们也必须看到，"弹簧人"的弹性机制也有不好的一面，过度依赖弹性解释会阻碍我们的自我成长。如果人们每次面临心理失衡时都用弹性解释来调整认知，而不是通过理性分析寻找失败的原因，并努力改变现状，那便是自欺欺人，长此以往，人们就会原地踏步，甚至一事无成。因此，遇到小事时，我们可以利用弹性解释帮助自己维持身心健康，但越是遇到大事时，我们越要学会限制利用弹性解释，因为它可能使我们犯错，无法发现自己的问题。

延伸思考

在争论中，为什么争论越激烈，双方越觉得自己是对的？

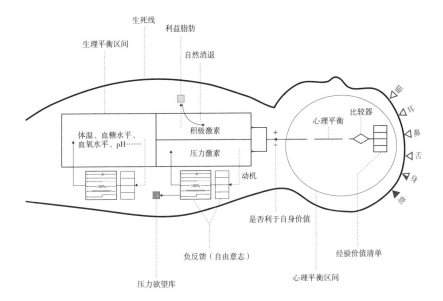

注：①该模型由两大部分组成：圆形代表头脑，长方形代表身体，头脑中有心理平衡线，身体中有生理平衡区间。各项指标在平衡区间内则人处在平衡态，指标在平衡区间外则人陷入失衡，头脑和身体都受生死线的制约，一旦失衡幅度超过生死线，则人会死亡。

②头脑中包含以下三个过程：信息接收过程，外部信息通过眼、耳、鼻、舌、身、意6条途径进入头脑；信息处理过程，信息存入经验价值清单，并经过比较器的处理；生成结果，信息经过处理后，会对心理平衡产生影响，并根据结果对自己是否有利引发生理平衡态的变化。

③身体中包含以下三种平衡方式：自动调节的平衡方式，部分生理指标失衡后通过身体自动调节恢复平衡；负反馈的平衡方式，人体失衡后会产生动机，通过6种负反馈方式恢复平衡；自然消退的平衡方式，因比较后得到积极结果而产生的积极激素会随时间消退，从而恢复平衡。

图 1-24 全因模型人体示意图

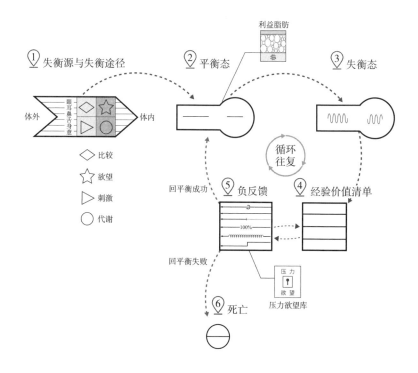

注：①失衡源经失衡途径导致平衡态失衡（1 → 3）。

　　②平衡态失衡后，人通过搜索经验价值清单，决定采用哪种负反馈方法恢复平衡
　　（3 → 5）。

　　③若负反馈没有成功，则继续搜索经验价值清单，寻找解决方案，重新进行负反馈
　　（5 → 4）。

　　④若多次负反馈均不成功，引发人体指标大面积失衡，超出生死线，则人会走向死亡
　　（5 → 6）。

　　⑤若负反馈成功则人体恢复平衡态（5 → 2）。

　　⑥全因模型就是人的平衡态不断从失衡到恢复平衡的循环。

图 1-25　全因模型逻辑图

第二章
思维操作间

正如 20 世纪原创媒介理论家麦克卢汉所言，"人类曾经以采集食物为生，而如今他们重新要以采集信息为生"。人是一个行走的信息加工处理器。当我们感知到外界的信息后，会对其进行加工处理，将重要的内容储存下来，以用于解决各种难题。这一章，我们将一起探索人在储存、加工和使用信息过程中的一些重要环节，这趟微观之旅会让你发现，人的记忆和思考并不神秘！

归纳："找不同"与"找相同"
——认识变化与发现规律

"吱……吱……"一个夏天的午后，一只知了的鸣叫引起了一群知了共鸣，这吸引了我的注意，我欣赏着蝉鸣，感叹大自然的神奇。但渐渐地，我的注意力从知了的鸣叫声转移到我的后背上。原来，一缕阳光射入房间，晒得我后背火辣辣地疼。突然，一个黑影进入了我的视线。那黑影越来越大，我定睛一看，原来是一只猫的影子……

类似上述的日常情境，我们时时都在经历。我们通过眼、耳、鼻、舌、身、意来接收信息，感受世界，当我们的感觉器官感受到"不同"时，神经元就会产生电位差，沿着神经元传导到神经系统中。我们就是通过这种"找不同"来感知外部世界的变化，进而发现新事物。

同时，我们的大脑还可以"找相同"。当外部信息进入时，我们的大脑会识别出信息之间的关联以及不同信息中相同的部分，并将其抽象成经验或规律。我们通过"找相同"来归纳规律，理解世界。

"找不同"和"找相同"是我们对外部世界形成有效认知的两种方法，我们通过这两种方法发现变化，发现规律。

我们先来看看"找不同"。我经常用海浪冲刷沙滩来比喻"找不同"的过程：外部刺激如同海浪一般冲刷着我们大脑中的沙滩，被海水冲过的地方是湿润的，未被海水冲过的地方是干燥的，二者之间有着清晰的分界线。如果每次海水冲刷沙滩时到达的最远距离相同，我们就找不到不同。但如果某次海水冲刷沙滩时到达的最远距离比上次远一点，只要远一点点，我们就会发现不同，因为会有更多的干沙被弄湿，分界线的形状会发生改变。看到沙滩不断被冲刷，沙滩上干湿区域的分界线不断推进且形状不断发生变化，我们就会意识到，海水涨潮了。

我们不仅会分辨图像的不同，而且会分辨声音的不同、情绪的不同；我们不仅能比较出细节的不同，而且能感知模式的不同，人与人、物与物的不同。在全因模型中，我提到了人脑中的比较器，实际上，"找不同"正是比较器的底层运行逻辑。我们普遍认为的比较是一较高下，有输有赢，但在一些情况下，比较无关高下和输赢，仅仅代表着异同。比如，不同人种的肤色不同，但无高下之分。很多时候，甚至可以说是绝大多数情况下，我们都是先看到差异，意识到有不同事物的存在，然后才在社会环境的影响下给这些不同的事物分出高下。

我们再来看看"找相同"。人类喜欢找规律，因为规律可以帮助人们预测未来，并且在思考时节省认知资源，从而使行动更加迅速，规律对人类的生存至关重要。规律的发现依赖于我们对不同信息间共性的归纳和总结，可以说，"找相同"就是我们的大脑发现规律、理解世界的核心程序。

比如，持续几天看到太阳起落的轨迹，我们就会找出相同之处："太阳从东边升起，从西边落下。"看到一些人努力工作，取得了重要成就，我们就会找出相同之处："努力会带来成功。"实际上，"找相同"

的过程就是归纳的过程，即从特殊到一般的信息处理过程。在这里，我之所以用"找相同"替代"归纳"一词，是为了强调归纳的微观过程。看似复杂的归纳背后，其实就是简单的比较过程。可以说，我们的经验价值清单中所有的经验都来源于"找相同"。如今的我们通过"找相同"来总结规律，前人把通过"找相同"总结的规律传授给我们，人类的所有知识就是古人与今人通过"找相同"得到的规律总和。下面我们来轻松一刻：

　　一位年轻的朋友曾给我讲过他经历的"理工直男危险五秒"。又一次加班到深夜，他回到家看见闷闷不乐的女友，便问道："怎么了？"女友回答："没什么。"第一秒，"没什么"三个字被输入大脑，他开始搜索经验价值清单，一秒过后匹配到了两条相似信息：× 月 × 日加班晚归，女友说"没什么"后提出分手；× 月 × 日忘记纪念日，女友说"没什么"后一个月没理他。过了不到一秒，朋友的大脑中输出了一个结果："当女友说'没什么'时，我会很惨。"想到这里，他打了个冷战，然后紧紧抱住女友说："又让你等到这么晚，我真的太不应该了……"两秒过后，危险解除，"找相同"救了我这位年轻的朋友。

在"找相同"的过程中，我们要警惕两种常见的错误。第一是样本数太小，仅通过一两次经历就得出规律。比如，有一次你穿着红衣服参加考试，考了第一名，就从中得出"穿红衣服就有好运气"的规律，这种规律是无效的。有些人之所以会相信一些假"大师"，很可能就是因为用少量案例及宽泛的语言总结出的"规律"。"找相同"的样本数越大，出错的可能性就越小。更多的经历能让我们接收到更多的外界信息，更有利于我们"找相同"和发现规律，并且验证规律。第二是心理学中的"证实性偏差"，我称之为"期待性寻证"，这个概念是指人总是倾向于通过找寻蛛丝马迹来证实自己的观点，而往往忽视与自己不同的观点，这个概念我会在后面详细讲到。在"找相同"的过程中，我们要警惕这一倾向，对不同的线索保持关注，而不要主观放大某些线索，错误地将其归纳为规律。

许多看似很复杂的事情，其实细微过程很简单。比如，电脑看似很复杂，AI（人工智能）与机器人看似神奇，其基本的逻辑电路不外乎与非门等门电路构成的加法器、比较器、寄存器等少数几个单元。

延伸思考

为什么人们在面对不同种族的人时会存在脸盲现象，尤其是亚洲人看欧洲人时或欧洲人看亚洲人时？

记忆：记忆草地——走得多了就有了路

1. 记忆的过程

"又忘了！"我们时常为学习新知识时的健忘而苦恼，时常为忘了别人的名字而尴尬，时常为重复犯同样的错误而懊悔。我们每天经由"找不同"和"找相同"而经历许多，并从中获取大量经验，从而形成记忆，但每天我们又会忘记很多事情。

人是如何形成记忆的，又为什么会遗忘呢？心理学家以信息在人的头脑中维持时间的长短为标准，将人的记忆分为感觉记忆、短时记忆和长时记忆。

感觉记忆是信息的"暂存处"，会维持 0.25~4 秒，所有的新信息都会在此处进行一下"登记"，那些被人注意到的信息会进入短时记忆。短时记忆的维持时间为几秒到几分钟，存储容量十分有限。我们常有这样的体验，开会时接收到的信息当下以为自己都记住了，但会议结束后怎么也想不全。这些信息就储存在我们的短时记忆中，如果不对其进行深度思考，很快就会被遗忘。那些经过深度思考的信息会进入长时记忆，长时记忆的维持时间很久，通常以天或年为单位，储存的内容是那些被我们深度加工过的信息，比如连续数月练习的一首钢琴曲、第一次高空滑翔的体验、由你主导策划的一份营销方案等。

2. 记忆草地的比喻

有时我们会感到困惑，为什么有的信息我们可以牢牢记住，而有些信息我们却很容易忘记？实际上，有一个至关重要的因素影响着信息究竟是会被记住还是会被遗忘，那就是重复。

重复有多重要呢？我喜欢用这样一个比喻来帮助自己理解：我们的大脑就像一片草地，外界信息经过大脑时会留下相应的印记，就像人走过草地时会留下脚印，这些脚印就象征着一段段的记忆。同样的信息经过大脑的次数多了，印记就会越来越深，这些信息就会被存储到长时记忆中，成为我们长久的记忆。这就像一片草地被走过很多次，脚印越来越深，就慢慢形成了一条路。在这个过程中，头脑中相关的神经突触连接会越来越多、越来越强，今后，当我们需要时，就能够顺着路提取出这些信息。相反，如果这条路后来被走的次数少了，慢慢地，草会重新长出，并将路淹没，这就是遗忘。曾经的神经突触连接因不被使用而强度慢慢减弱，直至消退。

如果信息持续不断地被重复、提取和运用，与之相关的神经突触连接持续增多、增强，甚至形成髓鞘化[①][1]，则人们运用这些信息的速度会越来越快，甚至会达到运用自如的地步，这就好比将那条路拓宽，建成马路，之后又建成高速公路，甚至将其打造成"记忆铁轨"。例如，一个人在某一领域耕耘越久，拥有越多的"记忆铁轨"，那么其对该领域问题的判断就会越准确、越迅速，甚至会培养出"直觉"，最后就会成为该领域的专家。

读到这儿，也许有人会说，有很多"只此一次"的经历同样让人难忘。是的，一些特殊的信息只经过大脑一次就能够给我们留下深刻的印象，直接建成一条"记忆马路"，这种记忆被叫作"闪光灯记忆"。不难发现，这些信息往往都是一些重大的事件，例如恐怖袭击、奥运

---

① 髓鞘是包裹在神经细胞轴突外部的一层膜，起绝缘作用。髓鞘化即髓鞘发展的过程，它使得神经传导更加稳定、快速。

会开幕、突发的自然灾害、收到名校录取通知书等，它们通常会引发人们情绪的极大波动。人们对这些事件的记忆是生动、鲜明而持久的，无须重复多次就能牢牢记住。这就好像路过草地的不是脚印，而是一辆大大的压路机，它是如此重，每行至一处都直接将草地压成了马路。

在大脑这片草地上，每天都有无数条被脚印踩出的小路，也有无数条小路被建成马路，同时还有无数条马路被新长出的草淹没……记忆与遗忘并不神秘。

拓展阅读

新近效应——清晰的新脚印

1．新近信息霸占头脑

你相信吗，我能从与你的谈话中听出你最近干了什么事儿，而且准确率在 80% 以上？这不是什么天赋异禀，每一个人都可以做到，其中的秘诀就是利用"新近效应"：人们的思考和注意力会被新学的知识或者最近思考的问题占据，遇到什么问题都有用新知识解决的倾向，以至忘记了常用的，甚至更简单便捷的解决方式。

举几个生活中常见的例子。与朋友谈工作时，若他时不时地用练习游泳的技巧来类比，你就能猜到他最近在学游泳或者教别人游泳。若他引用不少哲学家的观点来给你建议，你就能猜到他最近思考了哲学相关的问题。若他时常谈起带团队和带孩子的相似性，你就能猜到他最近思考了有关孩子教育的问题。这种情况很常见，几乎人人都有经历过。

新近效应就是新近信息霸占人的思考和注意力后导致的一种思维偏差，在心理学中也被称为近因效应。

2．认知资源有限导致新近效应

当一个人的头脑忙于加工某个信息时，就必然没有更多的"内存"来处理其他信息或计算其他得失利弊。当新学到的知识被存储到大脑中后，新知识会对先前的记忆产生干扰。"现代神经科学之父"拉蒙－卡哈尔提出，信息存储在大脑神经元之间的突触连接中。[2] 突触通过生长和分裂使记忆得到巩固，在学习新知识时，新的突触连接会在学习过程中不断形成并得到强化，而大脑的内存是有限的，在这个过程中先前的突触连接便会退化，这是大脑的一种安全机制，可以保护人们免受信息超载的影响。也正因如此，新的记忆会更容易被提取。新的信息就好比记忆草地上新出现的一条小路，其他已经存在的小路与它相比，顿显暗淡。

新近效应的发生就是源于头脑被大量新鲜信息霸占后出现的"记忆堆栈"现象，这种现象使人们首先提取最新存入的信息，而无法全局性地观察、分析，最终往往会导致人们犯错。

3. 小问题引发麻烦

新近效应看似简单，但它最大的杀伤力就在于，人们时常受其影响而不自知。所有的越想越生气、越想越难过、越想越高兴、越想越有道理，都是新近效应在作祟。

以员工离职为例，每一个决定离职的员工，都或多或少受到新近效应的影响。一个考虑离职的员工的大脑中最近加工的信息必然都是对组织的不满、失望或自己的委屈等负面信息，当他决定是否该离职时，所参考的信息也都是大脑中的这些负面信息。于是，摆脱现有状态就会成为他的一个强烈意愿。同时，因新近效应的影响，他很难想起自己当初加入该组织时的目标。这时，他的头脑已经被新近的负面信息"绑架"了，只是他不自知，因此无论如何他最后得出的结果都是必须离开。与此类似，情侣闹分手、夫妻闹离婚时，新近效应同样在其中发挥着作用。

人们常说不忘初衷，但真正能做到这一点的人并不多。因为人们的思考总会被不断变化的环境和信息影响，这就是新近效应。

延伸思考

如果从记忆草地的比喻出发，超级记忆术的"挂钩记忆法"能比喻成什么？

压缩：记忆压缩——记不住的细节去哪儿了

1. 记忆是压缩储存的

许多人应该都不止一次看过达·芬奇的著名画作《蒙娜丽莎》，但若突然让你说出蒙娜丽莎的眉毛的形状、头发的颜色、袖子的样式、身后的背景，甚至双手是如何交叉的，分别露出了几根手指头，恐怕并不容易。在法国卢浮宫的官方网站上，我们可以看到网络上最清晰

图 2-1　列奥纳多·达·芬奇《蒙娜丽莎》

图片来源：http://cartelen.louvre.fr/cartelen/visite?srv=car_not&idNotice=14153.

的《蒙娜丽莎》画作的图片。在这张 1 200 万像素的图片中，我们能够为上面的所有问题找到答案。也许这时你才清楚地知道，原来她是

右手搭在左手上，原来她的身后是层峦叠嶂的山川以及蜿蜒曲折的河流……

我们的记忆是由一些关键要素组成的，在我们的记忆中，那些作为关键要素的信息相对清晰、明确，而关键要素之外的信息相对模糊、虚化，后者几乎没有在我们的头脑中留下任何的痕迹。记忆的这种特性就是记忆压缩，正是记忆压缩导致我们记不住某段记忆里的全部细节。

就像低像素的照片中很多细节是模糊的，被压缩过的记忆往往也只留下了某些关键要素和轮廓。回顾往事时，我们记忆中的关键要素会格外清晰和鲜活，例如取得了好成绩的那一次考试、跳伞时从空中跃下的那一瞬间、某次任务失败后失落的心情。与这些鲜活的关键要素相比，其余的细节往往模糊、黯淡。

对于一个场景、一件事，我认为人们最多能够记住几十或上百个关键要素，很难记住更多。比如，你记得昨天一起吃饭的某人的裤子颜色吗？你记得刚刚经过的街道地面砖的图案吗？你记得你书包上的徽标细节吗？我想大部分人的回答是否定的。这些信息在最开始就没有得到足够的关注和加工，所以不会保持较长的时间，会成为记忆压缩时被虚化的背景。只有那些被我们注意到的事物，才会被存储到短时记忆或长时记忆中。

值得注意的是，关键要素和背景不是客观标签，而是人们在自己的经验价值清单的帮助下选取的，那些不同的或具有特殊价值的要素会作为重点被记住。同样一个场景或一段文字，在不同的情境中、不同情绪的影响下，不同的人可能会选择不同的内容作为关键要素或者背景。那些与我们利益相关性越大或我们越熟悉的信息，就越会引起我们的注意。比如，读同一本书，不同的人会对书中不同的情节留下深刻印象；听同一场演讲，不同的人会对不同的观点产生共鸣；走过同一条大街，不同的人注意到的和记住的地方也一定不同。

2. 记忆压缩的价值

那记忆的这种特性会给我们带来什么呢？

记忆压缩有时会使我们的认知更为集中和高效。记忆并不是越清晰越好，人的认知资源是有限的，在一段时间内只能注意到有限的内容。其实，记忆中的多数细节对我们没有太大意义，放弃无用信息是一种高效的认知方式。如果没有记忆的压缩，我们可能就会总被琐碎无用的信息打断思考，无法集中注意力，认知能力会遭受巨大损害。

3. 记忆重构与记忆短路

记忆压缩节省了我们的认知资源，使我们能够关注重点信息，但与此同时，它也带来了潜在的风险。当我们需要回忆事件的细节时，我们会根据自身的经验进行惯性预测，填补之前由于记忆压缩导致的记忆空白。这就像一些图片处理软件的"内容识别"功能一样，如果图片中有缺失部分，这个功能可以根据缺失部分周围的图形对其进行填补，我们的头脑也会根据与关键要素相关的信息去填补记忆点之间的空白，从而完成重构。

有时，记忆重构的过程可能会使我们陷入麻烦，发生记忆短路事故。我们都知道，电路有时会短路是因为搭错了线，记忆同样也会出现"搭错线"的情况，这也是我们生活中出现认知偏差的一个主要原因。我曾经看过这样一个"乌龙事件"：澳大利亚的一名心理学家唐纳德·汤姆森被一名女士指控强奸，受害者言之凿凿，仿佛真的就是汤姆森犯下了罪行。但经过调查后警方发现，袭击事件发生时，汤姆森正在参与电视直播，而且当地警察局的局长助理也在现场。那问题出在哪儿？

原来事情是这样的：受害者在遭受袭击之前，恰巧观看了汤姆森的电视节目。事件发生之后，她错误地将对汤姆森的记忆与对袭击者的记忆联系在了一起。换句话说，这名受害者的记忆发生了短路，就像记忆草地上的人走错了路或迷路了。

汤姆森的例子就是典型的记忆错认的体现。在我们的大脑中，大多数的经历都是以情景性记忆来存储的。一段情景性记忆通常包括时间、地点、人物、起因、经过、结果等不同的组成要素。例如，一个人昨晚与朋友聚会，他在大脑中就会将这次经历存储为："昨天晚上和朋友去了××餐厅吃饭，经过两个小时愉快的交谈后，我们各自回到家中。"就这样，我们的大脑中存储着众多经历的不同组成要素，当它们之间产生错误联结时，就会发生记忆的错认。我们可能会记错信息的来源（比如，误以为是别人告诉我们这家餐厅的信息），记错情境中出现的人物（比如，误以为是和别的朋友一起吃的饭），甚至还有可能错把自己想象中发生的事情当作现实。

错认还体现在语义记忆当中。语义记忆就是我们对于知识、概念等文字信息的记忆，例如我们知道世界上有很多种不同的颜色，中国有众多的人口。曾经有人做了一项实验，参与者被要求记住一些与某一主题相关的词语，比如门、杯子、窗玻璃、遮光窗帘、壁架、窗台、房子、户外、窗帘、房屋构造、景色、微风、窗框、屏风和百叶窗。后来，许多参与者在回忆的时候，认为"窗户"也在这些词语中，但其实并没有。参与者在记忆那些词语时，在头脑中形成了关于建筑构造成分的总体概念，所以会错误地将同类别的词语当作曾经记忆过的词语。[3]

我们的记忆极易受到各种外部信息的暗示，从而导致记忆差错。例如，心理学家伊丽莎白·洛夫特斯曾做过一个经典的实验：参与者首先观看一段两车相撞的影片，随后，他们被要求估计两车的行驶速度。这些参与者的回答在很大程度上取决于提问者的措辞。其中一半的参与者被问道："当两车重重地撞击在一起的时候，它们的速度分别是多少？"而另一半参与者则被问道："当两车碰撞在一起的时候，它们的速度分别是多少？"结果显示，前者的估计值要比后者高出25%。[4]外部的暗示不仅能够修改原有的记忆，而且能够"无中生有"。在洛夫特斯的另外一项实验中，她将"在迪士尼见过兔八哥"这一信息描述给曾经去过迪士尼乐园游玩的参与者，结果那些参与者真的认为自己曾经在迪士尼乐园看到过兔八哥。[5]卡通迷肯定知道这是一段虚假的记忆，因为兔八哥是华纳兄弟动画公司的卡通人物，根本不可能出现在迪士尼乐园当中。

拓展阅读

似曾相识也许是记忆压缩的体现

一个人坐在咖啡厅里，和朋友愉快地交谈着，感受着午后惬意的阳光，忽然觉得这场景很熟悉，似乎自己从前曾来过这个地方，和朋友聊过这些话题……你有过这样的体验吗？这种"似曾相识"的感觉可能多数人都经历过。

很多人从玄学的角度解读似曾相识现象，但在我看来，这一现象正与记忆压缩的特性有关。我们在记忆信息的时候采取的是对关键要素的记忆，而不那么重要的信息就会作为背景被我们忽略或是遗忘。在很多情境下，只有少数的关键要素给我们留下了深刻的印象：阳光照在身上带来的舒适感、在雨中漫步的情调、和亲人相处的温馨气氛、咖啡馆的轻松氛围……当我们下一次再遇到类似的情境时，我们抽取的关键要素是相似的，正是这些相似的关键要素给我们带来了似曾相识的感觉。

延伸思考

你记得老虎身上的花纹平均有多宽吗？

搜索：高能耗搜寻——困难问题的搜索模式

"等等，让我想一想"，每当遇到难题时，我们能感觉到大脑在高速运转，似乎与平常的状态不太一样。比如，迎面走来一个人，你很确定自己曾经见过他，却怎么也想不起他是谁，这时你可能会一边含糊地与其寒暄，一边大脑飞速运转，快速搜寻最近经历的各种聚会或场合，企图发现与这个人有关的蛛丝马迹。

我们的思考似乎有两种模式：当解决容易的问题时，我们仅仅调用小范围的记忆就可以了；当面临难题时，我们的大脑就开始高速运转起来，扩大记忆的搜寻圈，甚至包括记忆的各个角落，以试图找到解决问题的方法。我将这种大脑高速运转、消耗大量能量、对记忆进行大范围搜寻的模式称为"高能耗搜寻"。这种有别于平时的状态就是我们所说的"用力想"。

在我看来，记忆的搜寻是有耗能阈值的：耗能在阈值以下，搜寻就停留在小范围；只有当耗能升高并跨越了阈值时，搜寻才是大范围的。假如人们的记忆是一栋楼房，行走在楼道里时，只能看到楼道里少量的人和物，只有推门进入一个个房间，才能看到房间里更多的人和物。推开门就是在跨越搜寻阈值，这需要耗费能量。每当我们用力推开一扇门，找到不同于楼道中的人和物时，就相当于我们的大脑进行了一次高能耗搜寻。

思考并不是一件轻松的事，问题越难、思考越费力，就需要越多的能量加以支撑。所以，当我们长时间动脑之后，总是会感觉到精疲力竭，甚至饥饿难耐。

正因如此，当一个人感到很累，储备能量不足时，就无法进行高能耗搜寻。这时，人们的思考会放慢，对记忆的搜寻范围也十分有限，哪怕是顺着已有的"记忆铁轨"也走不远。毕竟，如果油箱空了，再怎么踩油门，车也无法前行。但我们的意识具有启动供能的功能，当我们有些疲惫的时候，一旦碰到了重要的事情，尤其是会导致我们身心失衡的有压力的事情，压力会促使我们"振作起来！再加把劲！"意识以及压力激素会再次调动我们的身体，开始大量供能，帮助我们的大脑跨越记忆搜寻的阈值，进行大范围搜寻和高速匹配，从而使我们能够迅速反应，战胜难题。

延伸思考

忘了钱包丢在哪里时，我们的大脑会怎样运转？

演绎：规律惯性预测——用规律推演未来

如果说"找相同"是归纳信息、得出规律的过程，那么演绎就是我们对已知信息的使用方法。

人们对一件事的判断和预测都是基于自己或前人过去总结的经验和规律。比如，总听说伦敦人出门要带雨伞，所以每次出差去伦敦之前，我都会预测那儿很可能会下雨。每次去加利福尼亚州，那儿几乎都是阳光明媚，所以我都会提前准备好墨镜。追逐低飞的燕子是我小时候每次下雨前的快乐时光，现在每次看到燕子低飞，我就会预感将要下雨。我小时候曾经养过很多只鸽子，发现只要有老鹰靠近，鸽子就会向更高处飞，因为老鹰向下俯冲快，向上飞得慢，而鸽子向上飞得快，所以鸽子碰到老鹰就会高飞。了解这个规律后，每当看到一群鸽子在很高处飞翔，我就下意识地在天空中找寻老鹰的踪迹。人的思考存在惯性，如果没有例外情况出现，人们会一直沿着从过去的经验中总结的规律进行预测，这就是"规律惯性预测"，简称"惯性预测"。

我所说的规律，不仅包括"简单重复"的规律（比如，哲学家康德每天下午 4 点准时出门散步），还包括"每次都变"的规律，比如有的人每次的行事方式都不一样，那么这个人在我们心中就会形成一个"不按常理出牌"的模式化形象，这同样是一种规律。总之，我想强调的是，一旦总结出了规律，我们通常认为规律会再次适用，在面对未知时也会基于已有规律进行延伸预测。《三国演义》中，诸葛亮用空城计吓退司马懿，正是基于他对司马懿生性多疑、谨小慎微性格的总结，是他掌握和利用这条规律的结果。假如在工作中，有个同事每次在大家进行讨论时都会提出不同观点，我们就会因此总结出："他是个总有特别想法的人。"下一次讨论时，我们通常会预测他还会提出不同想法。

人们的行为通常充满惯性，这是因为人们对自身所处环境习以为常。

电影《头号玩家》中有这样一段剧情，"绿洲"游戏的第一关是赛车竞速，顺利抵达终点的人可以获得开启下一关的钥匙。每天都有许多玩家前来闯关，但有的人在中途就被各种障碍击败，有的人无法逾越金刚这最后一道屏障，从未有人抵达终点。男主角在观看了游戏设计者留下的视频后，发现了设计者对其好友说的一段话："人生为什么不能倒退？我希望能倒退，并且越快越好。"因为这段话，男主角顿悟到了通关的关键——向后倒车。很多人看完这部电影后诟病这一情节的设计太过简单，但在我看来，那是因为人们低估了惯性预测的强大之处——如果没有外力，人们几乎无法突破原有的惯性。在绝大多数人的认知里，赛车游戏就是从起点开到终点的游戏，男主角如果没有受到视频里那段话的启发，就无法凭空想象出"向后倒车"这一闯关技巧。人们要想摆脱惯性，只能依靠外力。

延伸思考

成功的悬疑片往往会呈现出人意料的剧情，这背后的原理是什么？

想象：信息叠加——头脑缝纫机

在前面两节中，我们通过"找相同"发现了不同信息的相似之处，并将其归纳为经验和规律。一旦规律形成，我们就会在特定情境下对其进行演绎，并用其预测未来。在日常生活中，对于简单的问题，我们搜寻记忆后就可以直接提取现成的解决办法。但如果有些问题比较复杂，我们并没有相应的现成经验可以用，这时我们的大脑会怎么办呢？

除了归纳和演绎，我们的头脑中还有一种信息处理方式，那就是叠加。所谓叠加，就是把已有的信息和逻辑加在一起以解决复杂问题的方式。你可以想象自己的大脑中有一台不定时工作的缝纫机：面对天冷了要加衣、订机票用旅行 App（应用程序）、求职上招聘网站等简单问题时，它会选择沉默；一旦有难题出现，比如广告文案怎么写、家装设计如何做或恋人的生日送什么礼物，这台缝纫机就会被启动，四处搜寻素材，确定拼接方式，在这一过程中，一个全新的答案就被制造出来了。可以说，创新就来源于这种叠加。

为什么这么说呢？这是因为人的想象力是有限的。人是"看不到想不到"的动物，不会想到自己从未感知过的事物，只有在接触过某个概念或逻辑之后，才会对其产生认识和思考。比如，古人幻想自己能够飞翔，这是凭空而来的想象吗？并非如此。古人是先看到鸟、蜻蜓这些会飞的物种，才有了"飞"的概念和想象。风筝、热气球、滑翔伞、飞机等都是人们凭空想象出来的发明创新吗？不，这些都是信息叠加的产物。人类从大自然中获得了风、飞、翅膀、滑翔等概念，将这些概念不断进行叠加，逐渐创造出了各种能飞的事物。

可能有些读者不同意这种观点，认为人可以凭空想象出新事物，比如外星人。但在我看来，外星人也只是人类用已知的元素叠加出来的产物而已。人们有了"人"的概念，又有了"外星"的概念，很容易就能叠加出"外星人"的概念；同样，"一只眼睛的外星人"源于人类有了"外星"和"人"的概念，且自然界中已有"1"和"2"的数量概念；"没有嘴巴的外星人"源于自然界中"有"和"无"的状态概念。拆解一下就会发现，无论多么奇特的想象都来源于自然界已有元素的叠加。

那么，我们用于叠加的元素有哪些？一是头脑中已有的自然物，如石头、木头、火等，这些都来源于自然界；二是那些思维逻辑，比如类比、组合、拆分等，这些思维逻辑是我们的大脑在自然界中通过"找相同"的方式归纳出规律，进而学习到的。将上面的自然物与思维逻辑叠加即可产生创新物，比如，石头与木头可通过拆分的逻辑变成石刀及木棍。之后，这些创新物又可以成为新的叠加元素。我们可以一起来做个"脑洞游戏"，看看如何运用这些元素进行叠加。

请思考一下，绳子是如何被发明的呢？也许是在某一个集体迁徙的日子，一名原始人发现自己需要携带很多东西，但双手可拿的物品数量太有限，这时的他就会想，怎样才可以把东西集中到一起方便携带，甚至可以把东西挂在身上以解放双手呢？就在这时，这名原始人看到一根挂在树上的藤蔓，只见这根藤蔓紧紧缠绕着几根树枝，就好像挂在人身上一样。于是，他用石刀斩断这根藤蔓，用它来捆绑物品，再模仿藤蔓挂在树上的样子把它挂在自己身上。很明显，这种类比思维与已有物品的叠加足以帮这名原始人解决携带物品的"大问题"。

　　叠加是利用已知信息解决问题的一种方法。而创新就是大量使用叠加原理的一项重要成果。关于怎样成为创新高手，我们会在后文中进行更深入的讨论。

延伸思考

中国龙是由哪几种动物的特征组合而成的？西方龙呢？

思考：潜意识与意识——未觉知与觉知的思考

在 2000 年美国总统大选中，共和党候选人乔治·W. 布什（别称"小布什"）和民主党候选人阿尔·戈尔就老年人的卫生保健问题展开了激烈的争论。小布什认为老年人应当有更多的自主权来决定自己是否使用药物，而戈尔则强调政府制定的法律在其中起到的规范作用。为此，共和党制作了一则宣传广告，以表明二者的不同立场。在广告投放两周之后，小布什受到了戈尔阵营的愤怒指控，称其利用潜意识恶意抹黑戈尔，影响大选。

原来，广告中有一个画面是在展现戈尔的服药计划，文字内容是"THE GORE PRESCRIPTION PLAN: BUREAUCRATS DECIDE"，意为"戈尔计划：官僚决定"。但就在"BUREAUCRATS"一词出现之前，屏幕上快速闪现了"RATS"4 个字母，持续时间约 200 毫秒。鉴于在英语

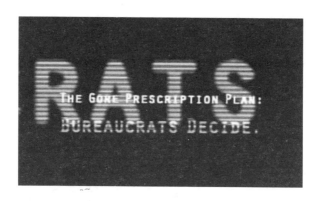

图 2-2　快速闪现的广告画面

图片来源：LARSEN R, BUSS D M. Personality Psychology[M]. New York: McGraw-Hill, 2009.

中"rats"一词有老鼠、卑鄙的人之意，且这4个字母与"bureaucrats"（官僚）和"Democrats"（民主党人）两词结尾的字母都十分吻合，民主党方面认为，共和党这是在含沙射影，恶意攻击。

根据美国国家通信委员会的调查，179家播放这则广告的平台当中，有162家表示没有意识到广告中存在着"老鼠"一词。[6]因为这一信息快速闪过，人们几乎意识不到，更不要说辨认其中的文字了。虽然事件发生之后，这则广告被立即撤下了，共和党同时极力否认有意为之，但实际上，双方都认为这种"阈下信息"（即在阈限之下的、人意识不到的信息）的呈现会在潜意识①中对观看者的思维产生影响，进而影响他们的投票行为。

1. 无处不在的潜意识

"潜意识"一词最早由弗洛伊德于1893年提出，自那之后，人们开始逐渐意识到它对人的行为可能产生的影响。弗洛伊德认为，人的潜意识中存储着大量需求、欲望和创伤性记忆等信息，这些信息往往具有威胁性，因此会被排除在意识之外。在他的心理冰山模型中，潜意识就像水下的冰山，占据了大部分的比例，相比意识而言，潜意识对人的心理和行为有着更大的影响。[7]麦当劳的标志设计就利用了这点，设计者认为圆形的"M"会激发人的潜意识，使人们联想到乳房的形象，让客户感到饥饿。

在日常生活中，一听到声音，我们就能确定声音发出的位置；一看到朋友的面庞，我们就能知道他是快乐还是悲伤；走进一间有人的

---

① 本书中提到的潜意识仅指人意识不到的心理过程，与无意识、下意识、阈下等词含义相同。

房间，我们能迅速感受到房间里的氛围……这些都是潜意识在工作。潜意识到底有多神秘？它究竟会对我们的行为产生多大的影响？毫无疑问，潜意识是相对意识而存在的，不妨先看看我们对意识了解多少，这会有助于我们揭开潜意识的神秘面纱。

图 2-3　冰山图示

如果将我们的思考过程比作一场话剧，则舞台上正在上演的就是我们意识到的内容。与之相对，发生在幕后的一切就是我们潜意识中的内容。虽然那些幕后的人们并不能被清楚地观察到，但他们也在忙碌地工作着，而且其人数和工作量远远超过舞台之上的人们。

2. 解析思考全过程

读到这里，请停下来，观察一下自己现在身处何地，周围的环境是怎么样的，刚才发生了什么事情，自己现在的心情如何，接下来打算做什么事情……当你把注意力集中到身边的环境、之前发生的事情、自己的心情和对未来的规划上时，这些问题的答案就会在你的脑海中出现，即它们进入了你的意识。可以说，意识就是人们能够察觉到的心理活动。

意识的存在有着十分重要的意义。有了意识，人们就可以专注于自己想注意的事，而不用留意其他的事。人的感官存在着神经阈值，在神经阈值之下的刺激无法进入意识。人的认知资源有限，当大脑专注于一件事时，就会忽略那些"阈下信息"，因此人的意识中只有人们所关注的内容。

除此之外，意识还有一些十分重要的功能，如思考、想象、计划和预测等，它使我们能够利用已有的知识和经验做出更优的决策。每当我们遇到问题时，意识就会启动思考。通常，意识会通过执行以下功能完成思考过程。①

首先，意识会屏蔽外界信息的干扰，尽量忽略无关的外界信息，比如我们常说："请安静一下，让我想想。"

其次，意识会重新分配工作记忆的空间，将其分配给需要解决的问题，而不是其他问题。比如，我们在心算 75+67 时，会努力在工作记忆中给个位、十位上的进位数留出空间。

最后，意识会在记忆中先进行小范围搜寻，试图寻找解决这一问题的方法，如果能搜寻到，便用这个方法进行操作。比如，你遇到需要解二元一次方程的问题，意识就会轻松地搜寻到代入法、加减法等求解方程的方法。但如果问题比较困难，在记忆中进行小范围搜寻后仍得不到结果，意识就会调用更多的能量，对记忆进行大范围的高能耗搜寻。比如，你在思考一道很难的数学题时，会竭尽全力搜遍记忆

---

① 该内容仅为我对思考过程的感悟，但并非思考过程的全部。思考是一个十分复杂的过程，不同的问题会对应不同的思考模块。相信随着心理学研究的不断深入，我们对思考会有更加清晰的了解。

中的每个角落，试图发现相关的解题知识。可能你会通过将几个相关知识进行"拼接"，得出答案；也有可能你尽全力搜寻，但还是找不到线索，经人提醒之后，你才恍然大悟，记起相关内容。但如果你之前从未遇到过类似的或相关的问题，那么你的经验清单中不会有与之相关的任何内容，无论耗费多少能量，你都搜寻不到合适的结果，比如，绝大多数人恐怕都无法通过意识思考来解决相对论公式推导这一难题。

由此可见，思考不是万能的，当脑子空空时，无论怎样思考都没有用。

3. 舞台背后的潜意识

舞台背后的潜意识也发挥着重要的作用。例如，我们的脑干控制着一切对生存至关重要的生命活动，如呼吸、心跳、消化等，这些过程全部在我们的意识之下。看书的时候，我们不需要有意识地提示自己："每一秒钟我的心脏要跳动一次，每几秒钟我就要完成一次呼吸，不然我就性命难保。"

再如，我们会自动完成相对简单或熟悉的任务，这样我们就能够利用认知资源去完成其他的任务。驾驶汽车时，我们会自如地观察着道路前后、左右的情况，留意着仪表盘，操控着方向盘、油门、刹车等。我们可能并未意识到自己的这些动作，但是由于多年的驾驶经验，我们不需要花费大量注意力就能完成这些动作，完成对路面情况的判断。

另外，在我个人的理解中，几乎所有的时尚都来自潜意识。比如，你感觉某个人很时尚，但又说不出来是什么原因；你去某个国家旅游，感觉看到的当地年轻人都很有气质，但就是说不出是为什么；看到今年的服饰流行款，你感觉跟之前的不同，但又说不清楚到底哪里不同。这是因为你的潜意识在进行着大量计算，其实你已经感觉到稍许差别，但这个差别还没有跨越阈值，没有大到让你可以马上注意到它，所以你的意识并不知道原因，但潜意识早已完成了信息获取、计算及判断的过程。同样，对氛围的感知、对危险的察觉等，其中都有潜意识的参与。可以说，潜意识在我们的日常生活中发挥着重要作用。

4. 潜意识与意识的合作

在很多时候，潜意识与意识是相互配合、共同发挥作用的。虽然潜意识控制着呼吸，但当你在游泳时，意识会让你暂时屏住呼吸。当你刚刚开始学滑雪的时候，你需要有意识地不断重复滑雪动作、调整姿势，慢慢地，你会变得越来越熟练，这时你便不再需要用意识来控制滑雪动作，而是交给潜意识来完成。当受到批评时，绝大多数人的第一反应通常都是反抗，认为自己没错。被指责与被埋怨会使你本能地产生压力和抗拒，出现负面情绪，这个思维过程就是在潜意识层面完成的，因为人都不想收到负面的评价。而如果一个人有自我反思的逻辑及习惯，那么他就能够抑制住这种抗拒的冲动，尝试去理解对方为什么会做出那样的评价，反思自己在哪些方面存在不足，这个思维过程就是在意识层面完成的，我们已经能够察觉到这一过程的存在。

人的大脑中有上千亿的神经元，我们每时每刻都在接收外部的刺激，产生神经冲动，这些电信号在上千亿的神经元中流动，就像在千万条大河、小溪中的水流，后浪推前浪，从不停息。这些电信号在头脑中冲破一道道神经门槛（阈值），推动着我们进行计算、搜寻、预测、拼接等思考过程，其中我们能感知到的过程就是有意识的，我们感知不到的过程就是潜意识层面的，两者之间的差别就像浪花与暗流。

潜意识与意识是一对好伙伴，它们共同作用，使得台前和幕后的一切活动顺利进行。时不时地，"演员们"会从幕后走到幕前，又从幕前退到幕后，头脑中的话剧从不谢幕，我们也从未停止思考。

拓展阅读
瞬间完成——直觉与第六感

一支消防队冲入了正在着火的房屋。消防队队员们发现火焰正在吞噬整个厨房，他们奋力喷水灭火，可效果不佳，大火持续蔓延。如此严峻的火灾形势着实让消防队队长吃了一惊，他有些手足无措。队员们继续喷水，可火焰刚被平息一下，就又更加猛烈地反扑回来。就在这时，队长突然被一种不安的感觉笼罩，直觉告诉他，他们应该马上撤离。"全部撤离！"他一声令下。就在队员们全部冲出房间的那一刻，客厅的地板轰然塌陷。如果没有及时撤离，他们恐怕都会身陷熊熊燃烧的地下室中。

这并不是虚拟的故事情节，而是发生在20世纪80年代美国克利夫兰的真实故事。消防队队长在事后回忆时，称自己感觉到了"第六感"，他并不知道具体哪里不对劲，只知道自己的耳朵旁有一股热气，让他感觉情况不妙，于是命令大家撤离。[8]事实证明，他的决策是正确的。

当我们面对一些突发事件时，我们的大脑其实一直在做着大量的计算，然而对此我们并不知道，自然也不知道自己做出的决定是基于什么，但事实上这是基于利益计算的结果。因为潜意识运转得很快，无论对形势和利益的判断有多么复杂，它几乎都可以瞬间完成。对形势和利益的判断会使我们瞬间采取有利于自己的方式去面对他人和环境。在全因模型中，直觉与第六感都是潜意识根据经验进行大量、快速、综合计算的结果。

延伸思考

有人说自己会毫无缘由地对另一个人一见钟情，是真的"毫无缘由"吗？一见钟情有前提吗？

第三章

行为助推器

行为的产生不光需要动机，还需要其他力量的推动。情绪、目标、欲望、利益等都是这股"力量"中的一员。在这一章，我们将一起从微观生理机制、失衡源、利益等多个不同角度解析行为产生的其他动力，让我们理解行为，了解自己！

情绪：身体里的化工厂——喜怒哀乐的本质

思维观察员："我打算去吃点甜品，让自己开心一下！"

工厂操作员："嗯，你的多巴胺已经开始分泌了！"

思维观察员："你不知道我当时有多生气，怒不可遏！"

工厂操作员："是的，你的肾上腺素激增了。"

思维观察员："我最近情绪不稳定，总爱生气。"

工厂操作员："最近你的血清素（5-羟色胺）水平不太高哦。"

思维观察员："生活这么辛苦，我需要一个温暖的拥抱！"

工厂操作员："我想你需要的是催产素，用它来对抗压力。"

你知道吗？我们的意识就像大脑中的观察员，它能感知我们的大脑和身体的变化，并做出解释，而我们的身体则像一座巨型化工厂。在身体这个化工厂里，处处进行着简单或精妙的化学反应，比如消化食物、新陈代谢，这些都是化学反应的过程。更有意思的是，我们体验到的情绪也是化学反应过程的产物。大家都知道，情绪对我们的行为有着很大的影响，不管是快乐、兴奋，还是恐惧、忧伤。那么，情绪是如何被"生产"出来的？不同情绪的化学配方又有什么不同？

1. 情绪的生产线

情绪是化学反应过程的产物，与情绪相关的化学物质主要有两种：神经递质和激素。

前文中提到的多巴胺和血清素都是神经递质。多巴胺通常会引发快乐、兴奋的积极情绪，血清素则能使人感到安逸、平稳。我们常感觉男性的情绪稳定性好像比女性稍稍强一些，其实是因为男性分泌血清素的速度比女性快很多。除了多巴胺和血清素之外，内啡肽、去甲肾上腺素 ①、乙酰胆碱、谷氨酸盐等都是重要的神经递质。

肾上腺素、催产素都是激素，也叫荷尔蒙。肾上腺素一词经常出现在医疗题材的影视作品中，尤其是在拍摄抢救室的镜头中。它是一种能让人调整至战斗状态的激素，使人心跳加速、呼吸加快、肌肉紧绷，在危急关头它能救我们的命。催产素常常出现在产科病房，但它的功效并不仅限于此。催产素被科学家称为爱的激素、拥抱激素，所有那些温情的、友爱的、亲密的人际关系的产生，都有催产素的参与，同时它还是对抗压力的天然解药。除此之外，人们熟悉的胰岛素、生长激素、皮质醇等也都是激素。

神经递质和激素都是与情绪密切相关的化学物质，如何更好地区分它们？其实很简单，它们分别来自身体这座巨型化工厂中两条极其重要的化学生产线：神经系统和内分泌系统。

什么是神经系统？我们由内到外所有的决策和指令都来自神经系统。我们的大脑就是神经系统的主要器官，除此之外，它还包括脊神

---

① 去甲肾上腺素既是神经递质又是一种激素。它在神经系统中主要由交感节后神经元和脑内肾上腺素能神经末梢合成和分泌，在内分泌系统中由肾上腺髓质合成和分泌。

经等外周神经系统。神经系统的最小单元是神经元①，它几乎遍布全身，我们最熟悉的神经元密集区域就是大脑和皮肤。神经递质是头脑中神经元之间传递信息的介质，它就像神经元之间的信使，把一个个"消息"从一个神经元传递到另一个神经元，它是神经系统生产出来的化学产物。神经系统就像人体的总指挥官，掌管着人体大大小小的各项工作，它对外界刺激的反应很快，传达指令和信息的速度也快，但来得快，去得也快，因此我们可以叫它"快系统"。

内分泌系统的基本单位是内分泌腺②，像脑垂体、甲状腺、松果体和肾上腺等都是内分泌腺。内分泌系统相对比较"低调"，它对我们的影响不像神经系统那么"强势"。人体各个器官的生长发育、功能、活

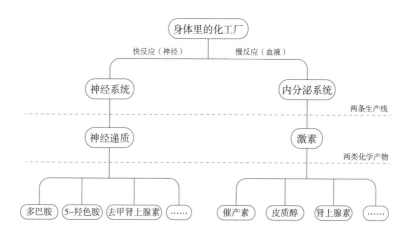

图 3-1　两条生产线及两类化学产物

---

① 神经元即神经细胞，它的基本作用是接收和传递信息。
② 内分泌腺，又称无管腺，它分泌的激素由腺体的细胞直接渗入血液或淋巴，影响体内其他细胞的功能。

动以及新陈代谢，都离不开内分泌系统的调节，整个调节过程非常复杂。人们常说的"内分泌紊乱"，就是内分泌系统的调节出现了问题。激素由腺体分泌，通过血液传播，是人体中传递信息的介质。内分泌系统接收神经系统的指令，并加以执行，它的反应往往来得慢，去得也慢，故而我们可以叫它"慢系统"。

如果你觉得上文中的术语很多、很难懂，别着急，下面这个例子也许能帮助你更好地理解这些概念。

深夜，你突然听到一阵急促的敲门声："咚咚咚！咚咚咚！"这时，你的神经系统首先做出反应，快速释放一大堆神经递质来唤醒已经睡着的你。你在刚惊醒的迷糊中就已经开始判断自己是否身处险境。在这期间，身手敏捷的神经系统又下达指令使你的心跳加快，肌肉紧绷，时刻为潜在危险做好准备。以上这一系列反应，全部是在神经系统，也就是"快系统"的指挥和操控下完成的。而反应相对较慢的内分泌系统也没有闲着，它释放激素到血液里，跟进神经系统发出的指令，并维持神经系统所激发的心跳加快等应激反应。你在惊醒后被吓得出了一身汗，心跳很快且持续了好几分钟才恢复，这些都是内分泌系统跟进神经系统的指令后做出的反应。

这就是情绪的两条生产线：神经系统的最小单位神经元生产出神经递质，不同的神经递质引发不同的情绪，神经突触是它的传送带，这个系统反应迅速，就像是军队里的指挥官；内分泌系统的基本单位腺体生产出激素，各种激素分别跟进神经系统下达的各项指令，它的传送带是血液，这个系统像是士兵，听从神经系统的指挥。我们所有的情绪都是在这两条生产线上生产出来的，而不同情绪带来的不同体验，则源于它们拥有不同的化学配方。

2. 不同情绪的化学配方

从全因模型的视角来看，大脑为了使人应对某种境况，通过神经系统和内分泌系统将身体调节至某种状态时，大脑会对这种身体状态进行感知和解释，这就是情绪。每一种情绪的出现，实际上都是相应的神经递质和激素分泌增多或减少引起的。比如，因为"奖赏中枢"的激活，多巴胺分泌增多，人可能会感觉到愉悦、快乐；因为"战或逃反应"的启动，肾上腺素分泌增多，人可能会感到愤怒、恐惧。也就是说，当这些化学产物在人体内的含量过高或者过低时，人体的平衡态就会失衡，人就会体验到某种情绪。

美国心理学家西尔万·汤姆金斯认为，人类有 8 种基本情绪，[1] 每种基本情绪按其强弱程度不同，均可用一组词来表达。

- 一组中性情绪：惊讶 – 惊愕（Surprise–Startle）
- 两组积极情绪：兴趣 – 兴奋（Interest–Excitement）、欣喜 – 愉快（Enjoyment–Joy）
- 五组负性情绪：愤怒 – 狂怒（Anger–Rage）、害怕 – 恐怖（Fear–Terror）、羞愧 – 耻辱（Shame–Humiliation）、轻蔑 – 厌恶（Contempt–Disgust）、悲伤 – 极度痛苦（Distress–Anguish）

瑞典于默奥大学研究员胡戈·洛夫海姆根据这 8 种基本情绪，开发了以 5-羟色胺（5-HT）、多巴胺（DA）、去甲肾上腺素（NE）三个单胺类神经递质为核心的情绪三维模型，[2] 试图用更简洁的方式解释和描述人类的基本情绪及内部反应。在汤姆金斯的基本情绪中包括惊愕，但后续有研究者认为，惊愕不是人的基本情绪之一，因此，胡戈·洛夫海姆的情绪三维模型中没有包含惊愕。下面我们就来逐一看看每种情绪的不同化学配方。

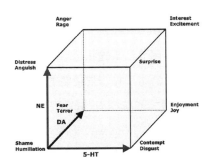

注：① 5-羟色胺轴，代表自信、内部力量和满意。

②多巴胺轴，与奖赏、动机和强化行为有关。

③去甲肾上腺素轴，与"战或逃反应"、压力和焦虑有关，是激活–警觉–注意轴。

图 3-2 情绪三维模型

愤怒 – 狂怒和害怕 – 恐怖

当人感到愤怒时，会表现得"面红耳赤"，那是因为去甲肾上腺素正在飙升，它会导致人的血压升高。同时，去甲肾上腺素水平较高还会提高人的警觉，以确保人可以及时做出"战或逃反应"。

而当人感到害怕时，会出现颤抖、毛发直立、冒冷汗、脸色苍白、瞳孔放大、全身肌肉松弛、无法动弹的特征，这些都是去甲肾上腺素水平较低的表现。[1]

---

[1] 当人感到愤怒或恐惧时，"战或逃反应"系统会被激活，肾上腺素会大量分泌。此模型中只讨论单胺类神经递质，故暂不讨论肾上腺素的水平。

在球赛结束后，经常会出现球员或观众"赛后滋事"的现象，很多情况下这是因为比赛过程中持续分泌的去甲肾上腺素使他们的身体一直保持在高唤醒状态，久久不能恢复，从而导致球员或观众对外界的环境刺激极其警觉、敏感，并且容易"战斗"。

有意思的是，一般对于使人愤怒或者害怕的事情，我们都"记忆犹新"或"印象深刻"。这是因为在愤怒和害怕这两种情绪的产生过程中都有多巴胺的参与。多巴胺不仅仅是让人愉悦的神经递质，它的出现还意味着高动机和强化行为（强化学习、记忆等）。对于人的生存而言，将危险事物与愤怒和害怕这两种情绪关联，具有重大进化意义。

在愤怒和害怕的时候，我们基本上与平和、自信、满足这些感觉无缘，因为这些舒适的体验几乎都离不开 5-羟色胺的功劳。5-羟色胺是一种神经递质，能使人体验到自信、满足，有一种平稳而踏实的内部力量。情绪稳定性高的人，其 5-羟色胺的水平一般不低。而当一个人出现攻击行为时，往往意味着他体内 5-羟色胺的水平较低，所以会冲动行事。抑郁症患者常常会有生气的情绪，因为抑郁症的典型特征就是 5-羟色胺的水平较低。

在情绪三维模型中我们可以看到，愤怒和害怕的情绪都伴随着高多巴胺、低 5-羟色胺，它们之间最大的不同就是愤怒还伴随着高水平的去甲肾上腺素，这使身体处于更高的唤醒程度。

兴趣－兴奋和欣喜－愉快

当人感到兴致勃勃和兴奋时，一般会出现"三高"特征，即高多巴胺、高 5-羟色胺、高去甲肾上腺素。多巴胺有奖赏、强化、增强动机的功能，使人对当前的事情充满兴致。要知道，多巴胺在关系到人类生存的获取食物和性爱活动中，都发挥着极其重要的作用。5-羟色胺几乎参与所有积极认知加工的过程，也就是说，一个积极向上的人和一个萎靡不振的人，他们的 5-羟色胺的水平必然不同。

去甲肾上腺素水平的升高会使身体唤醒程度升高，它常常与兴奋和激动的情绪相关联。兴奋时，人体的去甲肾上腺素水平较高。比如，小孩知道要去他期待已久的游乐场时会很兴奋，甚至会高兴得跳起来，这就是去甲肾上腺素水平上升导致的。

与兴奋不同，当人感到欣喜、愉快的时候，是相对平静的、放松的，所以这种欣喜和愉快也被称为"满足感"。这时，人体不再是"三高"而是"二高"，即高多巴胺、高 5-羟色胺，使人紧张的去甲肾上腺素水平则较低。

兴奋和愉快在情绪三维模型中的位置差别就在于去甲肾上腺素水平的不同。兴奋时人体处于高度唤醒状态，愉快时人体则处于更加平和的状态。

羞愧－耻辱和悲伤－极度痛苦

与兴奋和愉快相反，当人感到羞耻时会出现"三低"：低多巴胺、低 5-羟色胺、低去甲肾上腺素。有人说，羞耻感是对人的心理健康杀伤力最大的情绪。西尔万·汤姆金斯称，羞耻感会直击人的心灵，让人感觉挫败，被疏离，缺乏尊严和价值感。在情绪三维模型中，连悲伤和痛苦看起来都比羞耻更有力量。

当人感到悲伤和痛苦时，虽然人体也是低多巴胺、低 5-羟色胺，但有着更高的去甲肾上腺素水平。

轻蔑 – 厌恶

轻蔑和厌恶这两种情绪在本质上是很相似的。轻蔑意味着我们内心具有某种轻微的优越感，厌恶则往往来源于过度满足，这两种情况都是较高水平的5–羟色胺带来的。轻蔑和厌恶都伴随着回避行为，此时的人体缺乏高行动机，没有警觉状态，多巴胺和去甲肾上腺素水平都较低。

惊讶

在情绪三维模型中可以看到，当人感到惊讶时，去甲肾上腺素水平较高，5–羟色胺水平较高，多巴胺水平较低，这就是"意外"的秘密。多巴胺的出现通常意味着目的性、期待性，当没有期待过的事情发生时，我们就会感到意外。当感到意外时，人体必然会有高唤醒的体验，也就是去甲肾上腺素和5–羟色胺均处于高水平，这就是"惊讶"的化学成分。

我们的8种基本情绪均能在这个情绪三维模型中找到恰当的位置。借由这个模型，我们可以更清晰地理解自己的情绪。然而，参与情绪形成的化学产物远远不止该模型中的这三种，接下来我们来看几种与情绪高度相关的神经递质或激素。

关于压力情绪，还需关注肾上腺素以及皮质醇。

去甲肾上腺素、肾上腺素、皮质醇都是人在应对压力和危机时分泌的激素，是人心理失衡时主要的压力激素，被称为"压力三兄弟"。它们会在危险情境中救我们的命，但在如今的和平年代，三种激素中的任意一种长期过量分泌，都会对身体造成很大的损害。尤其是现代生活中的慢性压力会导致人体中皮质醇含量居高不下，这会破坏人体的免疫系统，还会破坏大脑的神经活性。皮质醇会阻碍脑源性神经营养因子的生成，进而导致大脑无法生成足量的新脑细胞。[3] 脑源性神经营养因子不足可能导致多种与大脑相关的疾病，比如抑郁症、强迫症、精神分裂症、痴呆症、阿尔茨海默病。

同时，慢性压力还会降低人体的多巴胺和5-羟色胺的水平。现代人抑郁症、焦虑症高发，与长期经历慢性压力有很大关系。所以，当压力激素分泌过多时，人们需要采取措施应对，解除压力源，只有这样才能使身体恢复平衡。但当人们碰到无法即刻解决的问题，或产生了某个无法及时满足的欲望时，就会将它们先扔进"压力欲望库"，使当下体内的压力激素减少，从而使身体暂时恢复平衡。这是人对身体的一种自我保护机制。

关于积极情绪，除了多巴胺、5-羟色胺之外，需要着重了解的就是催产素和内啡肽。

催产素既是一种激素，又是一种神经递质，是一种与正面情绪密切相关的激素，它几乎是针对压力激素的一种天然解药。当我们体验到爱与被爱的时候，身体往往会分泌这种激素，因此科学家也将它称为爱的激素、拥抱激素、社交激素或信任激素。当我们与爱人、孩子、父母、朋友愉悦相处时，身体就会分泌催产素，尤其是当我们与他们有肌肤接触时。有人说，孩子是需要父母经常抚摸的，这话说得没有错。父母与孩子之间的肌肤接触会使双方体内催产素水平升高，从而使双方感受到温暖和爱。就像孩子受伤时会要父母抱，成年人遇到难过的事情时会依偎在伴侣身边，朋友需要安慰的时候我们会很自然地拥抱他，给他鼓励。催产素的分泌可以大大缓解压力体验和焦虑情绪。

内啡肽，也叫"脑内吗啡"，能产生与吗啡一样的止痛效果和欣快感，是一种天然的镇痛剂。内啡肽的分泌可以提高人体免疫系统的功能，促进睡眠，缓解疲劳和疼痛，同时让人体验到一种内心的宁静，从而缓解抑郁。

除此之外，如果你对某事缺乏兴致，迟迟不愿意做，那必然是因为这件事情没能让你分泌足够的多巴胺。"拖延症"所对应的生理特征就是多巴胺水平相对较低。如果你觉得自己最近总是爱发脾气或者爱哭，情绪不稳定，就像本章一开头说的，你体内的5-羟色胺水平必然不高。人体化工厂生产的化学产物还有很多，随着生物科技的发展，科学家会更加清楚地了解这些化学物质是如何影响人的情绪、行为、思考、决策方式的。

3. 化学物质浓度的变化与平衡态

我们说，情绪就是我们对身体失衡状态的觉知。仔细体会就会发现，我们很多的思考和行为都是在体验到不同情绪后产生的。我是化学专业出身，对化学物质感兴趣，在我看来，身体中化学物质的浓度变化其实就是平衡态失衡后恢复平衡的动力机制。这不一定正确，但它是一种可能的猜测。

以压力激素为例，假设一个跟团旅游的人在陌生的国家与团队走散了，这时他的身体就会开始分泌各种压力激素，这使他感到紧张、焦虑，也许还有些害怕。但同时，这些压力激素还会使他警觉、专注，使他能更好地保护自己，并将所有的注意力都聚焦在如何归队这一问题上。当他想尽办法终于找到团队时，压力激素便不再分泌，压力激素的浓度就会逐渐恢复到平衡区间，这时他就恢复了心理平衡。若他听说朋友去找他还没回来，他会深感歉意且很着急，体内的压力激素浓度会再次失衡。他也许会动身去找那个朋友，也许会在原地焦急地等待，也许自我安慰："没事儿，朋友的方向感很好，安全意识也很强，他很快就会平安回来的。"当朋友回来后，他会很开心，压力激素的浓度也会再一次恢复平衡。

换句话说，心理失衡就是与之相关的化学物质浓度变化导致的失衡，表现为情绪。因为我们有维持和恢复平衡的复杂的关联系统，某些化学物质浓度失衡后，就会激活相应的负反馈机制使其恢复到平衡区间，这表现为种种认知调整或行为。我们在失衡时会体验到压力，从而产生需要，出现动机，进而会采取措施完成负反馈，恢复平衡。

4. 激素共用——大脑对化学产物的错误解读

心理学家曾做过一个有趣的实验。实验中，参与者被安排站在高高的吊桥上，他们或多或少会感到紧张，心跳加快。如果这时他们面前恰巧走过一位美女（实验助手），参与者往往会认为自己对这位美女很"心动"。实验结果证明，在吊桥上向美女表白的实验参与者比在平地上多。这个有趣的实验证实了人们对自己情绪的解读是容易出现偏差的。吊桥是这个环境中的第一个刺激因素，它使参与者分泌某些压力激素，继而出现心跳加快、呼吸急促等反应，而这时路过的美女成了环境中的第二个刺激因素，人体在做解释时，往往会误以为自己的心跳加速和呼吸急促来源于对美女的一见倾心。这个有趣的现象被称为"吊桥效应"。

情绪认知理论认为，情绪的产生受到周围环境、生理状况和认知过程三种因素影响。这一理论可以解释现实中的很多场景，比如约会的情侣会选择在环境浪漫、温馨的餐厅吃饭，彼此会把餐厅环境带来的舒适、放松等生理感受解释为是由对方带来的，这就会增进对彼此的好感。再如，很多律师事务所会选择在严肃而高级的写字楼办公，客户从踏入办公区开始就会被环境营造出的专业感影响，故而会认为在这种高级写字楼里办公的律师很专业，值得信任。

下次约会时，记得选择一个浪漫、温馨、舒适的环境，最好再带一束精致的鲜花，或者来点儿令人心旷神怡的香水，当然，你也可以讲一些爱情故事，这样约会的成功率会更高。如果在商业谈判桌上看到对方团队中有高颜值异性，那请你格外小心，读完这本书，或许你就可以在商业谈判中减少损失，或许你也可以因此而获得超额的利润。

拓展阅读

神经元内的信息传导

下面是一些有关神经传导的小知识。通过这些内容大家会发现，人的各种复杂行为其实都是借助微观的物理化学过程实现的。我们既可以说生命很复杂，又可以说生命很简单。

1. 侦察兵、指挥部和作战部队

当你不小心摸到一个盛有开水的玻璃杯时，高温带来的疼痛会使你马上把手缩回来。这个动作十分简单，在生活中也十分常见，然而在这一动作背后，有一系列复杂的神经传导过程：感觉神经元获得了杯子很烫的信息，并将这一信息传递给中间神经元进行分析；中间神经元发出将手撤回的指令，并将指令传递给运动神经元，由运动神经元控制肌肉完成最后的动作。做一个形象的比喻：感觉神经元是侦察兵，中间神经元是指挥部，运动神经元是作战部队长官，肌肉则是士兵。侦察兵搜集敌情，并汇报给指挥部；指挥部里有参谋对信息进行分析，并交由指挥官做出决策；指挥官将作战命令发给一线作战部队长官，作战部队长官安排士兵完成任务。就这样，三个神经元和一块肌肉共同组成了这一反射过程。

我们的神经系统中有上千亿神经元。每一个神经元都拥有两种状态：静息状态和兴奋状态。[4]静息状态的神经元就像风平浪静的海面，兴奋状态的神经元则像波涛汹涌的大海。神经元通过在这两种状态之间切换来传递信息。神经元处于兴奋状态时会产生动作电位，并将这个电位传递下去，从而完成神经传导过程。对于神经元的信息传导过程而言，钠钾泵维持的静息电位是神经传导的基础，神经阈值控制的动作电位是神经传导的开始。

2. 钠钾泵

我们的身体就像一片海洋，里面充满了各种离子、分子等化学物质。神经元就像海洋中的一根根管道，管道内外存在着不同的物质，例如钾离子（K^+）、钠离子（Na^+）、氯离子（Cl^-）和带负电荷的蛋白质分子等。带负电荷的蛋白质分子只存在于细胞内部，这就导致在没有任何外界刺激干扰时，我们的神经元内部的电位为负，外部的电位

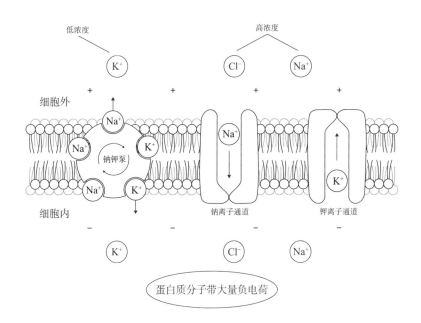

图 3-3　神经元细胞膜内外的离子分布和细胞膜上的钠钾泵及离子通道

为正。神经元处于静息状态时，这种内外部之间的电位差被称作"静息电位"，通常为 –70 毫伏。

不同离子在神经元内外也有不同的分布。处于静息状态时，神经元内部钾离子的浓度远高于外部，氯离子和钠离子的浓度却远低于外部。不同的离子在静电力和浓度扩散力的对抗下达到平衡，但钠离子则有所不同：钠离子带正电，与负电荷相互吸引；细胞外部的钠离子浓度高，细胞内部的钠离子浓度低。静电力和扩散力都驱使钠离子进入细胞，可为什么它还能保持细胞膜外的高浓度呢？

由于神经元这根管道不允许不同的离子随意进出，在管道的表面存在着不同类型的装置，专门控制细胞内外离子的进进出出，其中最重要的装置就是钠钾泵。钠钾泵的本质是一种蛋白质——ATP 酶（三磷酸腺苷酶），它消耗能量，源源不断地将钠离子送出细胞，将钾离子运到细胞内。正是钠钾泵调节着钠离子、钾离子的分布，维持着神经元的静息电位。除了钠钾泵之外，管道上面还有专门的钠离子和钾离子通道，它们会在必要的时间开放，控制钠离子和钾离子进出细胞。

3. "神经阈值"

当神经元接收到刺激之后，神经阈值控制着它是否进入兴奋状态，产生动作电位。如果刺激并未达到神经元的兴奋阈值，那么神经元会把这些刺激当作噪音，此时钠钾泵会继续发挥作用，使神经元恢复静息状态。如果刺激达到了神经元的兴奋阈值，就会引发一系列的反应：离子通道先后开放，钠离子大量进入细胞，细胞膜内的电位迅速上升到 40 毫伏；离子通道随后关闭，神经元恢复静息状态，就像抽水马桶的水箱的运作原理。经过测量，神经元的兴奋阈值大约为 –60 毫伏，与静息电位之间相差 10 毫伏。达到兴奋阈值后，神经元就会把此处产生的电位变化沿着神经纤维传递下去，传给另一个神经元或是作用于身体中的其他细胞组织。

除了神经元存在兴奋阈值之外，我们的感官系统也都存在相应的感觉阈值：我们的眼睛只能看到波长为 380~780 纳米的光，耳朵只能听到频率为 16~20 000 赫兹的声音，皮肤只能感觉到一定程度的刺激……只有达到神经阈值的刺激才会引起神经元的兴奋，引发神经信息的传导，人的认知活动才得以有效进行。

设计者为麦克风设置了响度阈值，使麦克风可以清晰地收录人讲话的声音，过滤掉环境中没有意义的噪音。与之类似，神经阈值的存在为大脑过滤掉了嘈杂的信息，保证神经元不会随意过度兴奋，产生错乱。

神经元的信息传导就是离子通道不停地打开、关闭的过程。你能够感觉到别人捏你一下，则意味着离子通道开关大约 4 万次；你能够听到别人的声音，则意味着离子通道开关大概 2 万次。[①]

延伸思考

有人说愤怒中有恐惧的元素，但恐惧并不完全等同于愤怒，这在情绪三维模型中是怎样体现的？

[①] 估算公式：离子通道开关次数 = 神经纤维长度 × 单位长度离子通道开关次数。触觉传导的神经纤维长度：从皮肤经脊髓到丘脑，再到大脑皮层，估计为 2 米；听觉传导的神经纤维长度：从听神经细胞经延髓到中脑，再到大脑皮层，估计为 1 米。神经纤维上存在着包裹轴突的施旺细胞，每一个施旺细胞对应着 1 个郎飞氏结和 2 个离子通道。施旺细胞约 100 微米，则每 100 微米长的轴突离子通道开关 2 次。

快乐：快乐三角模型——期待与奖赏

1. 快乐是什么？

在众多情绪中，有一种情绪对每个人来说都是"必需品"，我们渴望它，但又常常在忙碌中忽略它。它就是本节的主角——快乐。想要理解快乐对我们的生活来说有多重要，请先思考这样一个问题：人若没有快乐会如何？

消沉、低落，对事物丧失兴趣，一个失去快乐的人会告诉你："我高兴不起来。"因为体验不到爱与被爱的乐趣，他会变得不再愿意与他人交往，寡言少语，显得不合群。他会开始质疑活着的意义，觉得生命是灰暗而没有希望的，极端情况下甚至会产生轻生的想法。这就是抑郁症的表现，抑郁症患者就是丢失了快乐的人。

从进化的角度来看，人类想要存活和繁衍，最基础的行为就是对食物和性的追求。无论是食物还是性，在得到之前就能使人产生兴奋、期待的快感，得到之后又能使人感到满足、愉悦，它们都能给人带来快乐的体验。然而，当一个人对食物和性丧失了期待和渴望时，他就无法存活和繁衍。事实上，追求愉悦、追求快乐这种被人们称为"享乐"的心理状态是一种必要的能力。因为快乐不仅仅是一种体验，它在人类生存和繁衍过程中起着至关重要的作用。

一直以来，科学家对人类快乐的密码都很好奇。心理学家认为，大脑利用快乐引领人做出有利于自身利益的行为，还利用快乐奖励那些达成目标的行为，从而使人类不断地重复这一行为。[5] 也就是说，快乐既是一种引发行为的信号，又是一种鼓励行为的奖赏。

我认为，可以将快乐视为一个整体的过程，它包含两个关键点和一个关键过程。两个关键点分别是指行为前的期待和行为后的满足，一个关键过程是指从构思方案到执行方案的过程。行为前的期待是引发有利行为的信号，同时施加压力；行为后的满足是压力释放后的快感，以及对有利行为的奖励；行为本身就是连接前后这两个关键点的中间过程。

2. 行为前的兴奋期待

在人脑中，有一束特别的神经回路，这束神经回路可以释放出一种叫作多巴胺的神经递质，它能使人产生兴奋、期待的快感，人大部分的快乐都有多巴胺的参与。不仅如此，这束神经回路还管理着人的动机和注意力分配，同时还负责制造欲望。这束特别的神经回路就是脑的奖赏中枢。

山林里，一个饥肠辘辘的人发现了一棵苹果树，上面结满了又大又红的苹果。这时，他大脑的奖赏中枢会被立即激活，多巴胺被大量释放，这使他感到兴奋，注意力集中，产生期待，并锁定目标，欲望和动机就这样产生了。这时，他的脑海中马上会出现"我要吃苹果"的欲望，以及"我要爬上树去摘苹果"的动机，更重要的是，奖赏中枢会给他许下"苹果很好吃，我吃了会很开心"的承诺。这时，他的注意力被锁定在如何吃到苹果这件事情上。以上这个过程在他的脑海中很快地闪过，可能几秒之后他就已经开始爬树摘苹果了。

这一系列过程就是人脑在事前利用期待以及"吃了会更快乐"的承诺，引领人做出"吃苹果"这个有利于自身利益的行为。此外，奖赏中枢的激活是与经验有关的，不知道苹果能吃的人，就不会有"苹果很好吃，我吃了会很开心"这种念头，因为他对苹果产生不了欲望。

行为前的期待是兴致勃勃、迫不及待，以及达到目标就会快乐的承诺。这时的期待就是大脑引领人做出有利于自身利益的行为的一种信号。大脑的奖赏中枢会让我们对某些事物产生想要的欲望，促使我们去追寻这些事物。在得到之后，我们会产生满足感，但这种美好的感觉转瞬即逝，这时大脑希望我们能"再来一次"，重复刚刚的行为。奖赏中枢就是通过承诺某些行为能够使我们获得快乐，周而复始地鼓励人们实现一个又一个目标，采取一次又一次行动。

看起来，只要设立一个可以让人快乐的目标，人就会为了追求快乐而努力实现这个目标，人似乎很容易被牵着鼻子走。我们常说的"诱惑"，就属于这种情况，它在现实生活中处处可见——眼前飘香可口的点心、购物网站上醒目的折扣券、标榜能让人快速获得财富的课程、海报上性感偶像的微笑，所有这些能勾起你欲望的事物，都是"诱惑"。它们刺激的就是大脑的奖赏中枢，从而使我们产生"如果我能拥有，我会很快乐"的感觉。同时，所有可能成为"诱惑"的事物，要么可以帮助我们恢复平衡，要么可以被储存为利益脂肪。可口的点心能让我们体验美味并收获能量，折扣券可以使我们用较低的价格买到喜欢的商品，学习某个课程可能会使我们很快拥有财富，性感偶像激活的则是我们更原始的生物本能。这些都是对"我会很快乐"的一种预期、期待、渴望。一旦诱惑出现，使人产生了这种渴望和期待的感觉，人就已经偏离了平衡态，不达目的就会很难受。

3. 行为后的舒适满足

假如上文中山林里的那个人后来摘到了苹果，当他咬下第一口时，他会体验到一种愉悦的、满足的、舒适的感觉，这就是我们接下来要谈的——行为后的快乐。

在此之前，我们要清晰地了解欲望到底是什么。

所谓欲望就是需要，而需要的产生是为了恢复平衡态或是为了储存优势（利益脂肪）。人对名誉、金钱、地位等很多事物都有欲望。总体来看，人所有的欲望都至少符合以下两个条件之一：有利于自身利益，或者符合自身的价值观。有利于自身利益就是有利于肉体的"我"，符合自身的价值观就是有利于精神的"我"，所有欲望最终服务的对象都是"我"。一切至少满足这两个条件之一的事物，都可能成为我们的欲望，当欲望得到满足时，我们就会体验到快乐。

欲望是由某种不平衡导致的，所以它伴随着恢复平衡的压力。当人有欲望时，会有一种迫不及待的感觉，这里的"迫"就是欲望带来的压力。一旦欲望得到满足，就意味着人正在恢复平衡，压力正在被释放，与此同时人会体验到快乐。行为后的快乐，就是人在压力得到释放后体验到的舒适愉悦、悠然自得的感觉，它源于欲望被满足，平衡态得到恢复。

针对行为前和行为后不同的快乐体验，我们平时不加区分，实际上它们之间有重要的差别。从情绪上看，前者有兴奋感，后者有满足感。从有无压力激素来看，前者因有压力激素的参与而伴随着压力感、紧张感，后者因没有压力激素的参与而伴随着压力释放后的轻松感。人因需要而产生动机，行动过后，目标达成，压力即被释放，原本升高的压力激素回归平衡区间，紧张感消除，人就会体验到舒适和满足。

我们还会有这样的体验，我们所解决的事情越困难、越有挑战，体验到的快乐就越强烈。换句话说，人偏离平衡态的幅度越大，恢复平衡的时候体验到的快乐就越强烈。但是，人偏离平衡态的幅度太大有可能无法恢复，或者恢复的过程太猛烈，有可能乐极生悲。所以，凡事不能追求"极"，要适可而止。

4. 快乐三角模型

为了更直观地表明快乐的整个过程，我构建了"快乐三角模型"。它既包括行为前的期待，也包括行为后的满足。快乐三角是由"确立目标"开始，经过"构思方案"和"实施方案"，最终"达成目标"，整个过程形成一个三角的闭环。接着下一个目标出现，重复快乐三角。

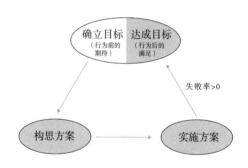

图 3-4　快乐三角模型

只要留心观察，生活中处处都有快乐三角。

比如，职场中想晋升的员工，伴随着兴奋和期待的快感确立了当业务主管的目标，其构思方案是努力进步，提高管理能力和业务水平，实施方案是参加管理能力培训，钻研业务技能。最终，他的努力结出果实，他被提拔为业务主管。目标达到，此时的他必然会因此而体验到满足和愉悦。

快乐三角中还有一个关键点，就是其中要包含一定的失败率。如果任何行动都能达到目标，那么这个目标就会逐渐失去吸引力。有失败率的目标才具有挑战性，才能使人兴奋起来。正如所有吸引人的、有趣的游戏都有一定的失败率，从贪吃蛇到俄罗斯方块，从《超级玛丽》到《精灵宝可梦 GO》，无一例外。试想一下，在游戏中，当怪兽站在你面前时，如果你每拳都能把它打爆，你会打几次？

有人也许会问，我们对意外之喜没有目标和期待，为什么也会感觉快乐？那是因为所有的意外之喜都是我们曾经的欲望，只不过这些欲望被封存在"压力欲望库"里。意外之喜同样是有目标的，只是没有了中间过程，"喜"的还是目标达到后的满足感。如果是从来没有期待的事情发生了，那对我们来说不是惊喜，而是惊吓。比如，某人买的彩票中了大奖，那就是意外之喜。但如果他收到了一个恶作剧礼物，我想那就是惊吓了。

5. 特殊的快乐

人类还有一些特殊的快乐，主要分为以下几种情况。

损失带来的快乐

只有"得到"才能让人快乐吗？不见得。"失去"有时也能给人带来快乐。比如，捐赠行为对于捐赠者来说是金钱的损失，但他们并不会因此感到难过，反而能从中体验到真实的快乐。这是因为捐赠行为符合他们的价值清单计算。从物质层面来看，他们因捐赠行为而获得了名声和地位，这对他们的自身利益有帮助。从心理层面来看，这些行为符合他们的价值观，也许是满足了"我是好人"的自我期待，也许是满足了"青史留名"的愿望。所有这些助人为乐的事情在微观层面都可以分解为：首先期待助人后的满足，然后实施助人行动，最终获得快乐。这其实是"为乐助人"。

痛并快乐着

一些轻微的痛苦也会让人体验到快乐，比如跑步、登山、健身等。人在进行这些运动的过程中，一样会有奖赏中枢被激活。运动可以缓解"抑郁"，适量的有氧运动可以有效缓解大脑对压力的反应。慢跑可以使血液中内啡肽和内源性大麻素的水平升高，而这两种物质可以间接刺激大脑奖赏中枢释放多巴胺。在多巴胺、内啡肽、内源性大麻素的综合作用下，跑步者就会产生愉悦、幸福的感觉。[6]也许正是因为这种幸福感、愉悦感的存在，才使得马拉松这项运动越发流行。运动带来的快乐同样符合快乐三角模型，运动的目标可以是强身健体，也可以是战胜自己。

"作弊"的快感

还有一种快乐，是自作聪明的人通过"作弊"得到的。像吸毒这样的成瘾行为，就是人通过"作弊"获取快乐的方式——通过药物直接刺激大脑的奖赏中枢，引发快乐的体验。但随着药物使用量的增加，成瘾者的奖赏中枢释放多巴胺的功能会逐渐"钝化"，也就是说，他们对于药物的反应会变得越来越迟钝，要想获得与之前一样程度的快感，他们就需要不断加大药物使用剂量。一旦成瘾，人行为的本质就不再是追求快乐了，而是单纯地满足"想要"。成瘾者快乐的感觉会逐渐消失，最后留下的只有空洞的、无法控制的"想要"，甚至会边"想要"，边自责。若用快乐三角模型来解释毒品给人带来的感觉，由于缺乏真实的努力过程，这种感觉只能被称为快感而非快乐，又因其没有失败率的存在，最终连快感都会丧失。

现实生活中，真实的快乐是设立目标、付出努力、最终达成目标的整个过程，这个过程的前后都有奖赏中枢的参与。这就像足球比赛中，有的队伍通过拼搏和努力而获胜，但有的队伍通过贿赂裁判、踢假球而获胜。后者有体验到快乐吗？我想并没有。

人怕死吗？一定会有人说怕死。在全因模型中，人的行为在痛与乐之间摆动，人因为怕痛而远离死亡边界，因为求乐而频繁回归平衡态。一旦没有了对痛的恐惧，人就会轻易地跨越死亡边界，一旦没有了对乐的期待，人就没有了生的动力。所以我认为，人是怕痛而非怕死，人是求乐而非求生。

延伸思考

看电影前的快乐和看电影后的快乐，成分有什么不同吗？如果有，不同之处是什么？

兴趣：兴趣果——做得好带来的成就感

1. 做得好且有价值的事才能成为兴趣

什么时候我们感觉最快乐？有人觉得和爱人、朋友在一起时最快乐，但有的人觉得独处时最快乐；有的人觉得轻松休闲时最快乐，但有的人觉得忙忙碌碌时才最快乐……由于人们的经验价值清单不同，每个人对快乐的定义都不一样，但绝大多数人都会认同一点——做自己感兴趣的事时最快乐。本节我们就一起来看看"兴趣"这个"快乐制造者"。

兴趣一定是我们能做得好，并且认为有价值的事情。我们不妨称它为兴趣果，因为它就像一颗挂在树上的果实，只有当你使劲一跳摘到它，把它完好无损地握在手中，并且尝了一口发现很好吃，这颗果实才真正属于你。否则，它就只是一种遥远的假象，你并没有拥有这个兴趣。能摘到且能保证果实的完好，意味着我们有能力做好这件事；果实好吃则代表我们认为这件事有价值。只有同时满足这两个条件，我们才会把一件事发展成为兴趣。同时，这也是我们乐于追求兴趣的原因所在。

首先，我们来谈"能做得好"。人们往往认为，想要做好一件事，首先需要对这件事感兴趣。而在我看来恰恰相反，人们之所以会对一件事感兴趣，正是因为他能做好这件事。

兴趣并非凭空而来，而是从我们本身擅长的能力中衍生出来的。个体具备的禀赋能力、性格特质是发展兴趣的前提。人们只会对自己能做好的事情产生兴趣，而不会将一件自己永远做不好的事情定义为兴趣。

一名 3 岁的小女孩无意中在抽屉里找到木刻的国际象棋。父亲教会她简单的规则和方法后,她表现出超越年龄的专注,只要一下棋,她就会抛开其他玩具。她有着很强的悟性与天赋,4 岁就获得了第一个比赛冠军,6 年后便打入成人组决赛。事实证明,她的兴趣不是偶然,而是确实天赋异禀。这个神童就是日后响彻国际象棋舞台的世界冠军苏珊·波尔加。

兴趣之所以能让我们感到快乐、有趣,是因为这件事在我们自身能力范围内。这个"趣",就在于努力达成目标过程中的快乐与目标达成后的成就感。人在做一件事时,若能够不断达成目标,获得阶段性的成功,大脑中的奖赏机制就会被激活,人就会从中体验到快乐和成就感。因为这种快乐和成就感的正向强化,人渐渐会将这件事定义为自己的兴趣所在。当然,这里的兴趣不是指娱乐消遣的乐趣,而是指和工作或事业有关的兴趣。

人在社会中,会不停地进行社会比较,且不想输给别人,因为输给别人会给自己带来压力和痛苦。而把擅长的事当作兴趣,并且经常做,就会使人经常获得优于他人的成就感,有利于人的心理和生理平衡。所谓兴趣,就是能让自己不断获得成就感的事情。

其次,我们来谈"认为有价值"。人擅长的事情有很多,但所有擅长的事情都会被人当作兴趣吗?并不是。真正被当作兴趣的,只是人们擅长的众多事情中的一些。而这些事情之所以能成为人的兴趣,关键就在于它们在人的价值清单中得分很高。

比如,一个人之所以会把打篮球当作自己的兴趣,除了他的身体禀赋支持他打篮球之外,他还需要一条类似于"篮球是一项好运动"

的价值清单条目。大多数人都能把碗洗得很干净，但我们会把洗碗当作自己的兴趣吗？并不一定。除非在某个人的价值清单中洗碗是一件非常有意义、有价值的事情。

人将自己认为更有价值的事当作兴趣，也是为了在社会比较中获得优势，因为能把更有价值的事做好会使自己在他人眼中更重要、更优秀，从而更有利于个人的生存。从这个角度来看，对兴趣的追求又何尝不是一种对利益的追求。

总结来说，人们定义的兴趣必然满足两个条件：一是本身的禀赋和能力使人们能做得好这件事；二是这件事在人们的价值清单中得分较高。只有我们做得好且觉得有价值的事，我们才会在潜意识中将其认定为兴趣。

2. 没有兴趣？可以培养

在现实生活中，我常听到年轻人抱怨说："我不知道自己的兴趣是什么，不知道自己将来能做什么。"在我看来，"熟能生巧，巧能生趣"。对于新事物，熬过最初的一些不熟悉和拙于应对阶段之后，人们渐渐就会喜欢上它。

这种最初的不熟悉和拙于应对都是"高原现象"[7]。人在学习技能或知识的过程中，在中间阶段可能会出现水平停滞不前甚至略有下降的现象，这就是"高原现象"。很多人的兴趣爱好都是在高原现象时期放弃的。发生高原现象的原因有很多，例如不能忍受自己的笨拙状态，学习热情下降，身体疲惫不堪，没有明显的进步。其实，最重要的原因是，人被旧知识或技能制约。只要付出足够多的努力，探索出新的知识和技能结构，人就能够挨过高原现象时期，继续前行。

学会做好一件事是我们兴趣的开端，而当我们能做好越来越多的事时，就会发现自己拥有一整片兴趣的海洋。

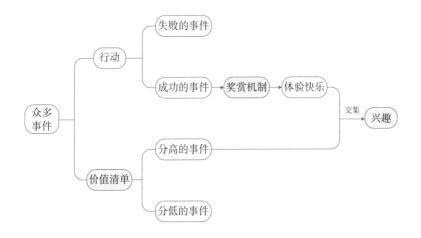

图 3-5　兴趣果逻辑图

延伸思考

干一行爱一行的本质原因是什么？

欲望：压力欲望库——失衡缓冲带

1. 欲望会储存

如果说情绪与激素是我们身体内部的"迷你助推器"，那么在接下来两节中，我们会把视角稍微放大，看看我们的头脑中还有哪些因素在推动着我们的行动。

中国人喜欢用"心想事成"来表达对他人的美好祝愿。日本管理大师稻盛和夫曾说，"你心中描绘怎样的蓝图，决定了你将度过怎样的人生"，这是他在《活法》一书里讲的"心想事成的秘密"。这些颇有"心灵鸡汤"意味的话语其实是在说一件事：如果你脑子里有一个目标和愿望，而且特别坚定，那你就会朝着它行动，最终就会得偿所愿。

因社会比较或兴趣爱好，人会同时有很多欲望：升职、加薪、买房、买车、看一场演唱会……如果当下无法立即实现，这些欲望就成了所谓的"心想"，它们不会凭空消失，也不会"霸占"人的大脑，而是会被存进一个我称之为"压力欲望库"的地方。只要压力欲望库里有"存货"，人就会有压力，因此每个有欲望的人都无法处于最完美的平衡状态。直到有一天，现实能满足其中的一个或几个欲望，它们会迅速"跳出来"提醒人们："机会来了，放我出来吧。"于是，这些欲望得以满足，压力得以解除，人的身体又一次恢复平衡。

2. 欲望库工作机制

你可以把压力欲望库看成一个装满纸星星的许愿瓶，每一颗纸星星就代表一个欲望。当你的一些欲望在当前得不到满足时，它们就会被存进压力欲望库。举个例子，有些男性认为，自己在成家前必须要买房，当这个欲望无法立即得到满足时，一颗写着"要买房"的纸星星就会被丢进压力欲望库。当房子成功买到手，这个欲望被满足时，压力暂时解除，写着该欲望的纸星星就会被拿出来。

然而，人的欲望无穷无尽，压力欲望库里永不"缺货"。随着经历逐渐增多，人们的经验价值清单会不断地被修改、填充和替换，压力欲望库里的纸星星也会随之变化。当"买100平方米的房子"的欲望被满足后，这颗纸星星会被拿出来。但因为社会比较的力量，人们会被灌输"房子越大越好"的观念，当看到别人住着大房子的时候，人们又会将一颗写有"买200平方米的房子"的纸星星丢入压力欲望库中。

理想状态下，当外部的机会有可能满足压力欲望库里的某个欲望时，大脑会快速将两者匹配到一起，然后驱使人们直接做出行动，满足欲望。比如，你一直想买新款的手机，这个欲望一直存在于压力欲望库里，当公司发了两万块钱的奖金时，压力欲望库里买手机的欲望会立即"跳出来"，驱使你直奔手机店"喜提新机"。截至此时，这一欲望得到满足，压力解除。

但现实情况往往更复杂，当一个或多个机会能满足压力欲望库里的不同欲望，需要人们从中做出选择时，人们常常会犹豫不决。比如，很多年轻人在毕业前都会经历一段"纠结"的时期，有的人会一边找工作，一边申请继续深造的机会，可以说他们的压力欲望库中既有找个好工作的欲望，又有继续深造的想法。这时，如果一个工作机会和一个继续深造的机会同时出现，他们会选择哪个？在这种情况下，经验价值清单将发挥关键作用。如果在当事人的经验价值清单中，步入社会工作的价值远远高于学业提升，那么他会毫不犹豫地选择那个工作机会。而如果他对学业的追求高于工作，那么继续深造将会成为他的首选。

出于社会比较的原因，我们会在很多方面都体验着不如意，通常会处于众多欲望同时并存的状态。在全因模型中，压力欲望库是一种自我保护机制。当面对压力或诱惑时，如果无法通过立即行动来缓解压力，恢复平衡，我们往往会延迟行动，将欲望先存储下来。这种方法可以使我们的压力激素水平暂时回归平衡区间，防止自己因长久处于高压状态而受伤。

每当夜深人静或独自一人的时候，尤其是当没有其他更紧迫的欲望时，压力欲望库中那些本来排在后面的欲望，比如升职、加薪，就会自然弹出来。此时，压力会再度降临，经过痛苦的思考后，那些无法得到满足的欲望会再次被扔进压力欲望库，从而使压力再次暂时被解除。

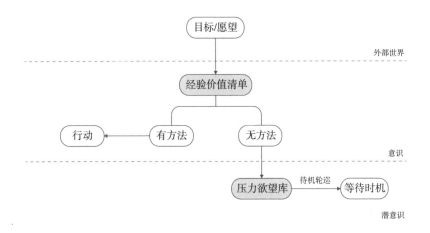

图 3-6　压力欲望库逻辑图

拓展阅读
待机轮巡

1. "待机"的大脑仍在"轮巡"

想必大家都听过阿基米德在洗澡时发现浮力的故事，说的是叙拉古的赫农王让工匠帮他做一顶纯金的王冠，做好后赫农王疑心这顶王冠并非纯金，就请阿基米德来检验王冠的纯度。最初阿基米德冥思苦想也不得要领，但在洗澡时被溢出浴缸的水激发出了灵感，想到可以通过测量固体在水中的排水量来确定王冠的体积。

相信很多人都有过相似的经历：百思不得其解的一个问题，暂时放下几日，可能会在睡觉前或洗澡时，又或是外出散步时，突然有了灵感，甚至会因此找到答案。在人们日常生活中的很多时间里，大脑并没有专门在做什么，而是处于一种"待机"状态。在这种状态下，大脑似乎没有在思考任何事情，但它也并非"闲着无事干"，其中一部分神经仍在"辛勤劳作"，一些神经元在马不停蹄地放电和传递信号。每当外界有新刺激传来，特别是有危险信号时，人的大脑会瞬间从"待机"状态恢复过来，并做出反应。我将这种大脑在"待机"状态下仍旧保持一定活跃程度的情况称为"待机轮巡"。

2. 待机轮巡的科学依据

"待机"是指电脑或手机等电子设备不进行任何实质性工作的状态。"轮巡"形容士兵来回走动、巡视哨岗的行为，后来这一概念被广泛应用于视频采集和监控领域。视频监控中的轮巡是指，监视器每隔几秒钟或几分钟就自动切换不同摄像头拍摄的画面。待机状态下的电子产品随时都在等待外界刺激的进入，并经常用轮巡的方法来觉知输入。

人脑也有待机轮巡的状态。我们的大脑即使什么都不做也会消耗大量的能量，比如平时吃饭、散步时，我们的大脑并没有专门去做什么，但它仍在"后台"（潜意识层面）解决那些堆积的、暂时未处理的问题，尤其是压力欲望库里的问题，而这些"后台工作"也需要消耗大量的能量。

大脑的待机轮巡并不只是猜想，在认知神经科学领域已经通过研究得到证明。20世纪20年代，脑电图的发明者汉斯·伯格就根据检测到的脑电波推测："中枢神经系统始终处于相当活跃的状态，而不仅仅是在人们清醒的时候。"[8] 之后，认知神经科学家马库斯·赖希勒在此基础上提出了"默认模式网络"（Default Mode Network）这个概念。[9] 默认模式网络由大脑处于待机状态时相互联系、维持健康代谢活动的若干脑区组成。科学家发现，这些神奇的脑区在特定的认知任务下，例如识别物体、辨别情绪等，几乎不被激活，但在待机时激活程度显著提高。换句话说，当我们"无所事事"时，大脑的默认模式网络最为活跃，而当我们集中注意力思考问题时，默认模式网络就关闭了。

3．待机轮巡＋压力欲望库＝创新

乍一看，大脑的默认模式网络似乎只是个"哨兵"，但实际上，默认模式网络是我们的灵感和创意的重要来源。

大脑在待机轮巡状态下，会对广泛的外部环境进行监控，以确保在新刺激出现时，人能够及时有效地做出反应。我们知道，当人的注意力高度集中于某一件事时，往往会忽略所处环境中的其他有效线索，默认模式网络与其他大脑网络的交替工作能很好地弥补这一不足，而这也有助于激发创造力。

广告大王戴维·奥格威曾说，当他在思考广告创意却无解时，会暂时将其放下，把问题丢给大脑，几天之后，大脑总会突然蹦出答案。这就是待机轮巡的作用，虽然大脑此刻并未专注于那些未被解决的问题，但大脑在潜意识中仍在不停地运转和工作，不停地进行各种信息碰撞，试图解决这些问题，直到有一天它接收到外界的某种刺激并因而碰撞出答案。

在做一些需要专注思考的工作时，我往往会全情投入，常常能感觉到自己的大脑在"飞速运转"。但在做那些需要大量创意的工作时，尤其是遇到灵感缺乏的时候，我偶尔也会允许自己"浪费时间"：看看窗外的风景，去跑跑步，与身旁的人闲聊几句……很多时候，我的灵感就会在这种时刻闪现出来。

对大脑待机轮巡的了解与应用，使我在处理生活和工作的难题时更加灵活自如，避免这些难题对我的正常家庭生活造成负面影响。面对一时无法解决的问题，我会习惯性地说，"让我考虑几天"，然后就暂时放下那些问题，该做什么做什么。当这些问题被转移到压力欲望库中时，我的身体就不会继续释放大量压力激素，我就会暂时回到平衡态。偶尔，那些压力问题会突然蹦出来烦我一下，我能感受到压力欲望库在微微地释放压力，推动潜意识在后台"潜水工作"，不停提取各种记忆要素来进行碰撞和组合，企图找到顺利解决问题的方法。当我偶然看到某幅画，或听到别人不相关的讨论，或随意浏览某本书的时候，某个观念或逻辑会突然加入潜意识碰撞组合的序列中，问题一下就迎刃而解了。这些通常都是平时放松时，大脑在低能耗状态下缓慢进行的，如果我们的意识经常参与其中，启动更多的能耗，当然效果更佳。

化学史上有这样一则趣闻，苯环的发现来源于德国化学家凯库勒的一场关于蛇咬尾巴的梦。其实，人在睡觉时做梦或在发呆时做白日梦，都可以理解为待机轮巡的一种另类表现，无外乎在某种压力或欲望的驱使下，潜意识调动各种记忆、逻辑进行排列组合而已。总之，"待机"的大脑在不停地"轮巡"，一个人即使没有在专注地思考问题，他的大脑也在不断地想象、感觉、期待、记忆和自我交谈。了解自己的大脑在待机轮巡时的状态，并认真体会它们，会对我们提升创新能力有极大的帮助。

延伸思考

日本经济学家大前研一宣称日本已进入"低欲望社会"，如何用压力欲望库的原理理解这种社会现象？

安全：利益脂肪——应对未来的不确定性

1. 储存利益就像储存脂肪

学生时代大家也许都有过这样的感受，每次考试前都会定一个目标，然后努力朝着这个目标进发，但当成绩单发下来看到目标达成的那一刻，很少会有人告诉自己："就这样挺好的，我不用再学习了！"相反，开心过后我们会更加认真地学习，生怕下一次达不到这个成绩。我们对"好"的追求似乎永远没有尽头，这推动我们一次又一次地积极行动。

我发现，人对财富、名声、地位等一切利益的追逐似乎没有限度，人的欲望好像一个无底洞，这使人每时每刻都在追逐利益。实际上，利益对于人来说就像脂肪一样，人的身体有储存脂肪的倾向，以备未来可能的饥荒，利益同样如此，对人来说，利益是必不可少而且多多益善的，因为每个人都需要用它来应对未来的未知状况。人储存利益就像身体储存脂肪，名利、财富、智慧等凡是有价值的东西都可以成为"利益脂肪"。

2. 繁忙的储蓄者

人们之所以要储存利益脂肪，是因为人们时刻处在对未知的担忧中，担心未知的变化会让自己在竞争中失败，这种危机感促使人们尽可能多地积累优势，降低风险。

华尔街人的故事就是一个很好的例子。在普通人眼中，华尔街汇聚了全世界最聪明的一群人，他们来自普林斯顿大学、哈佛大学等世界顶级院校。华尔街人看起来光鲜亮丽，但在这里，持续高强度工作和忍耐是再正常不过的事。为了应对快速的市场节奏，对于华尔街人而言，睡眠是一项奢侈的享受，每个人都不知疲倦地为自己争取更大的经济利益。这种对利益疯狂追逐的背后是整个业界动荡且残酷的生态——每年至少两轮的裁员狂潮。甚至有的公司在经历裁员狂潮时会在外面准备好救护车，防止有人因承受不了这一结果而晕倒或者做出伤害自己的行为。

事实上，华尔街的精英都坦然地接受这种高度的不确定性和不安全感。在获得成功后，他们并不会停下积累财富的脚步，因为未来具有不确定性，谁也不知道自己下一秒要面临什么样的状况，因此需要为未来积累足够的利益脂肪。

我们积累的利益脂肪不仅包括财富等物质利益，还包括"爱"等情感体验。可能有人会感到奇怪，爱可以被储存吗？从某种意义上来说是可以的。情感体验和物质利益存在的一个共同点就在于，人一旦得到它们就会留下痕迹，它们会改变一个人对自己、对他人、对世界的看法。这样的情感体验就是我们精神上的财富。我们可能会失去情感体验本身，但不会失去它的馈赠——丰富的经历。经历本身就是具有价值的，因此它也是一种利益脂肪。一个获得过爱然后失去了的人与一个从未得到过爱的人是完全不同的，因为不同的经历会造就不同的性格。

试想一下，两个同样刚刚被关入监狱的人，如果其中一人此前一直孑然一身，从未被人爱过，也没有爱过别人，另一个此前曾体验过爱与被爱的感觉，那么相比后者，前者会缺少很多值得回忆的东西，缺少源自情感的心灵支柱。尽管他们都失去了身体的自由，但在精神上不是等同的，因为他们所积累的精神财富不同。也许正是因为爱的存在，一些人才能够渡过难关，战胜痛苦与挫折。

我们总是在追求财富、名声、地位、权力、爱、尊重等一切物质利益和精神利益。作为一个繁忙的储蓄者，只要未来依然是不确定的，我们就不会停下储存利益脂肪的脚步。

3. 欲望的天花板

然而，并不是任何时候人都会极力储存利益脂肪。当对未来不担心时，人们储存利益脂肪的欲望就会下降。

我们公司在美国设有一些研发工作室，那儿的研发团队做出了很成功的产品。但当我建议他们多招些人以扩大规模时，他们并不是很积极。他们告诉我，由于他们的福利及保险制度很完善，他们对未来没有什么可担忧的，因此他们只想做一些有趣的项目，不想要扩大规模，因为那意味着他们需要分心管理，他们也不想为了赚钱去做一些枯燥的产品，因为那样会使他们最终失去专注做产品的快乐。这段话让我印象深刻，我非常佩服他们。虽然他们并没有拥有很多财富，但他们对物质财富的追求已经到达天花板，他们更在意的是精神追求。

在大部分情况下，当人们在某一方面达到一定高度时，就会想要追求更高的高度。但当人们已经站在比较高的高度，不必或者无法再向上攀登时，因边际效用递减，他们往往会转而攀登新的高峰，开启新的挑战。这一点在一些企业家身上体现得尤为明显，他们会不知疲倦地做各种不同的项目，因为连续获得成功后，他们需要更大的刺激才会感觉快乐，同时在多个领域的事业成功能让他们积累更多的利益脂肪。因为人永远都会有新的欲望出现，所以储存利益脂肪的过程是没有尽头的。在"平衡态"一节有关习惯的内容中，我们已经提到，习惯了高强度刺激的成功人士会持续追求同样强度或更高强度的刺激以保持平衡。而且成就感带来的快乐会使人上瘾，欲罢不能，直到身体出现状况。通常这样的人无法平衡家庭和工作，甚至最终会舍弃一边。

人生来就有七情六欲。有时候欲望会带给我们压力甚至痛苦，但每个人都可以用更加积极的态度去面对欲望。这里我有两个小建议。

第一，在利益脂肪的储存过程中肯定会有一部分欲望无法得到满足。对于在自己能力范围之外的欲望，我们要认识它、理解它，然后控制它；对于在自己能力范围之内的欲望，只要不损害其他人的利益，我们就要竭尽全力地满足它。

第二，要避免做损人利己的事，因为这不仅会给他人带来痛苦，而且会让自己背上沉重的道德负担。

延伸思考

在很多发达国家，人们不太愿意从政，但在很多发展中国家，人们往往向往官场，这是为什么？这和利益有关吗？

利己：利己倾向——行为的底层逻辑

1. 人有利己的倾向

如果有人问，人行动的推动力有哪些，你会怎样回答？仔细看过本书前面内容的读者也许会说：缓解压力激素、得到快乐、满足欲望、囤积利益脂肪……这些答案展示了一个从微观视角慢慢往上追溯的过程，本章的最后两节我们将继续追溯，探究人所有行为的起点。其实，人的所有行为最终都可以归结为两个字：利己。

当文森特·凡·高到达法国小镇阿尔勒时，他在弟弟的资助下开始全身心地投入作画。但这时的凡·高感情生活受挫，且饱受心理压力的折磨，整个人都处在崩溃的边缘，以致他割掉了自己的耳朵。他的疯狂举动吓坏了当地的居民，他们迫切希望这个"疯子"可以离开宁静的阿尔勒。但凡·高不愿意走，他深深地沉醉在阿尔勒美丽的景色中，创作灵感源源不断。忍无可忍的当地居民联合起来，请求镇长将凡·高送进精神病院。在群众的压力下，阿尔勒警方强行将凡·高关入圣雷米的一间精神病院。在凡·高死后，阿尔勒因他在这里创作的画作而声名大噪。当地居民开始对自己过去的错误感到愧疚。凡·高逝世30余年后，他们找到凡·高的侄孙，向其表达歉意。这些居民的后辈认为仅仅这样做是不够的，又在旅游手册上印上当地人对凡·高的由衷致歉。在这段故事中我们可以看到，阿尔勒居民一开始驱逐凡·高是为了让自己获得宁静的生活，而多年后的致歉则是为了缓解自己的愧疚感，获得好的名声。

你注意到了吗？人们考虑的主体永远都是"我"，其实以上两种行为背后的动机是相似的，都有利己。

利己倾向本质上源于人类生存的本能，人必须让自己能够活下去。在这种本能的利己倾向驱使下，人们会采取各种行动，比如防止饥饿、躲避危险、繁衍后代等，以追求利益最大化。

除了保证基本的生存，现代人考虑更多的是如何使自己在复杂的环境中活得更好。在资源稀缺的大环境下，人不仅想要存活下来，而且想要比其他人活得更好，以避免因在当下和未来的资源竞争中失败而被淘汰。人类的诸多行为，比如努力获得晋升、创业、参加竞选等，都是为了能在竞争中脱颖而出，从而更好地生存，其行为本质都是利己。

在"弹簧人"一节中，我解释了人们利用补偿机制恢复平衡的动力机制，这里的恢复平衡就是指要回到一个最稳定、最舒适、能耗最低的状态。利己倾向的动力机制是同源的，人们会尽可能地使自己处在平衡态，这时人们没有竞争失败的压力，不必担心被淘汰。利己倾向驱使人们不断积累资源，依靠这些资源获得优势，从而维持更长时间的平衡。利己倾向是平衡态的必要保障，所以人的行为背后往往都有利己倾向的存在。

这就是我想说的利己倾向——人类的绝大多数行为都是为了生存和更好地生活。利己倾向不仅是人类行为的重要指引，也是人性中最深刻、最稳固的基本属性。

2. 何为"利"？

要更好地理解利己倾向，就要先理解何为"利"，何为"己"。

什么是"利"？在我看来，利己倾向中的"利"是一个动词，它是指趋利避害，也就是争取获得利益回报，避免利益损失。比如，在上文凡·高的例子中，阿尔勒镇的居民选择向凡·高的侄孙道歉，除了受利他动机驱使外，更是出于缓解自己的愧疚感和获得好名声这一利己动机。而他们最初驱逐凡·高则是出于维持自己生活的宁静这一利己利机。正如司马迁在《史记·货殖列传》中所说："天下熙熙，皆为利来；天下攘攘，皆为利往。"[10]

那什么是利益呢？简单来说，利益就是好处。

利益主要分为两种类型。第一种是物质利益。大部分物质利益是可以直接交换的，它既包含具体的事物，比如金钱财富，又包含相对抽象的事物，比如信息和服务。第二种是精神利益。精神利益主要包括荣誉、地位、名声、幸福感、归属感、爱、尊重、个人价值的实现等。举个简单的例子，人为什么要工作？因为工作可以给人带来物质和精神双重利益。首先，人通过工作可以赚钱，从而获得基本的物质利益；其次，人通过工作可以交到朋友，从而获得归属感、友爱等精神利益。此外，工作还可以使人实现个人价值，这也是精神利益的一种。

需要说明的是，在实际生活中，逐"利"这个过程其实非常复杂，人们总是需要在各种利益冲突中权衡利弊，做出选择。人的利益丰富多样，但由于客观条件的制约，这些不同的利益很难同时得到满足，一些利益的满足往往会伴随着其他利益的损失，这就是利益冲突。两利相权取其重，两弊相衡取其轻，在无法同时满足所有利益时，人们会根据自己的价值清单进行计算，权衡哪种利益对自己更重要，满足更重要的利益，而损失次要的利益，从而使自身利益最大化。

比如，你同时获得两个工作机会，工作 A 的工资高但工作内容你不喜欢，工作 B 的工资低但工作内容是你一直想做的，那么你从中做出选择的过程就是一个权衡利弊的过程。选择工作 A，你可以获得更多物质利益（如工资更高、福利更好），但由于对工作内容缺乏兴趣，你会损失精神利益（如积极的情绪体验、自我价值的实现）；选择工作 B，你可以获得精神利益，但要以损失部分物质利益为代价。如果对一个人来说，当下物质利益比精神利益更重要，那么选择工作 A 可使他利益最大化；反之，选择工作 B 可使他利益最大化。

3. 何为"己"？

接下来，我们来探讨什么是"己"。

在我看来，"己"不只代表自己一个人，还代表与自己有密切联系的他人，俗称"自己人"。人们常说，"都是自己人，别客气"，其实每个人对于谁是自己人，谁是外人，都有明确的划分标准。比如，对于大部分中国人而言，自己人可能包括亲属、配偶和朋友。当自己人的利益受损时，一方面意味着自己的利益也可能受损，另一方面我们通常会对自己人的经历产生共情，也就是感同身受，这两方面会驱使我们维护自己人的切身利益。

为什么人们会把他人当作"自己人"呢？事实上，在群居社会中，人们的利益通常不是独立存在的，而要依附于他人。换句话说，人们会和其他人形成"利益共同体"。比如，夫妻之间就存在一种利益共同体，夫妻二人的利益密切相关，两人拥有共同的爱情、亲情、财产。同样地，企业管理中经常倡导创造利益共同体，当企业经营者和生产者共担风险、共享利益时，所有人的工作积极性都会很高，因为这时候大家都是"一条绳上的蚂蚱"，一荣俱荣，一损俱损。

4. 利己倾向不等于自私

需要说明的是，我们这里所讲的利己倾向并不等同于自私行为。换句话说，利己倾向的行为表现是力争使自己获得利益回报并避免利益损失，但这并不意味着利己行为只对自己有利。

在我看来，人的利己倾向表现为两种行为：第一种是利己行为，即以满足自己的利益最大化为先，但同时不会伤害到他人的利益，可能还会给他人创造利益的行为；第二种是利他行为，即主动给他人创造利益，同时自己也可能从中获得名或利的行为，但当人们做出此种行为时，可能并未意识到它是对自己有利的。

而自私行为是在使自己获益的同时，避免他人获益，甚至损害他人利益的行为，简而言之就是损人利己的行为。

自私行为之所以不是利己倾向的一种行为表现，是因为它有损害他人利益的成分，而利己倾向是在不损害他人的前提下满足自己的利益。举例来说，一个人在沙漠中旅行时因燥热而喝水，这属于利己行为。可如果他喝光了所有的水，致使同伴无水可喝，则属于自私行为。我们应该尽量做到利己但不自私，利己但不损人。

人们最推崇利他行为，但其实利他行为中也有利己倾向，只是人们通常不太容易察觉而已，这点我将在下节"自利性利他"中详述。

延伸思考

民族主义的本质是什么？集体荣誉感的本质是什么？

利他：自利性利他——使世界更美好

1. 利他亦是利己

世界知名学府中有许多气势恢宏的建筑都是以人的名字命名的，其中有一些是以捐赠者的名字命名，以示感谢。比如，亿万富翁汉斯约尔格·维斯向哈佛大学捐赠了超过 1 亿美元，为表感激，哈佛大学将生物工程学院以"维斯"命名。类似的捐赠有很多。一方面，捐赠者的行为是一种利他行为，为学校和学生提供了教学资源；另一方面，这种行为也让更多的人知晓捐赠者的善举，为其塑造了良好的名声和形象。对捐赠者而言，这些善举满足了自己对社会责任的追求和自我价值的实现。总之，捐赠者在做出利他行为的同时，也获得了名望。

生存是人类大部分行为的底层动机，在这个资源有限的环境中，人类行为的重要原则是获取资源、保障生存，其实利他行为也是符合这一原则的。我想说的是，人类绝大多数利他行为的背后都有一定程度的利己倾向，或是为了满足自己的某种利益，或是为了实现自己的某种心愿。那些仅仅为了让自己高兴而随手做出的善举，也是一种自我认可。相对于"利他"，我认为"自利性利他"一词更接近这一行为的本质。在某种程度上，利他是共赢的自利。利己倾向在特定场景下可以通过利他行为实现，尽管有时候人们并未意识到这个行为对自己有利。稻盛和夫曾说过，事业必须是"自利利他"关系。他认为，人们需要时刻考虑令对方也能获利，怀着利他之心、关爱之心来开展事业，这才是真正的经商之道。

实施利他行为需要耗费成本，比如时间、金钱。现实中几乎没有不求回报的利他行为，这里的回报包括当下的物质回报、潜在的长期物质回报以及精神层面的回报。为获得回报，人们会在特定情况下表现出更多利他行为。利益分为物质利益和精神利益，利他行为也分为两种：一种是为获得物质利益和良好的外在形象而实施的利他行为，是物质上的利他行为；另一种是为满足心理补偿和获得自我认可而实施的利他行为，是精神上的利他行为。几乎所有的利他行为都至少属于其中一种。

2. 物质上的利他行为

首先，我们来看物质上的利他行为。人们往往会根据预期的物质利益回报来决定自己在利他行为中付出的时间、金钱和精力。俗话说，"礼尚往来"，今天我帮你，明天你帮我，说的就是这个道理。在人际交往中，人们在付出的同时也在预期回报，在某种程度上，如果预期未来不能获得回报，人们就不会付出。

还有一种物质上的利他行为是为获得良好的外在形象，从而提升未来获得物质利益的概率。比如上文提到的为大学捐赠的成功人士，试想如果禁止大学建筑以他们的名字命名，甚至只允许他们匿名捐赠，是否还会有这么多成功人士愿意捐赠呢？利他行为有利于塑造利他者的良好形象，这主要体现在两个方面。第一是使利他者享有高社会地位，研究者发现，利他者在利他行为中付出越多，他在别人眼中的社会地位就越高。第二是使利他者收获高道德评价，也就是使其成为人们常说的"好人"。当一个人表现出符合社会规范的利他行为时，就会被他人评价为一个好人。此外，塑造良好的外在形象在某种程度上也有助于利他者在未来获得更好的人际关系，进而提升获得更多物质利益或精神利益的概率。在一个国民道德标准普遍较高的国家，如果一个人的行为达不到这个标准，有可能会被社会排斥，因此大家普遍都会遵守高道德标准。

为利和为名的利他行为实则都是社会资源交换和共享的表现，在资源有限的环境中，利他行为可使人们在自己与他人之间建立一种投桃报李的互惠体系。因此，为利和为名的利他行为不仅可以增加利他者的生存机会，拓展利他者的发展空间，而且是构建互帮互助、资源共享的社会网络的关键；它使得社会中原本独立的个体联结起来，共同推动社会的进步和发展。事实上，利他行为也有利于种群的生存。无论是否有利己动机或结果，利他者都应该被大力赞扬和鼓励，因为社会上利他行为越多，人们的生活就越美好。

3. 精神上的利他行为

我们再来看精神上的利他行为。精神上的利他行为可分为三种。第一种是为满足利他者的心理补偿，从而使其恢复平衡态的利他行为。这种利他行为的目标是通过帮助他人减轻自己的压力，缓解负面情绪。举个例子，巴勃罗·埃斯科瓦尔是 20 世纪八九十年代世界上最大的毒枭，曾被称为"可卡因之王"，在被捕期间他悬赏杀害街头警察，甚至发动大型炸弹袭击。对于这样一个作恶多端的罪犯，可能很多人都想不到他其实也做过许多善事，比如铺设道路，修建机场和学校，为居民报销医疗费用，为无家可归的人提供住房。在某种程度上，埃斯科瓦尔做这些善事是为了弥补自己良心的不安，使自己恢复心理平衡。

第二种是想通过帮助他人获得自我认可，从而实现自身价值的利他行为。我们经常会看到全世界有非常多志愿者不辞辛苦，奔赴世界各地提供志愿服务。是什么驱使他们无私地帮助他人呢？在我看来，这在一定程度上是因为他们的经历和经验使他们形成了利他价值观，他们在帮助他人的同时也实现了自己的人生价值。那些慈善捐赠者也是如此，也许有的捐赠者会说，他们做捐赠只是为了让自己开心。这其实是因为帮助他人在他们的价值清单中是有价值的行为，他们一旦做出这种行为，就会有更高的自我评价，因而会感到开心。正所谓"赠人玫瑰，手留余香"，利他行为会让人体会到快乐，给人带来积极的心理体验。人们常常说"助人为乐"，我想说的是"为乐助人"，或许正是因为利他行为会强化这种积极情绪，所以我们变成了一个个"为乐助人"的人。

值得强调的是，大部分利他行为都有利己的动机，所以做好事的人不应强求回报，也不应觉得自己有权利支配别人来补偿自己，更不应产生居高临下的心态，否则可能会好事变坏事。

第三种利他行为已经超越了自利性利他的范畴，达到自我牺牲的程度。做出这种利他行为的人牺牲的也许是自己的利益，也许是自己的生命，但他们有一个共同点，都是为了帮助他人而使自身利益受到了很严重的损伤。比如，有的人捐献了自己全部的财产去帮助他人，这就是利益上的自我牺牲。为了帮助他人而牺牲自己的生命的行为，就是我们通常所说的舍己为人。在经验价值清单中，我们分析了自我牺牲的价值公式，在舍己为人者所持的价值清单中，某些价值观的分数要高于自己生命的分数，因此他们为了群体或者他人的利益可以不惜牺牲自己的生命。这样舍己为人和舍生取义的故事数不胜数，如保家卫国的军人、逆着人群冲入火场救火的消防员、为了救孩子牺牲生命的母亲，他们都是舍己为人的典范，他们为了自己对国家、民族、他人的爱甘愿付出生命。他们的这种利他行为成为推动群体进步和发展的力量，这些人都是人类最崇高、最伟大、最可敬的典范。

在我看来，不论是哪种利他行为，不论这种利他行为背后的动机为何，其对整个社会而言都是有益的。因此，我们应当赞美、鼓励那些愿意做出利他行为的人。

但是反过来，当我们实施利他行为时，需要秉持谦卑之心，不能因为自己帮助了别人就认为别人欠了自己，或认为自己高人一等，甚至在道德上绑架他人。这样做不仅会让别人看轻我们，而且会让人们不再欣赏利他行为。利他行为的可贵之处就在于，在帮助别人的同时我们自己也有收获，从而成长为更好的人，它不是一种单方面的"施惠"，而是人与人之间的"互利互助"。

在群体间的竞争中，相比利他者占比较小的群体，利他者占比较大的群体发展速度会更快。具体来说，一个群体中利他者越多，这个群体的整体适应能力就越强，因为利他行为使整个群体更团结、竞争力更强，从而使其更容易在资源有限的竞争中胜出。

其实，在一个社会中，利己行为和利他行为都是不可或缺的，在竞争中利己与在合作中利他共同推动着社会繁荣发展。

总之，人的一切决策都是在争取未来效用的最大值。这个效用包括利益、快乐、价值等要素，而这些要素的效用值都是以个人经历所形成的经验价值清单为依据来赋值及换算。所谓人性本善或人性本恶都是效用值计算在不同场景下的应用。

延伸思考

有报道称，日本福岛核电站事故发生时，有一些年纪大的人和身患绝症的人主动请缨去核电站内部参与维修，为什么？他们是获得了利益，还是获得了自我认可？

第四章
思维与行为的边界

人并非全知全能，因为一切思维与行为都有天生的局限。思维的局限在于认知资源有限，它使我们只能片面地认识世界。行为的局限在于能量有限，它影响着我们行为的选择。除此之外，因为我们永远无法掌握充分的信息，所以大多时候都显得"短视"，常常做出错误的决策和判断；因为我们对未知事物"看不到想不到"，无法突破想象力的局限，所以无法制造"全新"。边际效用递减规律使我们"喜新厌旧"，但也使我们热衷于探索未知。我们生存在局限之中，无法摆脱局限的束缚，但我们可以通过努力拓展局限的边界，以边界之大去丈量世界的广阔。

能量边界

提到"能量"一词，你会想到什么？爱健身的人也许会想到卡路里的燃烧，物理系学生也许会想到做功、加速度等，而熟悉生物的人也许第一时间会想到葡萄糖和 ATP（三磷酸腺苷）[①]……能量是一切行动的基础，能量决定着思维与行为的边界。

1. 能量原则——身体中的"蓄电池"

在当今这个移动互联的时代，"手机有电"俨然已成为都市人的基本生存需求。为了满足用户的需求，手机电池容量的上限被不断提高，为何手机有电如此重要？因为手机无论有多强大的功能，一旦没电，就什么也干不了。

我们就像手机一样，身体中也有"蓄电池"，它为我们的一切活动供应能量。当身体满电量时，我们工作起来干劲十足。而当身体的电量亮起红灯时，我们就很难再做出行动。我们每天吃饭、喝水、休息，就是在给这块"蓄电池"充电，给身体补给能量。这块"蓄电池"的容量，就是我们的能量边界。

---

① 葡萄糖是活细胞的能量来源和新陈代谢的中间产物，在生物学领域具有重要作用。而 ATP 是细胞内能量传递的"能量通货"，负责储存和传递化学能，被称作"能量货币"。

我常有这样的感受：如果前一晚有高质量的睡眠，第二天就会感觉神清气爽、能量充沛，这时我会选择做一些难度较大的任务，比如深度阅读、思考、创作等；在长时间连续工作后，我会感到疲惫，这时我就无法集中注意力在复杂的任务上，只能完成一些简单的工作，比如收拾书桌、拆快递等；通过进食或小憩恢复能量后，我就能重新投入到复杂的工作当中。

在工作中，有的人能长时间高强度地工作而不知疲倦，有的人却很容易感到累。这是为什么呢？我通过观察得出了如下猜想：人的生理基础（比如体格是否健硕）决定了他的"蓄电池"容量，进而会影响到他的能力倾向、兴趣爱好与职业发展。在做企业的过程中，我发现大多数传统企业家都有强健的体格，他们精力充沛、能量十足，可以应对超高强度的工作、频繁的社交活动以及巨大的压力。在大部分政治家、运动员身上，我们也可以看到同样的特质。

可以说，我们的一切行动都离不开身体的能量，而每个人的能量边界不尽相同，这在很大程度上影响着我们的行为选择。

2. 能耗最低倾向——身体的"省电模式"

我们都知道，手机有"省电模式"，尤其是当电量快耗尽时，手机会自动提示转入省电模式，同样地，人体也存在"省电模式"。当你很饿的时候，如果手边只有香蕉和苹果，你会选择吃哪个？我相信很多人都会选择香蕉这种"懒人水果"，因为它不用洗，剥开皮就可以直接吃。当我们可以用更省力的方法达到相同目的时，我们就不会使用更费力的方法。人倾向于消耗最低的能量去满足自己的需求，我将人体的这种"省电模式"称为"能耗最低倾向"。

人体在每天不同时刻的能量值是不同的，在人体能量值不同的情况下，能耗最低倾向的表现程度也有所不同：能量值越高，能耗最低倾向越弱；能量值越低，能耗最低倾向越强。

清晨往往是人体能量最充足的时刻，经过一晚的恢复和储存，能量值会达到高峰。此时，人不管是去远足踏青，还是学习或开会，都活力满满、思维敏捷。能耗最低倾向在这种情况下几乎不发挥作用，人会求新求变，渴望通过探索"新世界"为自己获得新资源。随着能量渐渐被消耗掉，人会渐渐产生疲惫或能量不足的感觉，这时惯性的力量就会显现，因为保持不变是最省力的一种方式。此时，人的行为决策会呈现一个明显的特点——倾向于做出更保守的决策。

我曾看过一个有趣的案例，说的是以色列监狱有这样一条规定：每隔一段时间，法官有权力在讨论后决定是否假释部分正在服刑的犯人，但每次只能从 4 名犯人中选择 2 人准予其假释。心理学家在对以色列一所监狱的 1 000 多起假释案件进行研究后发现，上午出庭的犯人获得假释的概率高达 70%，而傍晚出庭的犯人获得假释的概率不足 10%。另一组数据显示，恰好在法官中途休息前出庭的犯人获得假释的概率只有 15%，而在法官中途休息或进食后出庭的犯人获得假释的概率则有 67%。[1]"精明的"法官在能量不足的时候做出的决策更谨慎，因为一旦获得假释的犯人再次犯罪，法官的名誉和信用将会遭受极大的打击，所以为了降低自己未来可能面临的风险，法官在身体处于低能量值时，往往做出不予假释的决策。

企业经营者也是如此，在早上能量充沛时，通常会做出相对大胆的决策，在晚上能量值较低时，通常倾向于做出保守的决策。所以，人在面对重大决策时，一定要在不同能量值状态下进行多次判断，以避免能量值不同导致的决策偏差。

除了上述两种情况外，还有一种最糟糕的情况，那就是人体能量消耗殆尽，身体亮起红色警报，这时人最需要的就是恢复能量。在这种情况下，能耗最低倾向往往体现为缺乏耐心和坚持，因为耐心和坚持需要人消耗大量能量来克制自己，这种现象我称之为"最后一刻"。生活中，我们经常会经历这样的"最后一刻"。比如，讨论某个重大问题时，一开始大家都是全心投入、激情满满，但随着时间的流逝，大家会越来越疲惫，渐渐失去耐心，往往会在最后时刻做出草率的决定。

3. 当下高能耗——抵抗失衡

通过上文可以看到，人体的"省电模式"可以在一定程度上节省能量消耗。那人体可不可以一直启用"省电模式"呢？由于能耗最低倾向，人生而有惰性，但如果人完全被惰性左右，一直开启"省电模式"，恐怕将无法取得任何成就。

事实上，人们往往会做出很多高耗能的行为，我将其称为身体的"高能耗模式"。为什么"学霸"能够长时间刻苦学习？为什么健身达人会热衷锻炼，消耗大量的能量？为什么有些上班族会选择连续加班，超额完成任务？

在所有高能耗行为的背后，我们都可以找到支撑这些行为的驱动力。高能耗模式背后最大的驱动力之一就是社会比较。在社会比较中落后会使人的平衡态失衡，因而会感受到痛苦。因此，人们希望能够在社会比较中获胜。我们绝大多数的高能耗行为都是为了提升自我，避免落后。看到他人体形姣好、健美强壮，自己也想通过锻炼身体塑造健美的体形，从而在未来的社会竞争中（包括吸引异性方面）获得优势。学生刻苦学习，白领加班完成工作，管理者频繁应酬以获得资源，都是为了保持优势，从而维持平衡态。这些都是人们为了避免今后的被动失衡而选择在当下做出的高能耗行为。

除了社会比较之外，人们选择高能耗模式还有一个动因，即保障未来的能耗最低。如果当下能找到更高效的方法，使人们在未来做同一件事的能耗大大降低，那么在能量充足的前提下，人们会不惜在当下选择高能耗模式。人类历史上大多的创新与突破都是为了保障未来的低能耗：电梯的发明是为了节省爬楼梯的能耗，洗衣机、洗碗机的发明是为了减少洗衣服、洗碗的能耗……

假如你此时需要使用办公软件生成几十张图表，而你此前只会一次生成一张图表，你会怎么办？是选择按照之前的方法重复几十遍操作，还是选择先花一些时间研究，试图寻找甚至是创造一条"捷径"，以便今后能够快速地、自动化地解决同类问题？我相信一定有人会选择后者，虽然当下会很费力，但从长期来看其实是更高效节能的，所谓一劳永逸，说的就是这个道理。

4. 应对能量边界——为"蓄电池"扩容

人体"蓄电池"提供的能量是一切行动的基础，"蓄电池"容量的大小直接影响着一个人能够取得多高的成就。如果你想要为自己身体中的"蓄电池"扩容，拓展自己的能量边界，你该如何做呢？

答案很简单：坚持锻炼。听到这个答案，或许你会有些失望，认为这是老生常谈。在我看来，人们之所以会持有这样的想法，原因通常有两点：一是还没有意识到锻炼身体的必要性；二是意识到锻炼身体的必要性，但毅力不够，无法坚持。第一点可能在年轻人的身上更常见，而经历过社会磨炼，特别是有过长期工作经历的人通常能深刻地意识到锻炼身体的必要性。如果你属于第二种情况，那最好的解决办法就是：找一个人督促你坚持锻炼。这个人可以是你的伴侣，也可以是你的父母、老师、同事，与他们结伴同行，组成锻炼小组，互相督促和鼓励，往往会有特效。很多时候，人需要从外部获取"启动"能量，身体一旦"启动"之后，事情就会更容易完成。现代生活中，成为拥有8块腹肌的健美男士或拥有马甲线的活力女士，不仅会使你在事业上马力十足，而且会使你的生活更富有激情、品质更高。

需要强调的是，这里说的"能量"指的是人的可输出能量，与身材胖瘦无关。有很多看似健壮的人，可能压力一大就心跳加速，一熬夜就感觉不适，可释放的能量比例有限。而一些看似单薄的人也有可能释放出巨大的能量，比如伟大的科学家霍金和残疾人演说家尼克·胡哲，他们可释放的能量比例就很高，这和每个人的具体状况与职业类型有关。但总体来说，身体可释放能量总值越高，能够克服困难的可能性就越大，对事业和生活的支持也就越大。

5. 善用能量

如果你本身属于高能量的个体，或是通过锻炼成功为身体的"蓄电池"扩容，那么恭喜你，此时你已经获得了一些优势，但同时你还需要学会善用自己的能量。人的身体有生物钟等节律，每天将能量充分释放是维持平衡态所必需的，而我们应该将能量释放在积极的方面。

在生活中，有些人特别爱聊八卦和讲闲话。这些人也属于"蓄电池"容量大的个体，只是他们没有其他地方可以释放自己的能量，所以靠聊八卦或讲闲话释放，但这种释放能量的方式会给其他人造成不便。在公司和组织里也一样，如果有些高能量的人跟团队的价值观不一致，但因为他们每天需要释放自身的能量，所以会做很多无用功，甚至会给团队带来麻烦。

有一个方法可以帮助人们利用好现有的能量，那就是聚焦。我有些同事和朋友属于能量值超高的人，他们通常知识面广，交际广泛，能够抓住很多机遇，整合很多资源。相比之下，我是一个能量值偏低的人，所以我放弃了大量社交的工作，专注于研发产品。聚焦一点，深入挖掘，利用有限的能量尽可能做到更深、更精，一旦人突破某个临界点，就会收获颇丰。学会聚焦往往意味着能量利用率倍增。

延伸思考

为什么设计者在设计产品时，要尽可能简化使用流程？

信息边界

能量决定着人思维与行为的边界，信息同样如此。这该如何理解呢？我认为，人永远不可能掌握全部信息，这里的信息包括各种知识、人和自然的状态以及两者之间的关联。因此，我们当下所有的判断都是有局限的、有偏见的、短视的，甚至是局部正确但整体错误的。人们都处于由非全信息构成的边界之中，这就是我想说的"非全信息局限"。人为什么会受到非全信息的局限？要回答这个问题，我们需要先了解认知资源的有限性，以及人"看不到想不到"的思维特性。

1. 认知资源有限——同时处理的信息有限

我们先来做几个小测试：拿出一张白纸，用双手同时在纸上作画，左手画圆，右手画方；打开一本全新的教材或知识读物，一边听音乐，一边阅读；开启一款竞技类游戏，一边操作游戏，一边与朋友讨论课题。

上面的测试你都能很顺利地完成吗？在很多情况下，人是无法做到"一心二用"的。也许一边听音乐、一边上网聊天很容易，但如果要一边听流行音乐、一边阅读《自然哲学的数学原理》，难度就会很高。

人脑的认知资源就像计算机的运行内存一样，存在上限。计算机执行的不同任务对运行内存有着不同程度的消耗，只要这些任务在运行内存的允许范围之内，计算机就能够有效运转，但当任务超过运行内存的负荷时，计算机的运行速度就会变慢，甚至崩溃。我们日常生活中的行为和活动都受到大脑的支配和控制，因而这些行为和活动都需要消耗大脑的认知资源（如注意力、工作记忆等完成认知加工活动所必需的要素）。当我们需要完成的任务过多，超过大脑认知资源的限制时，我们就无法有效地完成这些不同的行为和活动。

注意力就是一种极其重要的认知资源，它是完成一切认知加工活动的前提和基础。无论是观看话剧演出，还是与朋友交谈，我们都需要将注意力集中在关注的对象上。学生考试答题时，外科医生做手术时，围棋选手进行比赛时，都需要高度集中注意力。

人的注意力是有限的，这使我们的信息加工过程存在瓶颈和局限。很多人都会边走路边看手机，却不知这是极其危险的行为。手机上的内容会极大地消耗大脑的认知资源，使人们注意不到前方的障碍，因而可能会撞到柱子上，甚至引发交通事故。

人的工作记忆容量也是如此。相信很多人都听说过"7±2"的说法，它是由哈佛大学认知心理学家乔治·米勒于1956年发表的著名文章《神奇的数字7±2：人类信息加工能力的某些局限》[2]中提出的。"7±2"代表人类能够同时处理的信息量限度——平均为7个，最多不超过9个。这个神奇的数字在我们日常生活中的应用随处可见：员工在进行工作汇报时，如果将要点控制在7个以内往往会取得较好的效果，超过9个就会很难被记全；演讲的一项基本常识是将要点控制在3个以下，因为要点多了听众会记不住；组织的价值观或宣传标语一般也会控制在几个词以内，例如清华大学的校训是"自强不息、厚德载物"，北京师范大学的校训是"学为人师、行为世范"；根据管理学理论，一名领导者最好将下属的数量控制在9个以内；[3]各大网站的导航或应用选项卡一般都控制在5~9个。

为了解释人分配使用认知资源的过程，认知心理学家理查德·谢福林等人提出了双加工理论。[4]该理论将人类的认知加工分成两类：控制性加工和自动化加工。控制性加工由意识控制，需要注意力参与，因此受到认知资源的限制；自动化加工则由潜意识控制，仅占用很少的认知资源，因此受认知资源的限制较小，能够自动进行。

以开车为例，当你第一次开车时，往往会在心中默念整个启动程序：系安全带、启动汽车、放下手刹、踩离合挂挡……行驶中，你会非常紧张地四处观察路面信息，甚至会忽略身边教练的话语。这时，开车对你而言属于控制性加工的认知活动，需要占用大量认知资源。当你成为一名车技娴熟的司机时，你就可以灵活地驾驶汽车，自如地观察路况，甚至可以一边开车，一边听音乐，还能与身边的朋友交谈甚欢。此时，开车对你而言已经不像最初那样需要占用大量认知资源，在很大程度上已经从控制性加工转变为自动化加工。

2. 通过练习转换加工方式

如何使一项任务从控制性加工转化为自动化加工？答案就是：进行有效的练习。经过练习，我们能同时处理更多的信息，信息边界会被拓宽。

哈佛大学心理学家伊丽莎白·史培基曾进行过一项实验，参与者被要求同时执行两项任务：默读并理解一段文章，同时要注意听实验人员口述的词汇。[5]这相当于一边进行听力练习，一边进行阅读理解练习，而这两项任务对认知资源的要求都非常高，对听力信息和对阅读信息的认知加工过程必然会发生冲突。实验结果也证明了这一点，在最初阶段，参与者很难同时进行这两项任务，表现得很差，阅读速度较正常的情况慢很多。经过大约 6 周的练习后，他们就可以以正常的速度完成阅读任务，这说明听到的信息已经不会再对他们产生那么大的干扰，边阅读边听对他们而言已经变得比较轻松。

这项实验告诉我们，尽管认知资源有限，但我们仍可以通过练习降低任务所消耗的认知资源，将复杂的任务从控制性加工转向自动化加工。人的潜能是惊人的，通过持续的练习与锻炼，我们对事情的掌握会从生疏变为熟练。

3. 专注时间段

认知资源的有限性使我们无法同时关注身边的所有事，也很难同时对多条信息进行加工。而信息时代的到来则使我们的生活充斥着"噪声"：网络上的花边新闻、购物网站上频繁出现的"新品促销"、质量参差不齐的知识付费产品……

另外，我们常遇到这种情况：正准备工作时，身边的同事突然开始讨论其他事情，我们想要集中注意力，但同事讨论的内容会时不时地飘入耳中，我们会发现自己的工作进展得十分缓慢，这是因为同事讨论的内容占用了我们的一部分认知资源，导致我们无法专心工作。一个有效提升认知资源利用效率的方法是，给自己定一个"专注时间段"，即一段时间内只做一件事：只用 5 分钟看网页，只与同事讨论15 分钟，在半小时内只专注手头的工作……

如果你每天都会遇到一些杂事，那么为重要事件定一个专注时间段能够极大地帮助到你。因为杂事可以利用碎片时间处理，但重要事件通常需要你在一整段时间内保持专注。我通常的做法是，先将手头的事情按重要性进行排序，将最好的时间段留给最重要的事情，在这段时间内，任何人、任何事情都不可以打断我，等这段时间结束，我再去处理突发的或者临时的事件。在我看来，一个人保持专注并合理分配自己的注意力的能力决定了他事业的天花板。

4. "看不到想不到"——想象仅局限于接触过的信息

莎莉文小姐拉起我的手，在手掌上慢慢地拼写"DOLL"（玩偶）这个词，我还以为这是一种手指游戏，饶有兴味地玩了起来。此后，我又玩了"针""杯子""坐""站"等手指游戏。最后，在莎莉文老师的帮助下，我才领悟到世界上竟还有文字这种东西，这个游戏的核心就是文字，而依葫芦画瓢的模仿就是学习书写的过程。这都是我之前根本想不到的事情。

上面这段文字出自美国作家海伦·凯勒的自传《假如给我三天光明》。书中写道，她刚出生第19个月就因急性胃出血和脑出血高烧不退，丧失全部的视觉、听觉能力。在这之后，她失去了记忆，不会说话，只能用摇头、点头、推拉等简单动作来表达自己的想法。她只能通过肢体动作和别人简单互动。

可是，随着年龄增长，她无法满足于这样的表达方式，经常会因别人无法理解她而发火。母亲给她请了位家庭教师，这才有了手指游戏的故事。凯勒还在书中谈道，如果没有老师的悉心指导，没有一次次触摸与拼写的体验，从小失明、失聪又失忆的她将一直生活在无法与人进行日常交流的环境里，永远无法知道什么是文字，什么是语言。同样，她也将无法想象常人眼中的颜色是什么，声音是什么。

其实，我们每个人都会有类似的体验——我们永远无法凭空想象自己从未感知过的东西。假如我们没见过、没听过、没摸过，没有从其他任何途径感知过某个东西，也没有在同一个维度上接收其他任何能够帮助我们联想到这一东西的信息，那我们就永远不会知道它的存在，更不会主动想到它，这就是想象力的局限。为了更方便大家记住这个概念，我把所有感官等接收途径的缺失统称为"看不到"。

看不到就想不到，这很好理解。那"同一个维度"指的是什么呢？举一个最简单的例子，一个人可能从未见过身高超过两米的人，但只要他见过身高一米多的人，就可以联想到身高两米多的人会是什么样，甚至能想象到神话传说中巨人的样子。这是因为在数字维度上，人们只需知道一，就会知道二、三、四、五、六直至无限的数字概念。人们会在头脑中将不同的高度叠加。

如果一个人在某一维度上从未接收过任何信息，那么他很难想象这一维度上的相关概念。比如，让一个从未接触过法语的人去模仿法语的发音模式，他一定是不知所措的。但是，如果让一个听过法语的人模仿，即使他不会说法语，也能够大致模仿出法语的腔调，因为他"看"到过，所以能够进行合理的想象、推测和模仿。

同样，在没有现代信息传播媒介的古代，如果没有亲眼见过且没有听人讲过，那么生活在热带的人永远想象不到冰雪的存在，生活在沙漠地带的人也永远想象不到大海的模样。

这种想象力的局限看似是小事，但它会引发很多问题，比如，它会影响我们对知识和经验的贮备，影响我们对他人、对世界的判断，影响我们的创新水平。甚至可以说，它就是人类文明发展的巨大枷锁。

也许你会疑惑，人类历史上不是有很多创新吗，怎么能说看不到想不到呢？事实上，我们的头脑的确有想象力，但那仅仅是将不同的已知信息叠加、拼接的能力。如果你仔细剖析自己的每个新想法，就会发现，其中的元素无一不是自己已经知道的，或是曾经亲身经历过，或是从老师、父母、朋友等处接触过，而他们又是从前人那里学到的。那么，最开始人们是从哪里学到的呢？现在的科研人员不是也有新的研究突破吗？其实，所有的这些"新"都是先从自然界"学"到的，每一个新事物、新概念、新逻辑、新维度，无一例外，都是人类受到自然界中某种现象的启发才获得的，这些元素在人的大脑中叠加、组合，形成了各种创新，进而形成了我们所经历的文明社会的一切，这些我在后文有关创新的章节中会有详细探讨。

5. 非全信息局限——人都是"短视"的

上文中，我们讲到人能够同时处理的信息量是有限的，人的认知水平和想象力仅仅局限在接触过的信息当中，这意味着什么呢？人的一生是有限的，人的认知资源也是有限的，这就意味着每一个人能够拥有的知识量存在上限。因为"看不到想不到"，人类的想象力被限制在有限的知识圈中，对于圈外的一切信息我们都无从得知。

公元前4世纪，古希腊哲学家亚里士多德提出了自己的重力理论，认为不同物体下落时的速度不同，而这个速度由物体本身的重量决定，越重的物体下落得越快。直到1 800年后，这一理论才被伽利略证明是错误的。2世纪，数学家克罗狄斯·托勒密提出了"地心说"，认为地球是宇宙的中心，太阳、月球和其他星体都围绕着地球昼夜不停地旋转。一战时期，法国元帅斐迪南·福煦看着刚刚被发明出来的飞机说："这真是一种有趣的玩具，但毫无军事价值！"1943 年，IBM（国际商业机器公司）董事长托马斯·沃森告诉世人："这个世界上只需要5 台计算机就足够了，每个大洲一个！"

上面几位都是各自领域的"大咖"，在他们各自所处的时代，想必大多数人都会为他们掷地有声的言论而鼓掌，但从长时的历史维度来看，这些观点都算不上"有远见"，甚至可以说十分"短视"。

在过去，人类总体的知识量相对较少，且增长速度较慢。在 20 世纪之前，人类总体的知识量大约需要一个世纪的时间才能翻一番。但今天，知识量已不再是以线性规模增长，而是以指数规模增长，IBM甚至预测在未来的几年，每过 12 小时，信息总量就会翻一番。[6]信息总量的急速增长使得每个个体更加无法掌握全部的信息和知识。浩瀚宇宙中，每个人都只是沧海一粟，都只能看到以自己为圆心、目光所及为半径的"圆"中景象，而对圆外的信息，我们无从知晓。

如果我们从未听说过海地这个国家，我们就不会知道"特雷"这个词的存在。这个词其实是"泥饼干"的意思，在海地的一些贫困地区，人们会将黄泥土与人造黄油等混合起来制成饼干，用于充饥和补钙。如果读者没看过类似的报道，就不会知道"吃土"不只是对囊中羞涩的一种自嘲之词，它是实实在在发生着的。

生活中几乎处处可见非全信息局限。比如，面对一个新认识的人，你不完全了解对方；遇到一种自然现象，你不了解这方面的知识。要决定一个大型工程是否要启动，往往需要全面掌握各方面的信息，比如是否会污染环境，是否会产生经济价值，从而尽可能突破非全信息局限。案件侦查是一个更加复杂的过程，专业人士通过搜集各种信息，包括证人证词、现场的蛛丝马迹等找到突破口，这中间也需要打破非全信息局限。

人们可以通过一些可行的办法突破认知资源的限制，进而拓宽信息的边界，但无论如何，人们都摆脱不掉非全信息局限。我真正想强调的是：没有人是完全正确的，因此人既不可过度自信，也不可迷信权威。

对于我们个人来说，在生活中要做到"兼听则明"。获得一个信息时，先不要急于下结论，要尽可能多地了解全局信息，甚至了解"无关"信息，因为有些看似无关的信息也有可能成为我们做判断时的决定性变量。坦然接受各种可能性才是与信息边界安然相处的终极法门。

延伸思考

有人说贫穷限制了想象力，你认为这句话有道理吗？为什么？

效用边界

效用是什么？效用就是收益。在能量边界与信息边界之外，人存在的另一个边界就是效用边界。人的一切思考和行为无不围绕着效用展开，如果一件事物不能再为你带来任何效用，你一定会寻求改变。

1. 边际效用递减——求新、求变、求更高的根本原因

经济学家常说的"边际效用"指的是，消费者对某种物品的消费量每增加一个单位所增加的额外满足程度，比如多吃一个冰激凌所增加的快感。"边际效用递减"指的是，对某种物品每增加一个单位的消费量，给我们带来的新增收益总是低于前一个单位，并且收益的差距不断扩大。比如，第二个冰激凌一定没有第一个好吃，第三个没有第二个好吃。再如，很多餐馆都会提供饮料免费续杯的服务，使消费者觉得很划算，但餐馆一定是在保证盈利的前提下才这么做的，它们所基于的就是边际效用递减的原理：消费者喝第一杯时会感觉很满足，喝第二杯时会觉得够了，喝到第三杯反而感觉没那么满足了，因此就很少有人会继续喝了。

早在18—19世纪，就有物理学家、心理学家研究外界刺激与人感觉的关系，并得出了相关结论，其中最著名的是"韦伯－费希纳定律"：当物理量成几何级数增长时，心理量成算术级数增长。也就是说，当外界刺激大幅增加时，人的心理感觉只有轻微的变化。[7]比如，人在领到第一个月工资时往往非常兴奋，但随着工资水平不断提升，心理的兴奋程度似乎并没有大幅增加，甚至会觉得没那么兴奋。实际上，韦

伯和费希纳想要告诉人们，我们对外界刺激增长的绝对值并不敏感，更多的感受来自刺激变化的百分比，这也为边际效用递减提供了生理心理学依据。

不仅有边际效用递减规律，还有边际效用递增规律。我们的生理感觉就存在边际效用递增的情况，比如疼痛感，在一定范围内，人受到的伤害增加一点，身体的疼痛感会增强很多，这就促使人们更快地进行负反馈以恢复平衡。但由于这并非最重要的概念，我就不在本书中做过多解释。

美国人类学家拉尔夫·林顿曾说："比起社会或自然需求，也许人类感到乏味的能力才是人类文化进步的根本。"[8]"乏味"和"厌倦"就是边际效用递减的产物。虽然边际效用递减规律在日常生活中会给人带来负面的情绪和感知，但从人类演化的角度来看，这一规律有着特别的意义。

人类从诞生之初就围绕着两个目标——生存与发展进行活动。从生存的角度来看，人每时每刻都在接收外部刺激，当单一刺激反复出现时，因边际效用递减，人就会慢慢习惯和适应这一刺激，不再耗费能量去感知并处理它。这就为人类提供了进化优势，使人类可以把注意力及认知资源消耗在更重要信息的接收上。从发展的角度来看，正因边际效用递减规律的存在，人才会追求多样性，人的求知欲和好奇心才会被一次次激发，而这正是人类历史上所有科技创新的重要推动力。

古有帝王将相因追求刺激而试图发起对内的改革和对外的扩张；历来不乏文人骚客因闲来无事而创作诗词歌赋，以抒发爱恨情仇；亦有专业人士、科学巨匠为了追求更大的成就感而推动技术创新和科学进步……这些都源于边际效用递减规律导致的人求新、求变、求更高的倾向。比如，爱因斯坦在年轻时就取得了光电效应及相对论等重要研究成果，下半生几乎将全部精力用于挑战更高目标——统一场理论。可以说，人和社会都在以一定的速率发生着改变，而边际效用递减规律就是人求新、求变、求更高的助推器。

2. 心怀感恩

因为边际效用递减，人会对反复发生的刺激感到乏味。工作中，如果总是做同样的任务，员工会感到厌倦，工作热情会降低；生活中，夫妻关系中容易出现"七年之痒"，导致生活幸福感不断降低。这都是边际效用递减带来的负面影响。我们该如何应对这一问题呢？

一个方法就是常怀感恩之心。我认为，感恩是一种名誉上的回报，是对别人实施善行的一种奖励，可以促成下一次善行。边际效用递减带来的"习惯"和"依赖"往往让人只关注自己的需要，而忽略别人的付出和需要，这时我们需要常怀感恩之心。"积极心理学之父"马丁·塞利格曼在课堂上常鼓励学生写感恩信，[9] 学生通过这样的练习来回忆自己与他人共同度过的快乐时光，这对良好的人际关系的建立非常有必要，能在一定程度上减轻边际效用递减带来的负面情绪。

工作中，找到自己感兴趣的工作岗位是维持长久工作动力的关键。生活中，尝试多培养几个不同的兴趣，会为生活增添更多精彩。

延伸思考

有人说，集邮的边际效用是递增的，集到一套邮票的最后一张时，效用达到最大。你支持这种观点吗，为什么？

实践篇

进步阶梯

用全因模型理解行为

在理论篇中，我们探讨了全因模型的框架。通过全因模型，我们可以分析人们思维及行为背后的逻辑。第二章"思维操作间"和第三章"行为助推器"的内容使我们更加了解人的思维与行为的细节、步骤。第四章"思维与行为的边界"则勾勒出人的全景的轮廓，让我们清晰地看到人思维和行为存在哪些难以逾越的边界。

在熟悉了这个模型后，我们会发现生活中人的全部行为几乎都能用它去拆解、分析和解释，这也是本书的书名"人的全景"的由来。接下来，我们将看到一幅"人的全景"图，人在生活中的绝大多数行为都被包含其中。全因模型位于图的正中心，并延伸出4个板块："平衡态与轻松""负反馈与压力""观念升级""技能提升"。位于左上角的"外界信息及刺激"是整张图的起点，随着箭头的指向，种种现象和行为就此展开。

在该图中，有一些概念在理论篇中已经出现，还有一些概念将在实践篇中被谈及，例如经验价值清单形成过程中的"非逻辑接受"、非全信息局限会导致的"自查无错"、平衡补偿器（弹簧人）会导致的"维持判断力自信"等。因此，我建议你阅读完全书之后再回到这里，相信你会对这张图有更深的理解。

为了更系统地展现这些行为，我总结了人们在职业发展中会经历的7层进步阶梯，它代表着职场人在职业生涯发展的不同阶段会面临的主要问题，具体包括本性、沟通、观念、改变、不知之障、弹簧迷雾和终极局限——自查无错。当然，处在某一发展阶段的人可能会同时面临不止一种问题，但这些问题给他带来的负面影响程度会有所不同。书中还介绍了应对这些问题的方法，即思维体操。运用思维体操，克服不同阶段的主要问题，我们就能不断取得进步。

下面，让我们开始实践与进步之旅吧！

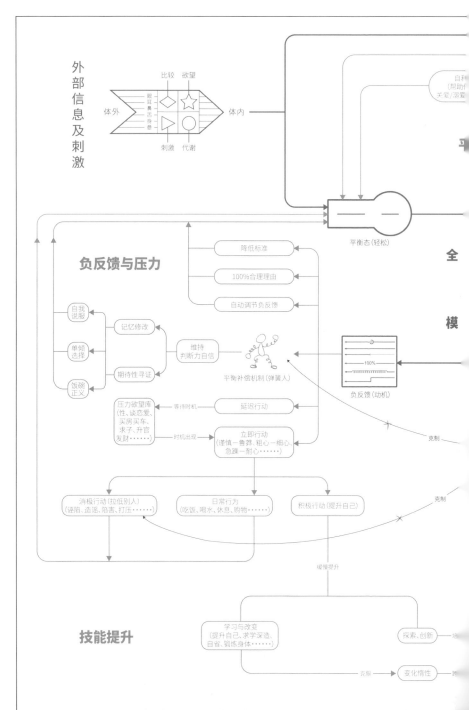

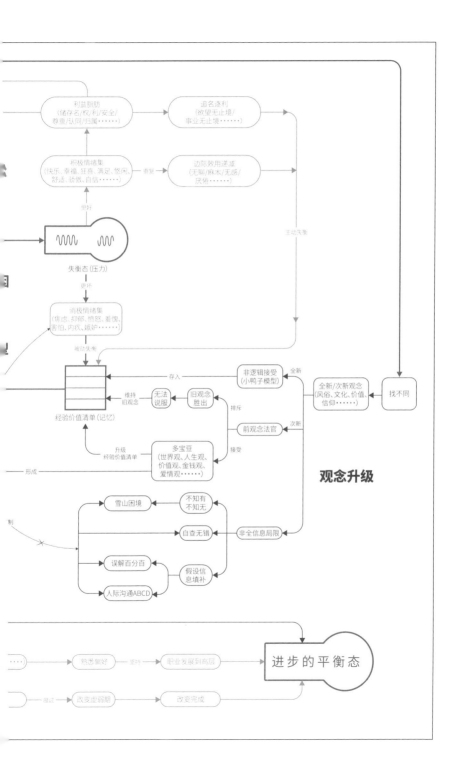

观念升级

进步的平衡态

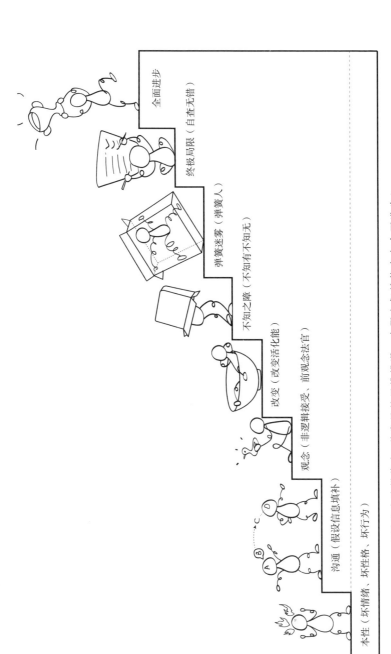

7层进步阶梯代表7种常见的思维错误，克服它们就能走向全面进步！

本性（坏情绪、坏性格、坏行为）

沟通（假设信息填补）

观念（非逻辑接受、前观念法官）

改变（改变活化能）

不知之障（不知有不知无）

弹簧迷雾（弹簧人）

终极局限（自查无错）

全面进步

第五章
夯实基础：本性

人类的美好品质因对自身本能的克制而越发闪亮。因为克制住了本性中的自私，我们学会了同情与分享，变得更加仁慈、善良；因为克制住了本性中的怯懦，我们学会了在黑暗和逆境中前行，变得更加勇敢无畏；因为克制住了本性中的贪婪，我们学会了管理欲望、知足常乐，变得更懂得感恩与奉献……本章中，我们将探讨这些隐藏在本能之下的人性弱点，剖析其成因，找到克制的办法，为即将开始的进步之旅打下坚实基础。

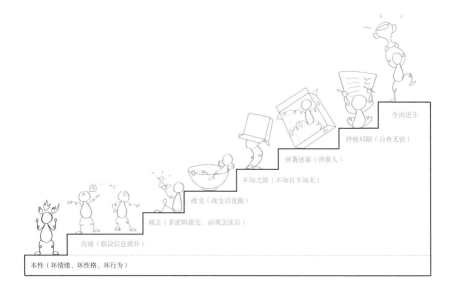

本性（坏情绪、坏性格、坏行为）

沟通（假设信息填补）

观念（非逻辑接受、而观念法官）

改变（改变活化能）

不知之障（不知有不知无）

弹簧迷雾（弹簧人）

终极局限（自查无错）

全面进步

本能之误——终生小恶魔

1. 丢掉"动物性"

从本章起，我们将正式开启实践篇——进步阶梯。在实践篇，我们会利用理论篇所介绍的全因模型剖析人们在不同发展阶段可能遇到的关键性障碍，并有针对性地找到突破这些障碍的办法。但在这之前，我需要特别强调一个非常重要的问题，那就是"本能之误"。不同于后面几章将要介绍的其他阶段性障碍，本能之误将伴随我们终身，不管我们身处哪个阶段都可能会犯。

本能是那些我们从远古时期一直保留到今天的能力，比如对食物和性的渴望，对危险的察觉与自我保护能力，对资源的搜集能力以及与同伴的竞争能力。在原始社会，我们经常会面临危险，一些"动物性"本能可以帮助我们摆脱危险，在残酷的环境中存活下去。但在现代社会，我们更依赖"合作共赢"。在这种情况下，过度放纵某些本能就如同在身边安放了一颗炸弹，随时可能摧毁我们的成果。因此，我称其为"本能之误"。试想，假如你刚在事业上取得一些成就，却因嫉妒与他人发生冲突，甚至打压身边的同伴，那么你的合作伙伴终将离你而去，之前的成果也将难以维持。克服本能之误是进步的前提和基础，是进步阶梯的第一步。

2. 用方法而非本性做事

"用方法而非本性做事",这是我为克服本能之误而经常告诫自己的一句话。达到同一目的的方法有很多种,其中总有一种是最好的。但并不是每个人都拥有最好的条件,因此依靠本性做事通常都不是最好的方法,不仅如此,依靠本性做事还可能会经常碰壁。只有调整自己,按照正确的方法做事,才能弥补本性的短板,打开成功之门。在实践篇,我们会开启一个全新的环节——思维体操,该环节旨在给大家介绍一些用于解决不同问题的方法和技巧。掌握了思维体操,就能在一定程度上掌控自己的情绪和行为,避免本能之误。

我们可以把社会比作一座巨大的房子,房子里的门是通往成功的道路,那些能走出房子的人就是自己所在领域的成功者。在这座房子里,那些依靠本性做事的人就像在走直线,难免会撞到墙上。偶有一些运气极佳者碰巧正对门口,那么他们沿直线也能走出。但绝大部分人只有善于思考、善于改变,即懂得适度"转弯",方能找到出口,最终走向成功。这里的"转弯"就是指克服本性,也是思维体操这个想法的起源。

3. 不顺眼警报

说到这儿,我们就先举一个思维体操的例子。这个思维体操叫作"不顺眼警报"。请你闭上眼,想想最近生活中有没有一些让你怎么都看不顺眼的人,要注意的是,这个人应该是你身边的、与你有过真正接触的人,而不是一些你从未接触过的明星或者影视剧中的虚构人物。接下来,请进一步思考,这个人是否和你存在某种利益竞争关系。如果存在，"不顺眼警报"亮起——这个人现在很可能在学习上或工作上给你带来了压力，你很可能已经陷入攀比和嫉妒的陷阱中。我们该如何应对这种负面情绪呢？在下一节中，我们继续探讨。

过度比较——嫉妒向上，傲慢向下

1. 由比较而来的错误

从孩童时期与同龄人比玩具、比零花钱，到成年后与身边的人比工作、比家庭，可以说，比较伴随着我们的一生。很多时候，人与社会前进的动力就来自比较。比如，奥运赛场上的运动健儿通过相互比较来定位和提升自己，同一领域的不同企业在良性竞争中提升自己产品的质量。但必须承认的是，比较在某种程度上也会给我们带来一些负面影响，尤其是当我们过度在意比较结果时，不论比输还是比赢，我们的情绪和行为都会被结果牵动。

嫉妒和傲慢就是两个来源于比较的错误。比输时，我们会向上看，从而产生嫉妒之心；比赢时，我们会向下看，不自觉地形成傲慢的心态。只要头脑中的比较器仍在工作，我们就时刻有可能犯这两种错误。

2. 嫉妒与"同喜诊断"

当我们比输且赶超乏力时，身体会分泌大量的压力激素，这些激素会使我们体验到危机感，我们的头脑会将这种感受加工为嫉妒。嫉妒之心一旦产生，我们会陷入深深的痛苦、焦虑。这时的我们毫无疑问处于失衡状态，迫切需要找到一个方法来恢复平衡。最理想的方法当然是通过改变和提升自己来追上他人，但被嫉妒冲昏头脑的我们往往很难发现自己的问题所在，即使发现了也不愿消耗过多的能量来改变自己，这时就有可能出现打击、陷害竞争对手的现象。我认为，这是个人在自我进步和职业晋升中的第一大障碍。

怎样才能克服嫉妒情绪呢？

首先，你可以做一个判断，如果你在工作或学习中已经尽了最大努力，发挥了自己的最大潜能，但结果还是不尽如人意，这时"向下"看会有助于缓解压力，使你对现状更满意一些，正所谓"比上不足，比下有余"。当看到有些人在发愁烦恼时，我经常开玩笑地说，比起人类历史上曾经存在过的大多数人，你已经是很幸福的了。

我们常看到"佛系生活""佛系少年"这样的词语，"佛系"代表着一种不争不抢、无欲无求的生活态度。东方僧人通常能够保持平和的心境，这在很大程度上是因为他们放弃了社会比较，能够真心诚意地为他人的成功感到开心，这正是佛学智慧中的"随喜"。因此，我们也可以借用这种方法来"诊断"自己是否正处在嫉妒中。看到他人成功，如果你能和他"同喜"，真诚地为他祝福，并且由衷地为他感到开心，那么你一定是一个心胸开阔的人，已经克服了嫉妒这一关。但如果你并不能与他人"同喜"，相反会因为他人的成功而感到情绪低沉，那么这是一个明显的信号，说明你正处在因比较带来的负面情绪中，还没有克服嫉妒这一关，你还没有掌握克服自身"动物性"的方法，甚至还没有形成这种意识。

嫉妒的情绪往往会浪费我们大量的精力，使我们失去很多合作伙伴，丢失很多合作机会。从功利的角度讲，我们必须克服嫉妒之心。因为嫉妒是我们职业发展路上的重要陷阱。只有当一个人真正拥有了"同喜之心"，真心地为他人的成功而感到高兴，不会因他人取得好成绩而心生嫉妒，甚至心生打压之意，他所带领的团队才能人才济济，这个团队才容易做出成绩，他也更容易被重用，更易获得成长和提升。

另外，我们还需要做到的是：将精力集中在提升自己的技能上，而不要过度关注和别人比较，换句话说，要多关注自我比较而不是社会比较。要知道，真正的卓越并非超越他人，而是超越以前的自己。

3. 傲慢与"直问缺点法"

在比赢时，我们会有意无意地将自己获胜的结果展示出来，以期收获更多的认可和更好的名声。但如果仅仅因为暂时的成绩就开始自命不凡，甚至对共事者颐指气使，那我们距离失败也就不远了。

不论从事什么行业，过度膨胀都是一个致命伤。一些年轻人稍有成绩就产生飘飘然的感觉，自觉不可一世。这种人往往很快便会惹得业界厌烦，终成昙花一现。只有那些能够迅速从浮华中走出来，能够认清自己，并仍然保持谦逊的人，才有可能走得远、走得久。竞争激烈的现代社会对人们的各种综合能力的要求越来越高，再也没有常胜将军可言，因此保持一种谦逊和持续学习的心态更为重要。

我们应该如何改掉傲慢和过度膨胀的毛病呢？其实，傲慢和过度膨胀的本质是一种虚假的"全能感"，人们被眼前的成绩冲昏了头，认为自己在所有地方都优于他人，在这种情况下，人们往往看不见自己在很多方面的缺点和不足。要克服这种毛病，最有效的方法就是"给予其现实的打击"。见识到更多更优秀的人，多体验几次失败的滋味后，傲慢者就会意识到："人外有人，天外有天。"但对很多人来说，见到特别厉害的人并非易事，体验失败的代价又太过沉重。其实，克服傲慢和过度膨胀有一个快捷且省力的方法，那就是借助他人来看清楚自己。

每当我们在事业上有所进步或者感觉自己领先于身边人的时候，

在兴奋与自信之余，不妨也向那些真朋友"讨一盆冷水"——请他们直言不讳地指出我们的缺点、不足或他们看不惯我们的地方。只有这样我们才不至于一直活在幻象中。如果你从来没有向别人询问过你的缺点，请立刻向身边亲密的朋友发出你人生中的第一次自省提问吧！

延伸思考

为什么人容易嫉妒与自己不相上下的人，却很少嫉妒那些水平高出自己很多的人呢？

情绪失控——冲动、暴怒由何而来

1. 失控的情绪是野兽

当他人的行为不符合我们的预期时，我们往往会心理失衡，并且随之产生生气、愤怒、埋怨等负面情绪，如果我们控制不住自己的这些负面情绪，就会升级为情绪失控。

大家应该都知道一个常识：人在情绪失控的时候，头脑就会转换为"野兽大作战"模式，也可以称之为"非人类"模式。在我们与人激烈争执、看恐怖片、遭受袭击等情况下，我们会产生愤怒、恐惧、生气等负面情绪，这时头脑中的杏仁核就会被激活。虽然杏仁核在一定程度上可以帮我们判断潜在的危险和威胁，可一旦我们的头脑被它完全掌控，我们就会失去理性，这时我们做出的判断通常都是错误的，在我们回归正常模式之后通常都会后悔。可以说，我们生活中大多的暴力事件、争执冲突、误解仇恨等都与情绪失控时的冲动决策有关。所以，控制情绪是我们初入职场必须掌握的一项基本技能。我曾经看过这样一句话："成功者是没有情绪的。"所有能在自己的领域做出一番成就的人都必定过了"情绪控制"这一关，这是对我们自身"动物性"的一种反制，是对我们头脑中的"情绪野兽"的一种驯服。

2. 思维体操：延迟法

一个控制负面情绪的好方法就是延迟法。我曾看过一项很有趣的研究，研究者对愉悦、悲伤、愤怒、恐惧、内疚等情绪所能持续的时间做了实验，结果发现：悲伤和愉悦能持续的时间最长，很少会在几小时内消退，通常都可以持续好几天；内疚会持续几小时或几天；愤怒则会在几分钟后消退。[1] 既然愤怒持续的时间并不长，那我们只需控制自己在那短短几分钟内的情绪即可，这并不难做到。如果你的愤怒值不太高，目前还能忍住，那么在发火前先在心里"默数一分钟"，等这专属愤怒的时间过去后，也许你的怒气就消了。

如果你的愤怒值较高，无法忍住一分钟，那么可以尝试美国历史上著名总统林肯的方法。林肯会用写信的方法来发泄自己的愤怒。美国前陆军部长斯坦顿因为不满其他人对他的指责，向林肯告状，林肯看出斯坦顿当时被愤怒冲昏了头脑，于是建议他写一封信来"回击"指责他的人。斯坦顿把信写完后，林肯看了看，果然言辞十分激烈，当斯坦顿准备将这封信寄出时，林肯叫住他说："如果你觉得已经解气，就请将这封信烧掉吧；如果你觉得还不解气，可以再写第二封、第三封。我生气时，一般都是这样做的。"[2]

在乔布斯、马斯克等顶级的企业家身上，我们也能看到愤怒的影子，那为什么他们的愤怒似乎并没有产生太大的负面影响呢？对于这类本身能力超强且创造力十足的人而言，当他们看到下属不够努力上进时，他们的愤怒会鞭策下属成长，使其在高压下发挥出自己能力的极限。但是，我的建议是，作为管理者，除非你是个天才，否则你对下属的怒气将会转化为信任危机，使他们产生离心感。所以，管理者适当地克制怒气，用更积极的情绪和态度去激励下属，会使他们成长得更快，也会使团队更和谐。

延伸思考

有人说，在争论中发火的一方通常是理亏的一方，而占理的一方通常会表现得更冷静。这两种不同表现的本质是什么？本能在其中起了什么作用？

欲望无限——贪婪的恶果与知足的幸福

1. 贪婪打败幸福

也许你会说："我已经取得了一定的成功，可为什么还是不快乐呢？"请你闭上眼，数一数自己压力欲望库里的库存：车、房、升职；追星、追潮流；出国旅游、收获恋情……一个人想要的越多，压力就越大，这就是我们不快乐的原因。"想要"有错吗？它看似无可厚非，只是源于我们维持平衡的需要。但人似乎并不是懂得"见好就收"的动物，我们对利益的追求总是"无止境的"，这源于我们生存的本能。为了避免日后因缺乏资源而面临生存危机，我们会想要尽可能多地囤积利益脂肪。正是对利益"无止境"的追求剥夺了我们对快乐的感知，我们每天沉浸在"如何获得"这个问题中，而忘记体会已经拥有的幸福。

我认为贪婪是一种错，不仅仅是因为它会导致人们贪小便宜、损人利己，甚至会做出贪污、受贿等违法行为，更因为它是我们感知幸福与快乐的最大敌人。

2. 思维体操：感恩快乐法

人应该如何克制自己的欲望，使自己成为一个知足的人呢？英国作家查尔斯·狄更斯说过这样一句话："多想想你目前拥有的幸福，每个人都拥有很多幸福；不要回忆过去的不幸，每个人都多少有一些不幸。"[3] "多想想你目前拥有的幸福"就是一种感恩。很多时候，我们会因为边际效用递减规律而忽略当下已握在手中的幸福，相反过度关注那些尚未满足的欲望，这就是我们不快乐的根源。

　　我有一个经常生病的朋友，他曾说过这样一句话："当你感觉到自己身体某个器官的存在时，那就是它生病了。"他有肾结石，当肾痛的时候，他能清楚地感觉到肾的位置和存在，但身体健康的人在日常生活中通常不会感觉到肾的位置，甚至不会感觉到肾的存在。我的这个朋友还说："当你感觉不到身体某个器官的存在时，就说明你很健康，相比我们这样的病号，你应该感觉很幸福才对。"自那之后，我经常在没事时感觉一下自己的身体器官，当感觉不到自己身体器官的存在时，我就会很开心并感恩自己拥有健康的身体。学会感恩已拥有的，你会发现自己常常处于快乐和满足中。

　　那么，从现在开始，请尝试闭上双眼，回忆一件曾发生在自己身上的美好的事情，在心中真诚地表达感恩之情。几分钟过后你会发现，头脑中似乎涌过一股热流，它会让你感受到放松和愉悦。这是因为当你开始感恩时，神经系统会"误认为"自己刚刚经历了美好的事情，从而激起体内大量积极激素的释放，使身体再一次恢复平衡，这种再平衡的快乐，对人的身体有极大的好处。有些宗教有固定的感恩环节，也是同样的道理。

延伸思考

前文提到边际效用递减这一规律，我们知道人对有些事的欲望是有限的，比如吃馒头，那为什么人对升官发财会有无限的欲望呢？

第六章

新手起步：沟通

对于一个职场新手来说，掌握什么技能最重要？可能有人会认为是迅速学习实用技能。这个想法没有错，但还有一项不容忽略的重要技能，那就是沟通技能。高效、正确的沟通会让职场之路变得更加轻松。沟通远比我们想象得复杂，其根本的一点在于，沟通很难做到精确。我们往往会高估自己与他人接收信息的效率、准确程度。沟通过程中，信息不但会损失很多，有的时候还会被曲解，甚至会引发误会。在这一章中，我们不仅会探讨沟通出现问题的原因，还会谈到一些行之有效的沟通技巧，希望能帮助你走好职业生涯发展的第一步。

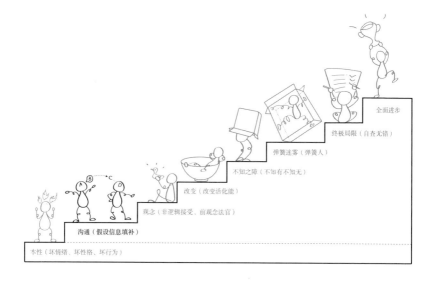

全面进步

终极局限（自查无错）

弹簧迷雾（弹簧人）

不知之障（不知有不知无）

改变（改变活化能）

观念（非逻辑接受、前观念法官）

沟通（假设信息填补）

本性（坏情绪、坏性格、坏行为）

假设信息填补——你眼中的他人，是 75% 的自己

1. 你看到的是你自己

佛印是一名高僧，苏东坡常与其一起参禅、打坐，还喜欢开佛印的玩笑。一日，两人在打坐期间，苏东坡问佛印："你看我像什么？"佛印回答道："我看你像尊佛。"苏东坡听后非常开心，然后对佛印说："我看你坐在那儿像一摊牛粪。"说完他便哈哈大笑起来，觉得自己又占了佛印便宜。苏东坡回家后把这件事讲给自己的妹妹苏小妹听，想要炫耀自己的"机智"，谁知苏小妹回复道："佛印说你像尊佛，说明他心中有尊佛；你说他像牛粪，那你心里有什么呢？"

以上仅是一则故事，但在生活中，我们在对他人做出判断时，因为不完全了解他人，所以会假设他人跟自己一样，并根据自己的经验和价值观填补对他人了解的空白，然后再做出判断，这就是"假设信息填补"。你是什么样，你眼中的他人大概就是什么样的。

假设信息填补最大的漏洞在于，人们总用自己来填补他人，得出的结论往往很主观，因此无法客观、全面地看到他人的全貌。人类很多狭隘且自以为是的判断都来源于假设信息填补。

2. 不了解带来的"假设信息填补"

一个人如何了解另一个人？在我看来有 4 条主要途径：观察言谈举止，进行言语交流，共享工作经历，共享生活经历。这 4 条途径由浅入深，带我们慢慢走进他人的世界。

观察言谈举止是最浅的了解途径。我们看到他人的行为，却往往不了解他为什么这样做。因此，在对其行为进行解释的时候，我们要靠自己的经验进行猜测，推断他做出这一行为的原因。因为此时我们看到的仅仅是他人的冰山一角，对他人的了解程度最低，所以假设信息填补的成分最重，几乎完全是用自己的经验去进行推测。

进行言语交流是比观察言谈举止稍微深入一些的了解途径。在与他人进行言语交流的过程中，我们可以窥见对方的人生经历、见识、想法。但因为言语交流本身有其局限性，极容易出现误解。此外，言语交流毕竟有限，我们和同一个人交谈的时间并不会太长，增进了解的程度也是有限的，多半还要靠我们自己去"猜"。

共享工作经历是比言语交流更深入的了解途径。如若两人能长时间在一起工作，不仅有更多时间观察对方，而且有更多的交流机会。在现实生活中，我们与同事每天相处的时间约为 8 个小时，占一天全部时间的 1/3，但真正交流、合作的时间也许都不到其中的一半（尤其是不太需要交流与合作的职业），这就导致我们并不完全了解对方的生活，仍然有不少部分要靠假设信息填补。

与他人共享生活经历是最深入的一种了解途径。钱钟书先生在《围城》一书中写过这样一段。

> 旅行是最劳顿、最麻烦、叫人本相毕现的时候，经过长期苦行而彼此不讨厌的人，才可以结交朋友……结婚以后的蜜月旅行是次序颠倒的，应该先旅行一个月，一个月舟车仆仆以后，双方还没有彼此看破，彼此厌恶，还没有吵嘴翻脸，还要维持原来的婚约，这种夫妇保证不会离婚。[1]

钱钟书先生的这段话就是在说明共享生活经历的重要性——人们通过共享生活经历认识对方，加深对彼此的了解。

一般而言，大多数关系普通的人之间不会有机会共享太多经历。例如，通常同事之间一周在一起工作大约 40 个小时，还不到一周总时长的 25%。所以，我们和同事有大约 75% 的时间都不在一起，无法得知对方在这段时间的经历，只能靠猜测来增补，而且是根据自己的经历去猜测。所以，你眼中的同事，就是 25% 的他加上 75% 的自己。

3. 无处不在的假设信息填补

从上文中不难发现，我们对他人的评价具有主观性，并不能完全反映客观世界的真实状况。当你调用自己的经验去感知对方，而不是调用对方的经验去感知对方时，你感知到的对方在很大程度上是你自己：你很善良，就会倾向于认为对方也善良；你爱财，就会倾向于认为对方也爱财；你是个疑心重的人，就会倾向于认为对方也在怀疑你；你计谋多，就会倾向于认为对方也经常对你下套。

假设信息填补本身不一定是错误的，有的时候用经验去判断一个人是非常高效的。而且如果你的判断有足够多的经验来支撑，那么你的判断很有可能是对的，只要时刻注意根据新的信息去调整自己的认知，就不会有问题。

但假设信息填补也可能是错误的，人与人之间绝大多数的误解和矛盾都来源于此。人际交往中就有许多错误的假设信息填补。我曾经听朋友说过这样一个故事，一次他和朋友约好一起去旅行，由他来做行程计划。他觉得旅行就是要尽可能多去一些景点，不然就浪费了时间，他理所当然地认为朋友也是这么想的，所以把每天的行程都安排得很满。谁知道他的朋友其实更喜欢悠闲自在地游玩，不想旅途太过劳累。因此，这趟旅途并不是非常和谐。

中国名著《三国演义》中有这一段故事，曹操逃亡洛阳，来到吕伯奢家中避难。吕伯奢是曹操父亲的好友，见到故人之子非常高兴，特意出门买酒。曹操刚坐下不久，听到后堂有磨刀的声音，十分多疑的他就以为吕伯奢的家人要杀他，于是先下手为强，将他们杀害了。后来他才发现，吕伯奢的家人磨刀不过是为了杀猪款待他。正是因为曹操是一个疑心重、心狠手辣的人，才会对吕伯奢一家产生误解，导致悲剧发生。从这个小故事中不难发现，我们随时都在进行假设信息填补。在沟通中，这种假设信息填补尤其容易引发问题。试想一下，如果双方都在进行假设信息填补，又怎么能准确地传递信息，高效地沟通呢？

4. 思维体操：模型法与第三方咨询

我们应该如何应对假设信息填补带来的假象呢？这里要分两种情况来探讨：一是如何应对他人对自己的假设信息填补，二是如何避免自己对他人的不真实的假设信息填补。

对于第一种情况，我常用的方法是模型法，即先在心中建立几类人的行为价值模型，比如，按职业领域对不同行业的人可能持有的价值观进行分类。以互联网和金融行业的从业人员为例，前者行事作风通常更加灵活，而后者则多严谨。那么，当你和来自不同行业的人共事或相处时，就可以想到，也许他们会以自身的行事规则来要求你，因为他们会从自身视角出发对你进行假设信息填补。有了这样的行为价值模型，你就能在与人沟通中更好地了解对方，也能更准确地了解对方怎样对你进行假设信息填补，这样你就可以避免在与其相处的过程中触犯对方的"大忌"，从而避免引起不必要的误会。

对于第二种情况，我建议多参考第三方的意见。当你开始从自身的视角出发对一个人进行假设信息填补时，要避免错误的最有效做法便是，多找几个信任的人咨询那个人的相关情况，这是对我们个人独有视角的一种有效补充。只从自己的角度出发，得出的结论难免有失偏颇。比如，当看到一名同事经常与上级交流时，你也许会认为这名同事是在拍马屁，与上级拉关系。如果你一直陷在自己的这种假设信息填补里，就会看不到他人的闪光点，反而会自己生一肚子闷气。可如果你找信任的第三方聊聊，也许就可以看到那名同事努力认真、积极主动的一面，对那名同事的不真实的假设信息填补就会随着其他信息的补充而慢慢淡化。

延伸思考

为什么年轻人择偶时通常喜欢俊男靓女，而可能不会喜欢蓬头垢面或脸色惨白的人呢？这其中有假设信息填补在起作用吗？填补的依据是什么？

误解百分百——确认有必要

"简直太不负责任了！就这么点事情还要找外包？"半夜，我收到了一名业务负责人对一名法务主管的"控告"。"在我看来，这根本没有必要！而且他还就找了 ×× 公司，那家公司在行业内的收费是极高的，我看他很可能是假公济私！"

经验告诉我，这里面可能有误会，于是我一边安抚着业务负责人的情绪，一边与那名法务主管沟通。果不其然，该法务主管大吃一惊："选择外包是因为这项工作涉及很多方面的内容，大大超出了公司内部团队能处理的范围，不外包是绝无可能完成的。选择 ×× 公司是因为它的服务过硬，虽然收费高了一些，但是时间紧、任务重，是迫不得已的啊！"

在我经营企业的 20 多年中，经历过无数次这类"误解"。我发现，在人与人的社会交往中，误解似乎是一种必然结果，它百分之百会发生，只是程度不同而已。那误解是怎样发生的呢？

1. 推测必误解

每个人对他人的了解都是基于自己的经验进行推测的，在非全信息局限和假设信息填补的影响下，推测必定会产生误解。由于非全信息局限，人无法了解有关客观世界的全部信息，即使是对朋友、亲人、爱人，也没人敢说自己完全了解，更何况是对自己没有深入接触过的人，甚至是来自不同国家和不同文化背景的人。而由于假设信息填补，我们看到的他人有很大一部分是我们基于自己的经历和经验推测出来的。

除此之外，事情的复杂程度对误解程度的深浅有着重要的影响。一件事情越复杂，就越有可能出现误解，而且误解的程度可能会越深。这是因为一件事情越复杂，单一的个人对其所了解和掌握的部分就越少，推测的部分就会越多，误解就会越深。

让我们再来回顾下本节开头业务负责人和法务主管之间存在的误解。业务负责人在看到法务主管选择的工作方案后，因为专业差距大，他并不能完全理解对方行为背后的考虑，只能根据自己了解的信息和经验进行推测。但因为他对法务复杂性的认识不足，所以法务主管本身合理的选择在他看来就变得"不可理喻"。因此，业务负责人在根据自身经验对法务主管进行了推测后，两人之间的误解在所难免。

另外，我们还会受到新近效应的影响。有时我们会不自觉地用最新接收的信息和经验去思考问题，推测他人，但它们也许并不适合当下的情境，这就有可能造成误解。在进一步沟通后我得知，原来那名业务负责人最近刚刚完成关于项目合规和反舞弊行为方面的学习，所以此时对于他人的行为更加敏感，更易产生误解。

2. 误解的其他推手

除了基于自身的经验进行推测，还有几个会造成误解的"幕后推手"值得注意。

第一个推手是"透明度错觉"[2]，这是心理学中的一个概念，指的是在沟通中，每个人都以为他人能够很清楚地了解自己所传递的信息，从而产生一种错觉："我与他之间的沟通是透明的、无障碍的。"除此之外，人们通常还会以为自己完全了解对方所传达的信息，这往往会直接导致误解产生。

第二个推手是维持判断力自信。人都有维持判断力自信的倾向，不愿意轻易承认自己有错。这就导致人不愿意怀疑自己的判断，在遇到问题时不去反思自己的问题。

第三个推手是情绪化。没有人喜欢被误解，因此当被他人误解时，人们通常会本能地反抗，同时会出现负面情绪，例如愤怒、烦躁、焦虑等，这无疑会激起对方的"逆火效应"①，进一步加剧误解的程度。

这些幕后推手使误解无处不在，给我们的工作和生活制造了许多麻烦。只有认清误解存在的普遍性和必然性，我们才能有意识地预防它，从而解决沟通中的种种难题。

3. 误解百分百，确认有必要

误解百分之百会发生，那么我们该如何应对呢？

首先，在误解产生之前，我们应该树立这样的意识：推测必误解，误解百分之百会发生，你不可能完全理解别人，也不要奢望别人能完全理解你。

其次，在认识到误解百分之百会发生后，我们要直面误解。如果你不确定与对方之间是否产生了误解，一定要和对方直接沟通并进行再次确认，甚至是多次确认。千万不要因为不好意思而放弃再次确认的机会，因为这是将误解降到最低的一个有效的方法。

最后，在误解产生之后，我们要加强"职业化沟通"。沟通者要尽

---

① 逆火效应，指一个错误信息被更正后，如果更正后的信息与人们原本的想法相反，人们反而会加深对错误信息的信任程度。

量避免情绪带来的影响，要就事论事，不要泛化问题，更不要进行人身攻击或是被情绪主导从而使自己产生偏见，要多陈述事实，少代入个人观点。

除了要尽量避免自己对他人的误解，我认为每个人还有义务避免自己被他人误解。这就要求我们尽量避免那些可能产生误解的语言和行为，正所谓"瓜田不纳履，李下不整冠"。但管理自己的语言并不意味着该说的话不说。我在企业中提出了"有话直说、想知直问、想批直提"的"三直"企业文化，鼓励大家"直来直去"。如果直说的话可能会引发误解，那么人们接下来需要做的依旧是加强沟通，及时澄清自己的真实意图。

我的经验是，只要沟通双方人品值得信赖，那么双方的观点就一定都有一些道理，至少从某个视角看是对的。这时，大家就要提醒自己：对方也许是对的。

延伸思考

有些人比较含蓄内敛，有时说话会绕弯子；有些人则比较直接，往往有话直说。有人说，说话绕弯子更易造成他人误解。但也有人说，直来直去可能会不顾及他人感受，这样带来的误解更大。对于这个问题你怎么看？

人际沟通 ABCD——拆解沟通全过程

双方一旦有了误解，沟通就很容易出现问题。多个问题不断累积，最后就会出现大问题。要彻底弄清楚沟通中所有可能出问题的地方，首先要知道沟通到底是怎么回事。

其实，人与人之间的沟通障碍可以归结为一个非常简单的模型——人际沟通 ABCD 模型。甲和乙沟通时，甲在大脑里想的是充满画面感的 A，但说出口的是简化后只剩三言两语的 B，乙接收到的信息是偏离重点的 C，但乙会基于自己的经验在头脑中对其进行加工，重构出画面 D。简化、偏移和重构就是沟通过程中存在的陷阱。那么，它们都是怎么发生的呢？

1. 沟通不当引发的大空难

"请在主跑道左边第 3 个出口处转弯离开。"

"PA1736 收到。"

1977 年 3 月 27 日下午 5 时左右，泛美航空公司 PA1736 号班机的机组成员在接到控制塔的指令后，决定从 C4 出口转弯离开。在不到 10 分钟后，一场史上伤亡最惨重的航空事故——特内里费空难，就在这个出口发生了。这场航空事故共造成 583 名乘客和机组人员遇难，而酿成这场悲剧的最重要原因，便是一个几乎每天都会发生在我们身边的思维陷阱——沟通不当。

空难发生前的 10 分钟究竟发生了什么？

当时停留在主跑道上的飞机有两架，分别是泛美航空公司（以下

简称泛美）的 PA1736 号班机和荷兰皇家航空公司（以下简称荷航）
KL4805 号班机。当泛美的班机滑行到 C1 出口和 C2 出口之间时（见
图 6-1），收到了上文所述的控制塔指令。从泛美的班机当时所处的位
置来看，"左边第 3 个出口"是指 C4 出口，但控制塔想表达的从头开
始数第 3 个出口，即 C3 出口。尽管泛美的机组成员不确定到底是哪
个出口，但他们并未向控制塔提出疑问，只是依照自己的经验往前开。
10 分钟后，悲剧发生，正在滑行的泛美的班机与正在起飞的荷航的班
机在 C3 出口与 C4 出口之间相撞。

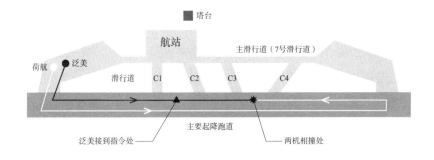

图 6-1 特内里费空难现场相对位置图

当然，导致这场空难发生的原因不止这一个，当时的大雾天气使
人们无法看清跑道上的情况，通信设备信号不良使得荷航的机组成员
在与控制塔交流时也出现了问题。但毫无疑问，泛美的机组成员与控
制塔沟通不当是导致这场悲剧发生的一个关键因素。

特内里费空难大概是航空史上因沟通不当引发的最惨烈的一起事
故，它全面地展示了沟通中所有可能出现的错误：控制塔工作人员脑
子里想的是 C3 出口（A），但说出口时变成了"左边第 3 个出口"(B)，

泛美的机组成员接收到的是从自己的角度看过去的"左边第3个出口"（C），并在大脑中直接将其加工成了 C4 出口（D）。而这一连串的在脑中和口中的信息"变动"，便导致了悲剧的发生。

不管是在职场中还是在生活中，我相信大家都遇到过上面这种"是我没说清楚，还是你理解有问题"的困境。我们在和别人交谈时常常会发现，我们自以为已经说得很清楚了，对方却还在云里雾里。我们自以为理解了对方想表达的意思，再次确认时却发现并没有。这样不但会使双方可能产生误解，还会耽误事情的进展。

2. 沟通的过程分解

为什么我心里想的是 A，但表达出来的是 B 呢？A 变成 B 的根本原因并不在于人的表达能力弱，而在于语言的局限性——语言并不像我们想象的那样，可以精准地表达出我们内心想表达的意思。所谓"言不尽意"，说的就是语言的局限性。当我们产生一个想法时，大脑中常常是有很多画面的，而当我们用语言描述这个想法时，是经过抽象概括的，所以说出来的可能只有几句话而已。加上我们用来描述想法的词汇是"有限的"，因此这几句话常常并不能做到全面、精准。也就是说，我们表达出来的 B 的信息含量远远小于我们大脑中的 A，是极度简化的。

那 B 又是如何变成 C 的呢？这要从人的认知习惯说起。我们总是更容易接受自己熟悉的事物，我把这种现象叫作"熟悉偏好"。当我们和别人交谈时，会很容易忽略那些我们并不熟悉的信息，而更容易接收我们熟悉的信息，并且会对熟悉的信息产生更深刻的印象。

比如，当读到下面这段文字时，不同的人捕捉到的信息会有所不同。

可乐果在西非本土宗教中占据着重要地位，与古柯在印加文明中的作用非常相似。大量吃下这些含有神经刺激物的植物会让人产生特殊幻觉，让巫师感觉自己获得了跟神灵交流的能力。因此，这类植物成为宗教仪式的必备品也就不奇怪了。[3]

一个熟悉世界历史的人会从这段文字中快速捕捉到的信息是：可乐果和古柯分别在西非本土宗教和印加文明中扮演的角色。而一个熟悉神经科学的人会从中快速捕捉到的信息是：可乐果和古柯中均含有神经刺激物，可使人产生特殊幻觉。人们对自己熟悉的信息加工起来更熟练，反应速度更快，这就是导致 B 变成 C 的一个重要原因。

而 C 被信息接收方加工成 D 的原因也非常简单，就是假设信息填补。下面这个场景将给大家展示职场中 C 到 D 的加工过程是怎样导致误解的。

"新产品临时有变，要提前上市，宣传方案的初稿一定要在后天交给我，记住，一定要有温度，要直击用户内心！"小张离开总监办公室后，一直琢磨着如何让宣传方案变得"有温度"。

一番冥思苦想后，小张决定以"亲子关系"为主题，自认为十分符合"有温度"这个要求。小张拿着方案信心满满地走进总监办公室，而总监却大失所望——他想要的是一份"有温度"的方案，但小张做的方案在他看来十分幼稚。

很多刚步入职场的人应该都遇到过类似的困境——方案明明是按

照要求做的，可为什么就是得不到上司的认可？

实际上，在与人沟通中，当我们接收到信息 C 时，我们会根据自身的经验对 C 进行加工，脑补出许多信息，就这样，信息 C 就变成了信息 D，而这时的 D 与说话人大脑里想的 A 已经完全不同了。上述案例中，小张对"有温度"的理解是根据自己的以往经验得出的，在他的脑海中，与"有温度"联系最紧密的是父母与子女之间温暖的亲情，而在总监脑海中，与"有温度"联系最紧密的可能是社会上人与人之间的互相关爱、互相支持，这就导致了小张的方案和总监心里预期的方案大相径庭。

3. 沟通小技巧

在沟通中，误解的产生是由语言的局限性、熟悉偏好和假设信息填补造成的，而这些因素似乎很难消除，这是否意味着"误解天注定"，是不可避免的？

我认为，在沟通中误解确实会常常产生，但我们可以通过人际沟通 ABCD 模型认清沟通的本质，理解误解是如何产生的，进而想方设法消除误解。沟通大师马克·郭士顿曾说："想要获得好的沟通，就先让自己成为一个好沟通的人。"但怎样才能成为一个好沟通的人呢？我认为，我们应该试着做到以下几点。

首先，鉴于语言的局限性，我们要尽量做到多说几句，以充分表达自己的想法。每当与他人交流时，我们应尽量多从不同角度重复表达自己的想法，以避免误解，减少从 A 到 B 过程中的信息损耗。其次，我们要学会倾听，全面把握对方想表达的意思，尽可能减少因熟悉偏好导致的信息获取不全。另外，我们应该学会换位思考，从他人的角度去想想事情是什么样的，问题该怎么解决，不要被假设信息填补遮住了眼睛。最后，沟通过程中难免会产生误解，如果真的产生了误解，我们一定要及时澄清，避免问题发酵。因为如果误解长期得不到恰当处理，就会影响我们的人际关系，给我们的生活和工作带来麻烦。

图 6-2 人际沟通 ABCD 逻辑图

延伸思考

员工甲参与的项目失败，给公司造成了损失，但他本人并未犯错。当上级乙找到他，询问怎样才能避免这种事再次发生时，他就误以为自己受到了指责。造成这种情况可能的原因有哪些？这分别发生在人际沟通 ABCD 模型中的哪个阶段？

争论无果——双方都有充足的理由

前面几节中，我们探讨了沟通中产生误解的原因。一旦误解产生后，人们很容易将误解升级为争论。而争论往往无法使人们达成共识，反而最终会演变成更深的隔阂甚至矛盾。

1. 争论通常无果

回忆一下你经历过的一场场"辩论赛"。比如，当讨论美国是否应该修建美墨边境墙的问题时，你认为美国应该这么做，因为这可以使美国在一定程度上解决走私、贩毒和非法移民问题，但对方则反对美国的这个做法，因为这是一种歧视和隔离，会造成两国人民相互排斥和仇恨，而且过去正是由于移民的大量涌入和辛勤工作才带来了美国的繁荣，修墙违背了美国的立国精神；你认为大学生饮酒是个大问题，应当予以控制，对方却觉得这是个人选择，应当尊重；谈到股票，你说根据你的分析某只股票很可能会涨，对方却反驳说有许多证据表明这只股票会跌……这种争论最后的结果通常都是你说你的，我说我的，谁都无法说服对方。

很多人争论了半天却无法说服别人，就会变得非常恼怒。而我认为，争论通常都不会有结果，因为双方往往都能找到充足的理由来支持自己的观点，最后仍然各持己见，达不成统一，这个现象就是争论无果。我认为，争论无果是大概率现象。

2. 多个因素导致争论无果

争论无果最重要的一个原因是，要预测一件事的走向或评价其是好是坏，往往存在多个影响因素。

以英国是否应该脱欧这个问题为例，就存在多个影响因素：脱欧对英国经济发展的影响；脱欧对解决英国劳动力资源问题的影响；欧盟内部的宗教文化冲突；欧盟对外政策不一致；欧盟内部对难民问题的不同态度……

在 N 个影响因素中，争论双方会选择性地关注那些能支持自己观点的因素，而忽略那些不能支持自己观点的因素。正如后文"期待性寻证"一节（见第十一章）中将会谈到的，人们总是能发现自己想发现的，相信自己愿意相信的。

这里要注意的是，能引起争论的事件一定是有 N 个影响因素的，而且 N 的数值不能太小。如果 N 的数值太小，例如只涉及两个因素，说明事件很简单，很容易讨论清楚；只有当 N 的数值很大、事件很复杂的时候，争论双方才会抓住对自己有利的因素来支持自己的观点，从而导致争论无果。

比如，国际上围绕未成年人保护法就有很多争议，原因是现在有一些未成年人犯下重罪，却因为受到该法保护而未受到严厉制裁。在1999 年的日本，刚满 18 岁（当时日本法定成年年龄为 20 岁）的福田孝行残忍地杀害了一对母女，但因为受到日本少年法的保护，他只被判了无期徒刑，如果在狱中表现良好，他有可能七八年之后就能得到释放。对此，许多人感到很荒谬，这个人如此残忍地夺取了两条生命，却只需要付出七八年的时光，未成年人保护法是否成了未成年人犯罪保护法？实际上，这个问题涉及对犯罪行为的惩罚和预防、未成年人的心智发展程度、社会道德等多个因素，远比人们所想的复杂。如果认为犯罪的未成年人不应该受保护，而应该受到严惩，那么那些因为不成熟而受人利用、胁迫犯罪的未成年人应该如何处置？如果认为所有未成年人都应当受保护，只要年龄不够就能免受严惩，那么是否会助长青少年犯罪，这样一来受害人的权益又该如何保护？英国为了解决这个问题曾设立"恶意补足年龄"规则，即如果行为人未达到规定的年龄，则推定他不具刑事责任能力，但如果可以证明他在实施犯罪行为时已经能够明辨是非，具备主观恶意，则视其已达刑事责任年龄，应当为自己的不法行为承担刑事责任。但这个规则也饱受质疑，最大的问题就是在实践中怎么去量化"恶意"。[4] 关于未成年人犯罪是否应受未成年人保护法的保护问题，涉及的因素非常多，无论是支持还是反对都能找到很合理的理由，因此争论往往无果。

3. 两人争论勿执着

争论最大的益处就是可以让我们从多个角度去看待问题，知道别人是怎么想的。与他人进行争论是丰富见识的一种途径。在现代企业中，员工往往被鼓励表达自己的想法，无论这些想法是好是坏，都能展现每个人不同的思考角度，将不同人的想法综合起来就能互相补充，形成更好的方案。

因此，两人争论不要太执着于结果。争论无果是常常发生的，并不是值得惊讶的现象。当你和别人争执不下的时候，想一想争论的益处，就能放平心态，不为一时口舌之争而生气。

争论一旦非要分出胜负，争出个对错，往往就会好事变坏事。人与人之间许多矛盾的开端都只是一时争论，发现说服不了对方，争论就会演变成激烈的争辩，最后甚至发展为争吵。这时，双方的关注点早就不在于事情本身，而是为了捍卫自己的尊严、维持判断力自信而坚持观点，任由情绪主宰了理性。

因此，面对争论，我们更应该关注争论中出现了哪些观点、视角，把争论当成一个补充信息和自我提升的机会。

4. 群体争论益处多

从科学发展及社会治理的角度来说，群体争论会带来很大的益处。群体的理性争论可以去伪存真，打破个人视角的局限，筛除低质量的方案，使决策更加稳健。无论处在什么体系下，社会的发展都有一条必经之路，那就是通过群体互动达成高质量决策，只有这样社会才能更好地发展。

有些国家或地区在司法制度中采用了陪审团制度。一般的案件要求12名陪审员中至少要有9名陪审员达成一致意见才能形成判决结果，而谋杀等重大刑事案件则需要全部陪审员形成一致裁决。陪审团的讨论、证人的证言、律师的相互交锋加在一起才使得一个案件的事实变得清晰起来。

两人争论与多人争论的区别就是可对比的样本数量不同。多人争论可以将更多人的观点加以整合，整合的样本越大，就越有可能做出准确、高质量的决策。

延伸思考

人们经常说鸡同鸭讲、对牛弹琴，指的是两个人不在一个交流频道上，出现这种情况的本质原因是什么？

第七章
初级挑战：观念

清除沟通障碍之后，下一道关卡是如何为观念升级。观念是我们对世界的看法，是我们行动的指南。人与人之间观念的不同自然会导致行动上的差异，甚至会引起双方冲突。一个人对不同观念的包容度，还影响着其事业成就的高度。我们如何接受新观念？又如何应对不同的观念？这些问题将在本章逐一得到解答。

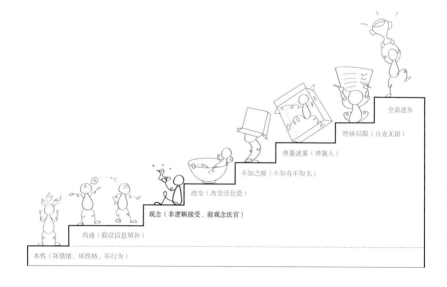

本性（坏情绪、坏性格、坏行为）

沟通（假设信息填补）

观念（非逻辑接受、前观念法官）

改变（改变活化能）

不知之障（不知有不知无）

弹簧迷雾（弹簧人）

终极局限（自查无错）

全面进步

价值观之错——观念更新有必要

1. 价值观也会出"错"

在欧美国家，20世纪60年代常被称为摇摆的60年代。在那个时代，生活在这些国家的年轻人敢于改变，追求时髦和自由，他们开始勇敢地对抗传统的价值观，通过另类的着装和音乐来表达自我。尤其是女性的着装，在那时发生了显著的变化。比如，一些年轻女性开始穿上能凸显身材的迷你裙，以彰显自己的个性。而在过去，这种着装被认为是有伤大雅的，女性甚至一度因为在公共场合露出膝盖而受到旁人的指责。着装的变化其实反映的是社会对待女性的观念的巨大变化。

在过去，人们贬低女性的价值，限制她们的自我表达；现在，人们支持女性独立自主，赞美她们为争取自身权益所做的努力。从这个例子中，我们可以清晰地看到人们对同一件事会持有完全不同的价值观。

随着时间的变化，两种价值观一个由正确变得错误，一个则由错误变得正确。当人们所持的一种价值观不符合所处的环境时，就有可能不被他人接受，进而引发矛盾和冲突，这就是价值观之错。

2. 道德纬度带与价值观之错

价值观是我们对人和事物的价值判断，它由经验价值清单抽象而来。当我们获得了错误的经验，或者身处的环境发生了变化，经验价值清单却没有及时更新时，价值观之错就会诞生。

不同社会、不同地区都有一套自己的"价值观"，它包含人们公认的是非善恶标准，以及社会所支持、鼓励的行为规范，由此，它也被称为道德规范。地理位置、宗教、经济和教育水平等多种因素共同决定了一个社会的道德规范的内容。其中一个因素不同，可能就会导致人们的道德规范内容有所不同。

价值观的边际效用塑造了道德规范的上下边界，形成"道德纬度带"。如果一个人道德水平不断下滑，一旦触及一定的下限，就会不被其所处的环境容忍，此时的他就必须停止道德下滑的趋势，否则就会受到环境的严厉处罚。反之，如果一个人的道德水平不断上升，一旦超越了一定的上限，则道德水平每提高一分为他带来的收获越来越少，甚至几乎没有收获，此时的他就会停止提升自己的道德水平。比如，在有的地方，人们在公共场合进入一扇门时，如果身后有人则会自觉为身后的人扶着门，但在道德水平没有到这个高度的地方，这么做反倒让别人觉得有些奇怪，久而久之，人们也就习惯不再这么做了。因此，所有人都倾向于将自己的道德水平保持在道德纬度带内，这就使得道德纬度带的上下边界固定了下来。

不同地区的人们往往处于不同的"道德纬度带"：一些地区的人们处于"高纬度带"，对道德水平要求很高；一些地区的人们则处于"低纬度带"，对不道德行为更加容忍。在美国加利福尼亚州，当驾车者经过人行道时，如果看到有行人走近，会将车停下让人先走，但在纽约的曼哈顿地区，即便司机看到了行人即将过马路，也可能会抢道开过去，因此行人仍然需要小心躲避车辆。这主要是因为不同地方的人口密集程度不同，人少的地方车辆等待的时间不会太长，所以人们愿意等，但有的地方人太多了，如果车一直等人，那么就会寸步难行，也容易造成交通堵塞。这就是人口情况对道德的影响。

如果一个人原本生活在道德"低纬度带"，现在来到了道德"高纬度带"却还是用原来的价值观行事，就很容易与社会格格不入。比如，一个人曾经生活在落后的贫苦山村，在那里农耕是最重要的事，人们普遍认为没有必要供孩子读书，教育在他的经验价值清单中分数就很低。有一天，他来到了城市生活，如果他依然这么想，势必会被其他人当作异类，因为这种想法在城市中的人看来是"不可思议"并且"愚昧"的。

经验价值清单诞生于人们的经历和经验，最初它是符合我们所处的环境的，甚至是我们得以生存下来的保障，但这并不意味着它会永远正确。就像电脑的软件需要时常更新以解决层出不穷的漏洞，经验价值清单也需要我们悉心维护，才不至于出现价值观之错。

保持开放的心态是所有改变的前提，只有乐于改变、勇于接受新鲜事物，我们的价值观才能不断升级，我们才能更加适应社会的发展，并且推动社会的进步。有一些实用的技巧可以帮助我们升级经验价值清单、改变观念，在接下来一章中，我们将探讨观念的形成与改变的过程，并且会提供相应的思维体操，旨在为读者提供价值观之错的解决方法。

延伸思考

如果一个高道德水准的人来到了一个道德"低纬度带"，可能会出现哪些情况？

非逻辑接受——占领新洞穴

"早安！以防之后见不到你们，祝你们早、午、晚都安！"

楚门是一个在保险公司工作的文员，有美丽的妻子和要好的朋友，每天早上，楚门都会以这样的方式与邻居打招呼，开启新的一天。和所有人一样，他自然而然地认为这个名叫"桃源岛"的地方就是自己的家乡，身边的父母就是自己的亲生父母，对生活给予的一切他都"照单全收"。他记忆里最痛苦的一段经历，莫过于父亲因他的大意而"命丧大海"，这也使得他从此以后害怕大海，不敢坐船。

然而，一个叫罗兰的女孩改变了他所有的生活。她告诉楚门，这一切都不是真的，是专门为他而造的，人们都知道是在演戏，只有他自己不知道。虽然楚门并不能完全理解这些话，但自那一刻起，他原有的观念受到了冲击，他开始怀疑身边事物的真假，开始不再觉得任何事情都是理所应当的。

1. 什么是非逻辑接受

上面的故事是 1998 年由彼得·威尔执导的电影《楚门的世界》中的情节，我至今仍记得第一次看这部电影时受到的震撼。它的情节设定很有意思：一个从出生就在片场的人，他生活的每一天都是一场现场直播，全世界的人都可以同步收看他的日常。但看完后，我开始思考：为什么楚门从未怀疑过自己的生活？为什么他对这一切都全盘接受，从不质疑？

实际上，我们绝大多数人都像楚门一样，每天过着重复的日子，对身边的人重复道着"早安""午安"和"晚安"，更关键的是，我们对从小就接触的事物都会不加思考、毫无阻力地接受。

想象一座有很多个洞穴的山，这些洞穴中有的被树松鼠、兔子等动物占领，有的还未被占领，空空如也。这时，一只新来的地松鼠想要寻个洞穴当家，毫无疑问，最容易的做法是找一个未被占领的洞穴，占洞为王。我们的大脑就像这样一座有很多个洞穴的山，而每个新事物就像新来的小动物，看到哪个洞穴空着就会直接住进去。因为洞穴完全是空的，新事物进驻毫无障碍。这种对全新事物毫无阻力、不加逻辑分析就接纳的现象，我称之为"非逻辑接受"。这里所说的全新事物，指的是大脑在这个维度从未接受过任何同类信息的情况下，首次出现的事物。

人在决策时，之前获得的信息会成为之后判断的依据和标尺。如果人在某一领域接受过一些信息，后面再有信息进来时，人会因为有了依据和标尺而考虑要不要接受后来的信息，这一过程就是"有逻辑"的。而对于从未接触过的新事物，人因为没有依据和标尺可衡量，缺乏逻辑的基础和来源，就会不假思索地非逻辑接受。比如在孟母三迁的故事中，孟子每到一个新地方，就会接受一种全新的社会风俗习惯。

中国人从小说中国话，吃中餐，深受"父母在，不远游"的孝道文化熏陶；英国人从小说英语，吃西餐，受成年后要独立闯荡世界的文化观念影响。中国人点头表示同意，摇头表示不同意，印度人却正好相反。中东人大多从小信仰伊斯兰教……这些都是非逻辑接受。

成年之后的人们当然也会经历非逻辑接受。只要人们之前从未接触过某一领域，而且之前所接受的所有信息都和这个领域没有丝毫关联，那么当首次面对来自这个领域的信息，人们就会非逻辑接受。比如，对于大学毕业生来说，进入第一个工作岗位后应该遵守怎样的行为规范和价值观，这就是对全新事物的非逻辑接受。宝洁、腾讯等很多企业都对新员工进行入职培训就是这个道理。

宝洁公司每年招收大量的应届毕业生，培训上岗，为的就是在这些毕业生正式踏入职场前，把他们塑造成认可公司文化、拥有同一种思考模式的宝洁人，以方便日后的工作沟通。腾讯公司则塑造了一种"用户为本"的企业文化，要求应届毕业生也要到客服中心进行亲身体验，聆听用户心声、了解用户需求，在他们脑海中加深重视用户的理念。

2. 思维体操：学会"拆地基"

每个人都会经历非逻辑接受，有时会在这一过程中不可避免地接受一些错误的东西。比如，在一些师资力量不强的地方，有的英语老师在教学生读单词时发音并不是很准确，但学生还是会完全按照老师教的那样去学习和记忆。

那么，如何在日后判断观念的对错呢？随着知识的不断积累，对世界观察的不断加深，我们会对观念的对错有更多的评判依据。我们要学会对头脑中存有的观念，尤其是已存在多年的观念进行拆解，寻找其最底层的逻辑根基，这就是"拆地基"。首先，要看这个逻辑根基是否符合人性最根本的诉求，这种诉求可通过平衡态的模型来分析。其次，在这个基础上，观念需要将寻找到的逻辑根基与不证自明的公理进行比对，如"1+1=2"、牛顿第三定律等，来判断正误，检验其逻辑根基是否立得住。

这时，你也许会问，怎么理解"寻找最底层的逻辑根基"？举一个简单的例子，传统马戏团一直以动物杂技为主，那些继承这门古老生意的经营者非逻辑接受的也是这种表演观念，他们专注于如何把更多的动物引入马戏团，以及怎样让这些动物完成更有难度的动作。现如今，越来越多的动物保护者和喜爱动物的人开始抵制这种马戏团。这些经营者苦苦思索也找不到出路。

仔细想想，马戏最初只是在休闲娱乐手段尚不充足的年代，给人们提供一种放松心情的选择，重要的是让人们感到开心和新奇，而训练动物完成杂技动作只是一种手段，并非目的。后起之秀太阳马戏团清晰地拆解到这一基本点，并为观众带来全新的视觉体验——以人为主角的杂技节目加上绚丽的光效布景，既卖座又收获了良好的口碑。

爱因斯坦说："提出一个问题往往比解决一个问题更深刻。"日后，在面对自己从未质疑过的事情时，我们要常常反问自己："真的是这样吗？""有没有可能这是错误的呢？"即使是已经接受多年的观念，也要学着剖析它们的真实可靠性。

延伸思考

一个已经有批判思维的人，是否还会非逻辑接受全新事物？

小鸭子——幼年经历如何影响人生

1. 人类的"印刻效应"

我曾看过一部叫《伴你高飞》的电影，里面的故事让我印象深刻。这部电影的女主角是一个13岁的小姑娘，名叫艾米。一日，艾米在丛林里发现了一窝被遗弃的大雁蛋，便将这些蛋抱回家。不久后，一窝小雁破壳而出，但这群被人类抚养的小雁长大后不会飞，因为它们从没见过自己的"妈妈"飞，而它们眼中的妈妈就是艾米。为了教会小雁们飞，艾米的爸爸制作了滑翔机，让艾米驾驶飞行，小雁们最终跟随"艾米妈妈"一起学会了飞翔，并且在冬季来临之前成功迁徙。

雁、鹅、鸭等禽类在破壳而出后会把第一眼看到的移动物体当作母亲，不论这个物体是什么，它们会表现出相当明显的尾随反应，生物学家将这种反应称为"印刻效应"[1]。

图 7-1 《伴你高飞》剧中的模拟场景

人类虽然并不受印刻效应影响，但在生命的早期，人就像一张白纸，对接触到的大部分信息都会非逻辑接受，这些信息塑造了人的思维方式和行为习惯。之后，人会'理所应当'地按这种方式进行思考、行动和生活，并且很少会有质疑和反思。

人脑对于新观念的非逻辑接受，以及对初始观念的长期甚至长达一生的坚持，就像小鸭子或小雁一样"忠诚"——第一眼看到的是谁，就会认为谁是自己的妈妈，并且坚信不疑。所以，我用具有印刻效应行为的小鸭子来类比人的这种成长规律。

2. 成长环境和教养方式塑造大脑

通常，一个人所处的成长环境和所接受的教养方式，培养了他的思维方式和行为习惯。尤其是父母的观念会对孩子的成长产生深刻的影响：一个坚守诚信的父亲更有可能会教出一个信守诺言的孩子，一个善良的母亲更有可能培养出与人为善的下一代。

在 2012 年诺贝尔文学奖获得者莫言的笔下，他的母亲是一位善良、宽容、有勇气又有智慧的女性。虽然没有什么文化，但质朴的她清晰地知道，做个好人、拥有良好的品德对于一个孩子的一生来说有多重要。

莫言在瑞典学院的演讲中谈到了几个与母亲有关的小故事。有一年的中秋节，莫言家里难得包饺子，这时门口来了一个乞讨的老人，莫言试图用半碗红薯干打发他，乞讨老人却愤愤不平："我是一个老人，你们吃饺子，却让我吃红薯干。你们的心是怎么长的？"莫言很生气地说道："我们家一年也吃不了几次饺子，一人一小碗，连半饱都吃不了！给你红薯干就不错了，你要就要，不要就滚！"看到这里，母亲叫住了莫言，训斥了他，然后将自己的半碗饺子倒进了老人的碗里。母亲把自己舍不得吃的半碗饺子送给乞讨老人，莫言由此学会了体恤和同情。

有一次在卖白菜时，莫言不小心多算了顾客一毛钱，母亲泪流满面地说："儿子，你让娘丢了脸。"莫言由此学到了诚实。面对生活的重重打击，不管多苦多难，母亲干活儿的时候嘴里总是哼着小曲，莫言由此学会了什么是坚强和不屈。遇见当年捡麦穗时打母亲的人，莫言要冲上去报仇，却被母亲拦住："儿子，那个打我的人，与这个老人，并不是一个人。"莫言由此学会了宽容和理解……

莫言的母亲用自己的言行影响着、教育着莫言，使他谨记要做一个好人，做一个有德行的人。这些观念和品德已经融入他的血液，使他终生不忘。

父母对子女的影响、身教往往比言传更有效。父母注重自己的言行，孩子自然而然地就会养成良好的习惯。

3. 小鸭子模板

一个人从成长环境中接受了一种新经验后，会像小鸭子一样接受它、依赖它。一种经验被接受的时间越长，我们用得就越顺手。对那些被接受的时间长而且还算有用的经验，我们是极其不愿意替换的，最多只是对其做些调整。

随着年龄的增长，人的长期经验会越来越多，越来越难改，尤其是当竞争压力减小时，人们倾向于使用已有经验，因为这样可以少耗能量，少冒风险。不仅如此，人们的生活习惯和行为方式还会影响周围的人，从而形成某个圈子的共同特性。等到有了后代，这些经验、特性又会被传给后代，并且会被一代代传递下去，最终不断延续下来。

如果这些生活习惯和行为方式影响的人足够多，范围足够广，就会形成小鸭子模板，一个人的小鸭子现象就成为一个族群的小鸭子现象，传递的特性就会成为族群的特征、文化和传统。

比如，农耕文明和游牧文明就是两个范围广泛的小鸭子模板。在它们各自辐射的范围内，人们表现出相似的行为、特征甚至性格。游牧文明的人们通过放牧牲畜来谋生，对他们来说，不断的迁移、漂泊是常事，这使他们变得勇敢、乐于冒险。牲畜对他们来说至关重要，所以他们会选择生活在水草肥美的地方。而农耕文明的人们则把土地当作赖以生存的基础，他们精心照料自己的土地，学习如何抵御各种自然灾害，因此他们的性格会偏保守但坚韧。为了种植的需要，他们会选择生活在膏腴之处。

出生在不同地方的人，从很小的时候就受到当地小鸭子模板的影响，而且这种影响会不断延续下去。

萨缪尔·亨廷顿在《文明的冲突与世界秩序的重建》一书里提到的当今和未来世界不同的文化冲突，其实就是"小鸭子模板"的冲突。不同地方的人持有的小鸭子模板不同，因此他们的观念、习惯、经验和信仰的宗教也不同。每个人对自己的小鸭子模板都深信不疑，因此当和别人的观念不同时，往往会认为是对方有问题。这就是小鸭子模板发生碰撞引发的矛盾。

在第一章中我们提到了"弹簧人"，其实更准确的形容是"弹簧鸭"。每个人都会受到早期经验的影响，而且这种影响往往非常深远，可以说小鸭子模板是我们人生的起点。人获得进步的过程，就是这只善于弹性调节的小鸭子不断地攀登进步阶梯的过程。

延伸思考

中国西藏大部分民众信仰藏传佛教，出身穆斯林家庭的人大多信仰伊斯兰教。请问你还能想出哪些类似情况呢？

前观念法官——旧观念裁决新信息

1. 头脑中的法官

228 号审讯庭内，一名纽约青年正被指控杀死了自己的父亲，所有的证人都已询问完毕，现在需要 12 名陪审员对这宗一级谋杀案进行投票。如果陪审员全部投"有罪"，则这名青年就会被送上电椅。但只要有一人投出"无罪"，案件就需进一步审理。

现在已知的信息是：这名青年来自贫民窟，出身于一个破碎的家庭，曾因打架进过少管所，他持有一把与凶器一模一样的小刀；此外，两个证人都声称看到他犯罪。如果你是陪审团的一员，你会怎么做？

上面这个故事来自 1957 年的美国电影《十二怒汉》。电影中，绝大部分陪审员都很冷漠，他们希望在最短的时间内表决完，然后回家，他们都在一开始就毫不犹豫地投出了"有罪"票。唯有 8 号陪审员坚持应该讨论后再做决定，他通过"还原现场"的方法来验证每条证词，那些看似合理的信息，一经讨论就显得疑点重重。

我发现，人很容易被之前接受过的观念左右，具体来说：每个人对一件事或一个人做出评价和判断时，都会以之前持有的观念为出发点，这些"前观念"就像法官一样，有着绝对的权威和"话语权"，对后续进入的信息"评头论足"，甚至做出"价值审判"。我们总是用先前已有的观念来判断后续遇到观念的是非对错，我将人在观念接收过程中的这个规律形象地称为"前观念法官"。

电影里，有的陪审员认为"贫民窟的人是天生的强盗罪犯"，有的则因为自己经历过父子矛盾而得出"年轻一代都是叛逆的、有问题的"

这样的结论，在这些"前观念"的控制下，他们很自然会做出"有罪"的判断。在上一节中，我们强调了人会对全新观念非逻辑接受，而在这一节我们要探讨的是，经非逻辑接受得来的初始观念会对我们后来遇到的观念，在判断上产生影响。

2. "前观念法官"也会犯错

我们对一件事做出对错、正误、好坏等判断时，一定会用到"前观念"。换句话说，如果你无法对一件事做出判断，那是因为你的经验价值清单中缺乏与之相关的"前观念"。

举个例子，我对自己穿衣风格的判断就深受"前观念法官"的影响。T恤加牛仔裤是我最喜欢的穿衣风格，因为从一开始工作我就这样穿，习惯了这种朴素的"程序员风格"后，再让我去穿新颖时尚的服装，我就会很难接受。比如，某年公司年会的主题是"嘻哈"，主持人希望我也能穿一套嘻哈风格的衣服，我非常抵触，认为会很难看。在那个时刻，掌管我穿衣风格的"法官"跳出来告诉我"嘻哈风格不适合你"。正是因为我脑海中的"前观念"使我对嘻哈风格有所排斥，但当我接受建议进行尝试后，我发现嘻哈不仅不难看，而且很酷，赶紧拍照片发给太太，心中暗自庆幸：不尝试怎么会有这样的新体验呢？

拥有"前观念"并不意味着你一定能做出正确的判断，除非能确保"前观念"是正确的。

很多情况下，我们都会非逻辑接受一些全新的观念，然而，这些"前观念"多数是不完全正确的，需要质疑和验证，少了这个步骤，我们就很容易做出错误的判断。

就连伟人也有过被"前观念法官"牵着鼻子走的时刻。1843 年的一天，有人给德国著名思想家恩格斯展示了鸭嘴兽的蛋，并告诉他这是一种哺乳动物的蛋。恩格斯当时勃然大怒，并斩钉截铁地说："这不可能，一定是某些人的恶作剧！哺乳动物只能是胎生"。按照当时的传统观念，哺乳动物不会下蛋，必须是胎生，但后来的各种实践证明，鸭嘴兽的确是卵生哺乳动物，恩格斯在 1895 年写给康·施密特的信中说："我在曼彻斯特见过鸭嘴兽的蛋，并且傲慢无知地嘲笑过'哺乳动物会下蛋'是错误的观点，现在这却被证实了！愿您以后不要如我一样拘泥于这陈旧的观念吧！"

人们基于错误的"前观念"对其他事进行评判，往往会得出错误的结论。常发生在我们身边的"偏见"就是众多错误中的一种。现实生活中，偏见屡见不鲜：在中国，把老人送到敬老院就是不孝顺父母，婚前性行为是不好的……我们往往以为掌握了一些"前观念"就可以基于这些"前观念"对某一类人或事做出道德审判，而实际上，这种评价往往是基于片面的或错误的"旧观念"得出的。

3. 理性对待"前观念法官"的审判

虽然我们的大脑每时每刻都在接收外部观念，并且常常无意识地受到这些观念的影响，但我们仍有一定的方法可以避免"前观念法官"的"独裁统治"，那就是尽可能地保持理性，必要时通过搜集、验证信息检验自己的"前观念"。

在《十二怒汉》电影中，8 号陪审员是唯一坚持认为案件仍有讨论余地的人，他并无确凿的理由能证明那名青年无罪，只是觉得这件事应该由陪审团讨论后再做决定，而不能仅仅依靠之前的观念直接做出判断。他投出的这一票"无罪",在我看来,是对生命和理性的尊重——要获得真相很难,但我们可以追求最大限度的程序正义。

与其他所有陪审员一样,他也接收了"贫民窟""破碎家庭"和证人证词这些信息,不同的是,他选择亲自检验这一过程。当年迈且跛脚的邻居说自己亲眼看到嫌疑人在凶案发生后跑出阁楼时,8号陪审员干脆还原现场,模拟跛脚老翁走路,看是否能在十多秒内完成起身、走出房间,开门,看到嫌疑人这一系列动作。在几乎所有人都直接给那名青年"判死刑"的情况下,只有他坚持求证,用理性对抗着人们大脑中顽固的"法官"。

如何避免"前观念法官"的负面影响?一个要点在于,你需要反思"前观念"的来源。如果你发现一个"前观念"只是非逻辑接受而来,比如是从小被大人告知的或道听途说的,并没有通过你的亲身经历去验证,这时你就需要给它打一个大大的问号。在有条件的情况下,等该观念接受检验之后,我们再做决定,以防止这个"前观念法官"对事件直接进行"裁决"。

延伸思考

当代年轻人时常会在一些问题上(比如是否应该在一定年龄内结婚、是否需要储蓄等)与长辈持不同观点,为什么?

旧观念胜出——洞穴山之争

1. 无主洞易占，有主洞难得

一日，一位友人向我讲述了他在印度的"奇幻旅程"。他曾去印度西北部一座叫比卡内尔的小城，当地的居民热情好客，他在那里饮食虽不习惯但尚能果腹。可让他无法接受的是，这座小城中的人们将老鼠视为神一般的存在，相信老鼠是他们的祖先，认为他们都是由老鼠变来的。城中的人们盖了一座全世界独一无二的"老鼠庙"，供养着成千上万只老鼠。这些老鼠的食物是最新鲜的牛奶和玉米，而这种待遇是很多普通印度民众都无法享有的。这位友人向我透露了他在庙中极大的不适感，满地的老鼠让他无所适从，只待了一小会儿，就想赶紧离开。

我听后倒很感兴趣，并告诉他："你这是次新观念排斥——人们会排斥与自己已有观念相悖的事物。"在中国，老鼠并不是受人欢迎的动物，当一个中国人去到印度的那座小城时，发现那里的人们竟把老鼠当"神"，这明显与他之前的经验相冲突，也与其所持有的观念相悖，因此他很自然就会有排斥情绪。

在"非逻辑接受"一节中，我提到我们的大脑就像一座有很多个洞穴的山，一旦有洞穴是空的，新事物就像刚来的小动物那样可以很自然、很顺利地钻进去。但对于已经有主的洞穴来说，后来的事物想要占领它，往往是吃力不讨好的，势必要和洞穴的原主人进行一番恶斗，就好比后来的地松鼠如果想抢占被树松鼠长期据守的洞穴，一定会遇到排斥和阻占。正所谓"无主洞易得，有主洞难得"。本节的侧重点就在于"有主洞难得":人们会很容易接受一个从未听说过的概念或观点,但往往很难接受那些与自己已有的相悖的概念或观点。

在我们的成长过程中,头脑中每天都会上演或大或小的洞穴之争,而争斗的结果往往是:旧观念胜出,次新观念排斥。那么,什么是旧观念,什么是次新观念?我们每个人从出生的那一刻起,就经历着从自然人到社会人的转变,最开始无阻力地非逻辑接受的都是初始观念(又叫全新观念),这些初始观念相对于后面进入大脑的同一领域观念来讲就是旧观念,而后进入大脑的那个观念相对于初始观念而言就是次新观念(又称新观念)。在绝大多数情况下,人们会用旧观念来评判次新观念的对错,就是上节提到的"前观念法官",怎么评判都会觉得后来者是错的,还会因替换成本过高等原因排斥次新观念,沿用旧观念,我称这一现象为"旧观念胜出"或"初始观念胜出"。

比如,对一个生于穆斯林家庭的孩子而言,伊斯兰教通常是他从一开始就接触的,是他的初始观念,而日后接触到的基督教就是他在宗教这个维度的"次新观念",相对于基督教这个"新观念"而言,伊斯兰教观念又可称作他的"旧观念"。可以想象,通常情况下,信仰其中一种宗教的人是不会轻易改信另外一种的。

2. 成本导致旧观念胜出

人们之所以会排斥那些与自己原有观念不同的次新观念,是成本与收益计算的结果。

接受次新观念需要付出的成本包括两点:一是能量成本,二是替换成本。而收益的计算则更复杂,需要先减去因"新旧替换"造成的既得利益损失,再加上可预测的未来收益。

人们之所以会排斥次新观念，很大程度上是因为接受次新观念所要付出的成本大于收益，而这不利于个人的生存，所以人们往往选择守旧。

我们先看能量成本。能量是人们接受次新观念的基础，因为人们需要有足够大的能量才能克服"新"带来的冲击。当一个人预测自己的能量不够时，必定无法接受次新观念。

我将在"变化惰性"一节中谈到，人们在能量低时往往会存在变化惰性，而在能量高时往往会存在新奇偏好，其实就是在说能量对于我们接受次新观念的重要性。我们会发现，对老年人来说，接受次新观念的难度极大，这在很大程度上是因为老年人无法承受所需的能量成本。

替换成本说的是次新观念对人们所持有的旧观念带来了多大的冲击，而这与人们之前为旧观念付出过多少有关，付出的越多，替换成本就越高，人们对于旧观念也就越难抛弃。就比如在洞穴山里，如果树松鼠在自己的洞穴储存了大量的食品，当新来的地松鼠要抢占它的洞时，它一定不愿让出。可如果树松鼠只是占了洞穴，并一直让它空着，那么当地松鼠与其争抢洞穴时，也许树松鼠就没那么坚持了。很多老年人，尤其是持有旧观念的、有成功感的老年人，为旧观念付出了大半辈子的努力，如果你现在跟他说"你的这个观念是错的"，他会觉得自己半辈子都白活了，觉得自己之前的所有荣耀、成绩和努力都瞬间失去了意义，甚至觉得自己吃亏了，自己的人生失败了。在这种情况下，接受次新观念的替换成本极高，所以对他们中的大部分人来说，最终的结果都会是次新观念排斥，旧观念胜出。这时候，弹簧人将发挥重大作用，提高支持旧观念的证据的正确概率，在这个过程中，期待性寻证也会帮他们找到旧观念中有价值的部分。除非此时有更重要的价值观念，比如孝道、民族大义等，在他们头脑中战胜了尊严和荣耀，否则他们不会愿意迎接新的观念并做出改变。

前面提到了成本导致人们难以接受次新观念，其实收益也极大地影响着人们对新旧观念的选择。很多情况下，如果接受次新观念意味着既得利益①受损，那么次新观念排斥是必然的。比较典型的一个例子就是优步等网约车的风潮刚刚兴起时，传统出租车行业的从业者对其极力抵制，甚至有出租车司机在巴黎街头烧轮胎以表示不满。毫无疑问，正是因为次新观念冲击了旧观念持有者的既得利益，所以以旧观念持有者的排斥感会非常强烈。只有当一个人因旧观念获益颇多，甚至依赖其生存时，他对次新观念的排斥感才会非常强烈。对于那些普通民众和非出租车行业的人来说，他们并不预设立场，是否接受网约车更多还是取决于它是否能提高人们的生活效率，使用起来是否更便捷。

接受次新概念的未来收益是否明确非常重要。出租车司机无法预测自己在网约车时代是否会有更好的收益，还是自己的生活会因此变糟。这种对未来的不确定性会带给人们恐惧，因此人们会恐惧次新观念，进而排斥次新观念。这点在公司和企业的变革中十分常见，某些人的铁饭碗被打破后，他们无法预料到自己未来能从事什么样的职业，害怕自己的生存无法得到保障，进而对次新观念产生排斥。

但当接受次新观念的未来收益清晰可见，而且远远超越从前时，人们会倾向于接受。在中国的城市化进程中，很多农村的平房被改建

---

① 这里的"既得利益"指的是人们已经拥有的全部"利"，而"既得利益者"不仅仅是指中高层领导者或达官贵人，还泛指那些不愁吃、穿、住的人，或目前生存状态相对稳定的人，具体解释见第八章的"变化惰性"一节。

成高楼或商业区。起初，因房价不高，人们不愿放弃田园生活，但随着房地产价格飞涨，人们不再抗拒生活方式的改变，反而期待着自己所在区域能够尽早被改造。同样，当欠发达地区的人有机会搬到发达地区生活时，人们并不介意改变很多传统生活方式。

3. 成为"热情好客"的洞主

我认为，一个人对不同观念的兼容能力，影响着他的成就高度。

虽说"有主洞难得"，但如果洞主是个热情好客的人，它大可以邀请"客人"进来参观，做一个开放的洞主。新观念[1]有可能会在关键时刻为你打开机遇之门。这洞穴里的故事，正象征着科学发展、技术进步、制度革新所需迈出的第一步。

我很佩服一位叫马克斯·普朗克的物理学家，人们对他的认识大多停留在普朗克常数及他是1918年诺贝尔物理学奖得主，却很少有人知道他是如何在自己的领域完成突破的。在1900年这个世纪交汇点，普朗克得出了一个极其精准的公式来解释黑体辐射现象，但这个公式与当时大家所坚信的牛顿经典力学相悖——经典力学认为能量是连续变动的，普朗克的公式得出的结果却否定了这一点。普朗克本人就是经典力学的拥护者，这个结果连他自己都很难接受。

然而，"科学推动人类进步"的价值观以及收获更大发现的愿望促使普朗克突破"次新观念排斥"：他最终向原子理论的倡导者、奥地利物理学家波尔兹曼求助。要知道，原子理论与普朗克所坚持的经典力学在很大程度上相冲突。而正是这次对次新观念的接受与尝试，使现

---

[1] 这部分内容会在本章后面的"多宝豆"一节中详细介绍，新观念也被称为多宝豆。

代物理学完成了一次极大的突破——量子物理学自此诞生。抛开次新观念排斥，敞开胸怀，向与自己相悖的理论寻求帮助，我认为，这才是真正让人钦佩的态度。

正如普朗克所说的："科学新真理并不是通过说服反对者来取得胜利的，而是因为它的反对者最终都将死去，而熟悉它的新一代将会茁壮成长。"[2]

延伸思考

如何在"坚守自己的观点"和"听从他人建议"之间做出平衡？

无法说服——固执背后的盘根错节

1. 你能意识到自己"无法说服"吗?

想象一下这个场景：你是生活在 21 世纪初的纽约市民，十分支持小布什政府的减税政策，认为这一政策对经济发展十分有利。一天，在阅读报纸时，你读到一篇文章通过翔实的数据对这一政策的有效性提出质疑，你会有何感想？是对自己原有的立场有所动摇，还是毫不受其影响？

这其实是美国政治学研究者布伦丹·奈恩进行的一场实验，探究人们的观点是否会因为事实而有所改变。[3] 在实验中，参与者是一群小布什政府的支持者，其中一部分人阅读了反对减税政策的文章，而另外一部分人阅读了支持这一政策的文章。读完文章之后，实验参与者需要回答自己当下对减税政策促进经济发展这一观念的认可程度。

实验结果十分惊人：无论阅读了哪一篇文章，参与者都坚持着自己原有的观点，而阅读了反对减税政策的文章的参与者甚至更加认可减税政策。这个实验结果并非特例，奈恩针对其他领域的研究也得到了同样的结果：遇到与原有观念相悖的信息反而会加深人们的原有观念。面对日常生活中的小事，人们可能会较易说服，但凡涉及理念问题，人们几乎是无法说服的。

在这里，我要特别说明旧观念胜出和无法说服的区别，前者指的是个人心中每天都会面对的各类事物的新旧观念冲突，而后者特指两人观念冲突时一方企图说服另一方的特定情境。但它们的背后有类似的原因，就是每个观念背后都有非常多的经历、经验作为支持，想要改变观念，哪怕只是改变一点儿，都非常困难。

2. 人们为什么"无法说服"？

在第一章中我们了解到，每个人都有一套自己的经验价值清单，人们对自我、他人和世界所持有的一切观念都在其中，每一个观念背后都有相应的经历和经验作为支持。人的观念就像一棵大树，大树的生长是以树根为基础的，而观念背后的经验、经历就像树根。俗话说："树有多高，根有多深。"一个观念形成的时间越长，背后支撑它的经历和经验就越多，这个观念就越牢靠。

图 7-2　人的观念就像大树，经历和经验就像树根

当你想要说服别人的时候，需要先除掉他头脑中已经存在的旧观念，才能使他接受新的观念，可你并不知道在他原有的观念背后有多少经验和经历作为支撑。在试图说服别人时，由于沟通的有限性，你不可能传达出全部的论点，更不可能将对方原有观念背后的一切支撑论据全部推翻。这就好比你只能砍断观念这棵大树的几条根，而其他根仍然完好无损，因此整棵大树依然岿然不动。过了一段时间，原本被砍掉的根还会长出来，你的努力就彻底白费了。

举一个职场中的例子：假如你是一个部门的主管，你把某月用户消费数据分析的工作交给了员工 A，因为你觉得员工 A 比其他人更适合做这个工作，那么这个观念背后需要多少经验和经历作为支撑呢？首先，你得对员工 A 和其他员工的行事风格、工作能力有个判断，比如，你知道员工 A 的数据分析专业技能更强，同时执行能力更强。其次，你得知道这项工作需要哪些技能。最后，你得知道什么样的员工适合这个工作。除此之外，你会发现这三点经验背后又是由许多已有的经验和经历支撑起来的。比如，你对员工 A 专业技能的高评价可能来自他的学历背景，而你对他学历背景的高评价可能又来自你对这个院校排名的了解，或你曾接触过该院校毕业的高能力人群，也可能是你曾多次看到他完成高难度的数据分析任务。如果有人想说服你"员工 B 更适合这个工作"，那么他就需要改变你"员工 A 更适合这个工作"的观念背后层层相连的支撑论据，其中的困难程度显而易见。

我在企业经营中经常会与某个中层骨干的未来发展方向与其进行沟通，当我发现对方的思考明显具有片面性时，我会列出各种证据试图让对方有所改变。在当时，对方似乎已经开始接受转变，思路有所扩宽，但到第二天，他往往又会绕回原来的想法，甚至对其更加坚定。

从另外一个角度看，"无法说服"是人自我保护本能的体现。当反对新观念到来时，它挑战的不仅仅是原有观念，更是人的"判断力自信"[①]。而"判断力自信"是人生存的基础，如果它出现了问题，就意味

---

① 全因模型中描述人会倾向于坚持自己是"对的"的概念，这就是"维持判断力自信"，详见第十一章。

着我们的生存也会面临极大的威胁。这样的压力会引发平衡态的失衡，为了恢复平衡，人们就会像面对老虎等危险物时一样进行自我保护，抗击新观念，保护旧观念，以维持"判断力自信"。新观念就像一个被移植到人体的新器官一样，会引起身体免疫系统的排斥反应，进而遭到攻击、破坏甚至被清除。

除此之外，在自我保护的过程中，人们为了维护已有观念，会不断寻找例证来证明自己是对的，这反而会加深我们的已有观念，在心理学中，这种现象被称为"逆火效应"。这比说服不了他人的情况要更加严重。

3. 思维体操：假设法 + 找源头 + 建通道

正因为"无法说服"，所以人要改变已有观念是非常痛苦的。要改变一个固有的观念，可能需要付出比接受这个观念时多几倍的努力。人们要改变观念，不仅仅意味着自己在当下问题上错了，还意味着与这个问题相关的许多观念都错了。

为了避免"无法说服"可能导致的故步自封，我们可以尝试"假设法"，或者叫"假设他人有理法"。先假设对方的观念是对的（每种都是对的），那我自己有哪些观念存在问题，这些观念存在哪些问题？在实践中我发现，哪怕是乍一听很离谱的想法，背后都有一定的道理在支撑，只不过我们可能从未从那样一个角度思考过。如果尝试换位思考，你会发现一些新奇的角度，从而会对事物产生新的理解。除此之外，我们还可以以一个旁观者的角度，假设自己是第三方，旁观两个人就某一观点进行争辩，思考自己会支持哪方的观点？会有何感想？

《格言》杂志上有一个很有趣的栏目——"格言新说"，主要内容是对我们常用的一些古语或俗语进行改变，并对其进行论证，例如"宁做凤尾，不做鸡头""重赏之下，没有勇夫""人有远虑，必有近忧"……每次初看到这些题目时，我心中都会不禁疑惑："怎么可以这样说呢？这有什么道理？"看过文章之后，我就发现它是从另外一个角度阐述了这些看似胡说的"格言"，其中不无道理。

使用了假设法之后，我们还可以做一件事，那就是寻找已有观念的源头，分清它是客观事实还是主观判断。很多情况下，随着时间的推移，人们会只记得信息的内容，而忘记了信息的来源，这会导致一些本来虚假的信息被人们当成事实。所以，当察觉到自己可能"无法说服"时，询问一下自己，我的观念从何而来？该观念所基于的那些信息是否可靠？会不会是早期非逻辑接受的结果？寻找到观念的源头后，试着区分其是客观事实还是主观判断。

在"无法说服"的影响下，当我们试图说服他人时，可以循序渐进，给新观念建立与其已有观念相连接的通道，从而让这个新观念更容易被人接受。比如，我们想说服他人"某电子产品虽有辐射，但它不会对人体造成损害"，那么就可以先从一些基础的概念开始，一步一步建立连接：首先，自然界中的一切物体，只要温度在绝对温度零度以上就都有辐射；其次，关键就在于物体辐射的剂量是否会对人体健康造成损害；最后，这款电子产品的辐射剂量并不至于对人体健康造成损害，因此这款电子产品不会对人体造成损害。

图 7-3 "无法说服"逻辑图

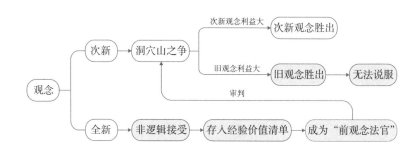

图 7-4 "洞穴山"概念串联图

延伸思考

在跨国公司中，来自不同国家的人往往在沟通风格、管理理念、思维方式上有很大不同，有时甚至会因此产生一些矛盾。请思考造成这种"跨文化冲突"的原因是什么？

多宝豆——拥抱新观念

1. 多元视角来自多宝豆

粥、油条，再配一点咸菜，这是我以前最喜欢的早餐搭配，几乎每天都会以这样的"标配"早餐开始新的一天。后来，随着公司国际业务的发展，我经常到各国出差，想吃到中式早餐并不容易，于是我开始尝试西式早餐——牛奶搭配谷物，有时加个煎蛋或培根，吃起来也不错。在游历过更多国家后，我的早餐清单不断扩充：炒蛋卷、法棍、德国香肠……

我对人类经验的扩展做了一个比喻：人生的每一段经历和见识，都如同一颗颗豆子被存入口袋，随着口袋里的豆子越多，人在面对一件事或一个问题时，就会有更多的经验、更多的思考方向和备选方案。一个人的经验足够多，就像口袋中累积了足够多种类的豆子，我称它们为"多宝豆"，这些多宝豆在口袋中各自独立，互不干扰，等待着在某一个场景下被拿出使用。比如，就早餐问题，虽然我现在仍最爱中式早餐，但我发现自己能拿出的豆子种类有很多，还有欧式、美式、甚至中西混搭，在营养和口味上都有更多的选择了。

实际上，"多宝豆"在思维层面会带给人更大的能量，因为拥有多宝豆，就意味着人拥有了更多的思考视角。我的一个朋友很有意思，同为创业者，他有着很丰富的经历，去过很多国家，对各地的宗教信仰都有所了解。一次我与他交谈时，他这样说道：

在感到欲望强烈时，我会在心中默念"阿弥陀佛"，这样可以使我降低欲望，放下一些不必要的执念，提醒自己知足常乐；在教育孩子时，我会给孩子讲犹太教教义中有关将掉落的果实和田地边角的粮食留给穷人的故事；当看到别人需要帮助时，我会想到基督教教义说的"爱人如己"，于是更积极地帮助别人；对待父母和朋友，我会遵循儒家的"忠孝"思想；对待生活，我追求道家的"道法自然"，生活自然简朴就好。

我的这位朋友虽不是以上任何一种宗教的虔诚信徒，但他认同并吸收了这些宗教思想中对自己有用的部分，将一颗颗多宝豆放入袋中，面对不同的情境，他能很快取出适用的豆子，选出合适的思维工具来帮助自己思考。从中可以看出，"多宝豆"让人的观念更多元，而这正是现代社会需要的一种能力。

2. 多宝豆带来包容和创造力

"多宝豆"带来的多元视角让人更包容。这世界本来就是多元的，但并非所有人都能接受别人与自己不同，所以有关性别、种族、地域的偏见和歧视一直存在，而收集多宝豆能帮助我们更包容地看待这个世界。在一个人去过很多地方，摘取了各地不同的"豆子"后，他会开始理解不同的行为方式都有着各自的意义。不同的"豆子"让我们能够更好地理解他人，尊重他人的选择，进而成为一个更包容的人。

不仅是个人，组织和企业也需要"多宝豆"带来的包容性。如今，多元化和包容性逐渐成为各大企业差异化竞争的优势，越来越多高科技公司将性别平等、文化多元等定为企业文化的基本特征。脸书、谷歌等公司近年来不仅增加了女性管理者的数量，而且在普通职员的招聘上也朝着多国家、多种族、多文化的方向发展。实际上，来自不同国家和具备不同文化背景的职员对企业来说，就像一颗颗不同的"豆子"，拥有"多宝豆"的企业能在全球化市场竞争中取得更大的优势。

除了包容性外，"多宝豆"带来的多元视角还能提升人的创造力。我们都知道，苹果公司的产品最具创意的地方就在于将科技和人文相融合，而其在人文方面的经验就有赖于乔布斯早年积累的"多宝豆"。当年，乔布斯从里德学院辍学后，先是学习了书法，之后又去印度和日本旅行数月，在深度了解这些地方的文化后，他将自己的不同经历融入自己的产品中：Mac（苹果电脑）早期的字体设计就得益于他在书法课上学的知识，iPad 屏幕设计的灵感就来自日本京都金阁寺的湖面……正是这些不同种类的"多宝豆"，才造就了除去科技内核之外，人文气息与设计感十足的苹果产品。

对于团队来讲，多元化的成员能增强整个团队解决问题的创造性。我曾看过一位斯坦福大学心理学教授做的实验，[4] 在该实验中，她把自己的学生分成多组，每组 3 人，有的组成员种族较为单一，有的组成员种族则更为多元，随后，她要求各组学生分别去破解一起秘密谋杀案。教授对所有组员提供了相同的信息，在这个过程中，种族多元化的小组明显能够更有创造力地破解，而种族单一化的小组内部往往持有相同的观点，这使他们在破解过程中缺少了新鲜想法与创造力。

实际上，"多宝豆"提供给我们的，是更丰富的想象力和更多元的思维路径，而这些都是提升创造力的重要方法。

3. 思维体操：成长四益

开卷有益，出门有益，开口有益，交流有益，这"成长四益"便是我们在日常生活中收集"多宝豆"的最佳途径。

"开卷有益，出门有益"实际上就是"读万卷书，行万里路"。读书是我们丰富经验价值清单的重要方式，因为我们的时间终究是有限的，不可能亲身去经历所有事情。我的建议是，读书不必追求数量。要了解世界，读 100 本书就足够了。除了技术类书籍和小说外，每个专业找 5~10 本经典著作来读，则 100 本书几乎可覆盖人类所有的领域，其他书籍不过是对经典书籍的扩展。从我个人经验来说，大家可以集中在一段时间内，1~2 天读一本书，几个月就可以基本掌握世界的人文框架。

另外，我鼓励大家走出家门、走出国门，多去看看不一样的风景，体验不一样的文化，不仅因为这种方式更高效地帮助我们搜集"多宝豆"，还因为旅途中的经历有其独特性，在旅途中搜集到的"多宝豆"是我们在日常工作生活中无法获得的，这可以帮助我们提炼出带有自己独特印记的规律和经验。以色列人对学生的教育和培养方式，令我印象深刻。以色列政府鼓励年轻人在高中结束后先去世界各地游历一段时间，再去大学读书。[5] 这使得年轻人在接受高等教育前，就有机会通过旅行搜集"多宝豆"，从而形成对整个世界多元而独立的认知，这样他们重返校园后便能用批判式思维和不同的视角去看待课本里的知识。

"开口有益，交流有益"实际上是指一件事的两个步骤：先讲出来，再互动。很多时候，我们自认为理解了某些知识，但其实似懂非懂，只有当我们能够逻辑清晰地讲出来时，才能说"我真的理解了"。我在上学时常帮同学答疑，但经常会讲到一半忽然讲不下去，因为那时候我只是习惯性地知道怎么解题，其实对某些概念并没有真的理解。在公司内部，我鼓励员工多开口讲，并且通过内训师制度和内部培训课程为愿意开口讲的人提供分享"多宝豆"的平台，就是希望大家都能通过讲出来以梳理自己"多宝豆"的内部逻辑，并将这一颗颗"多宝豆"传递下去。

"交流有益"就是在"开口有益"的基础上更进一步。交流依靠的是双方语言的互动和思维的碰撞，而这正是人们验证自己的"多宝豆"，并从他人那儿获取更多"多宝豆"的最佳途径。观察世界上最有创新意识的几家公司或机构，不论是贝尔实验室、谷歌还是微软，从办公室设计到企业文化的营造，都极其重视交流：开放式的办公室设计，尽可能增加研究人员碰面的机会，提供良好的互动环境；打造"白板文化"，鼓励团队每个人都大胆交流想法，交换灵感。李开复曾在美国科技公司"白板文化"的基础上设计了"白板茶几"，摆在自己研究院的各个角落，为的就是研究员可以随时随地交流思想，碰撞彼此的"多宝豆"。这在我看来，是一种极好的交流方法。

可以说，"豆子多一个，本事长一分"。"多宝豆"是真正的财富，它给人带来更多种思维方式，让人面对工作更具创新，面对生活更易满足。

图 7-5 多宝豆逻辑图

延伸思考

也许有人会问，为了收集"多宝豆"而广泛涉猎，会不会导致人们无法在一件事情上专注下来，无法做到专精？你认为收集"多宝豆"与崇尚专注的"匠人精神"是否矛盾？为什么？

第八章
中级蜕变：改变

世界进步的本质就是改变，社会进步就是制度的改良、优化，企业的竞争发展核心就是更好、更快地改变，个人的成长进步也必然伴随着知识、技能的改变。但是，人一旦习惯了某事，就会难以改变，这是一种存在于人本性中的惰性。同时，改变之后的"阵痛"，更令人望而却步。我们该如何驾驭改变？首先需要弄清楚阻碍改变的究竟是什么。

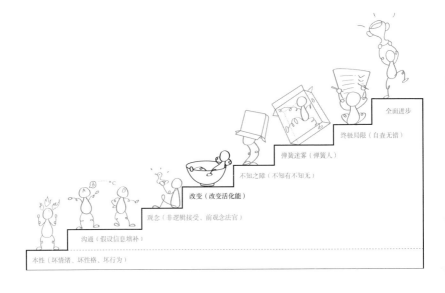

全面进步

终极局限（自查无错）

弹簧迷雾（弹簧人）

不知之障（不知有不知无）

改变（改变活化能）

观念（非逻辑接受、前观念法官）

沟通（假设信息填补）

本性（坏情绪，坏性格、坏行为）

改变活化能——禁锢人和世界的力量

"累死我了！"经过一天的忙碌，深夜一进家门，我就瘫倒在沙发上。我无力地望向只有几步之遥的床，真想洗个澡，躺在松软、温暖的床上美美地睡上一觉。我几次努力挣扎，想站起来走向浴室，但都提不起劲儿来。"沙发也挺好！"最后一个念头闪过，我闭上眼睛，一觉睡到天亮。创业初期，这几乎成为我的常态。瘫倒在沙发上的我，明知道在床上睡觉更舒服，但就是没有能量完成站起、洗澡等一系列动作。

在生活中，人们常常盼望自己能够做出一些改变，但往往事与愿违。我们明知健身有好处，但工作一天回到家后只愿意躺着看看电视；我们明知多学点东西，比如掌握一门外语，能拥有更多的发展机遇，但大多数人都没能行动起来……

在这些未能发生的行动背后，就是改变的第一阻碍——活化能。

1. 改变自己需要跨越活化能

活化能是一个化学概念，用来定义化学反应开始发生时所需要的能量。举个简单的例子，在不点火的情况下，木炭在空气中不易与氧气发生反应，但用火一点，木炭会先从火中获得能量，当木炭获得的能量大于燃烧反应所需的活化能时，木炭就会燃烧起来。改变活化能，就是使一个行动发生所要耗费的能量。做一件事需要耗费的能量越高，改变活化能就越高，完成这件事就越困难。

人所有的行动与改变都需要耗费能量，而只有当可调用的能量大于改变活化能时，人才有可能做出行动，发生改变。假设一个人能量最充足时有 100 点，刷牙、洗澡、打扫房屋、写一篇文章要消耗的能量，即做这些事情的改变活化能，分别为 5 点、10 点、40 点和 60 点。早上，当他精力充沛时，上面 4 件事情中的任意一件他都能轻松完成；到了晚上，当他的能量只剩下 20 点时，他就只能刷牙洗澡睡觉了，即使此时他还想完成更多的工作，也已是力不从心。

尽管人的能量有限，但人的潜能巨大，当面临压力时，压力激素会调动身体能量，人的潜能就会爆发。我曾听一位大学教授分享了这样一个故事：他的母亲已经 85 岁高龄，住在一栋 4 层楼高的房子里，因为身体原因平时从不下楼走动；有一天，当看到房顶微微震颤的时候，这位教授的母亲以非常快的速度披上一件大衣，然后从 4 楼跑了下来。毫无疑问，这位 85 岁高龄的母亲所拥有的"生理能量"并不高，但下楼的改变活化能对她来说相当高，所以跑下楼这个动作对她来说无疑是非常困难甚至极具挑战的。但求生的信念在她的价值清单计算中得到了极高的分数，这帮助她调动了身体的能量，让她在那一刻跨越了改变活化能，完成了一系列平时几乎无法做到的动作。

想象一下月球表面的环形山^①，希腊文的意思是"碗"：每个人都如

---

① 环形山，通常指碗状凹坑结构。环形山又叫作"月坑"，是月球表面的显著特征，几乎布满了整个月球表面，近似于圆形，与地球上的火山口地形相似。环形山的中间地势低平，有的还分布着小的山峰，内侧比较陡峭，外侧比较平缓。

同一个小球停留在一个环形山的"碗底"，小球此时保持在能量最低状态，在没有外力的情况下，小球会一直稳定在"碗底"不动；直到外力（能量）出现，小球被推动，沿着"碗壁"攀升，翻越最高点的"碗口"，之后进入另一个环形山，顺着新环形山的"碗壁"滑落，再次稳定在"碗底"。在这个比喻中，从一个"碗底"翻越到另一个"碗底"所需的能量就是活化能，而翻越环形山就是我们做出的改变。

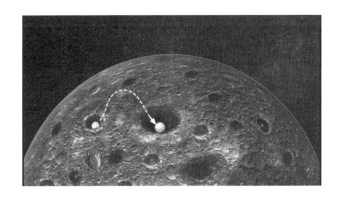

图 8-1　环形山

例如，在目前工作岗位上的你，就好像一个处在"碗底"的小球，直到有一天你希望能够换个更好的工作环境，但此时一些现实问题也随之而来：如果一时找不到工作怎么办，这会引起一系列的连锁反应，你可能会还不了贷款，交不起孩子的学费，付不了房租……如果要换工作，那么你需要改变的不仅仅是工作，生活上也需要相应地做出一些改变，这些困难就像环形山的"碗口"，不容易跨越。直到某天，你鼓起勇气，克服了各种困难，越过"碗口"，进入一家新公司——一个新的"环形山"。在这个过程中，你跨越了换工作的能量障碍，这个障碍就是活化能。之后，你重新开始有条不紊地工作，重新稳定在新环形山的"碗底"。当然，跨过活化能进入新的环形山（换工作）并不意味着你的生活会变得更好，有可能还会变糟，它只是代表你翻越了一个改变障碍。

你的今天和昨天大致相同，这是由活化能导致的。活化能的存在使人们的每一次改变都不容易。活化能不仅影响着每个人，而且影响着我们身处的世界。世界之所以是现在的模样，就是因为万事万物都有活化能，一切都受其约束。活化能使万事万物暂时维持当前的状态，使它们都在自己的环形山"碗底"，只有外力才能导致其改变。这就是为什么我们看到的世界是相对稳定的，只有局部在外力推动下发生改变。

组织、社会和国家想要改变，需要跨越更大的活化能。面对竞争，企业会求新求变以获得优势。因为边际效用递减规律的影响，人们的感官也会求新求变以获得新的刺激。所以，在个体层面和企业层面，创新和潮流改变是经常发生的事情。但从社会层面和国家层面来看，这种改变的幅度很小，因此整体的改变必然是缓慢的。对于社会和国家来说，任何一点观念和习惯上的改变都需要跨越巨大的活化能。这就是为什么发展中国家不可能在较短时间内就赶上发达国家，每年发展中国家发展和改变的程度都是极为有限的，各种改变平均能达到 5%就已经算很高了。我们常说某些发展中国家在某些领域的发展程度落后于发达国家 20 年左右，就是这个道理。

2. 思维体操：借助催化剂、预估困难减半

人需要不断从外部获得力量，才能跨越活化能，完成改变。如果自身能量不够，就可以加点催化剂来提升反应速率。比如，当你想要

辞职时，下个月待缴的房租和待还的车贷可能会成为阻碍你行动的活化能。但如果有外力能帮你解决掉那些阻碍，比如亲戚借给你一笔钱，使你不必担心生活开销，等你挣了钱之后再还回去，那么你可能就会轻松地去追寻理想的新工作。这些外力就像催化剂，帮你消除了改变的部分阻碍，使原来不容易发生的改变变得容易发生。如果你是一个能从激励中获得能量的人，那就邀请家人、好友给自己鼓励；如果你是一个能从压力中获取能量的人，那就索性请一位净友，鞭策或者批判自己。你需要做的，就是借助外力加速你的改变。

社会和国家要跨越活化能，同样可以加点催化剂。比如，其他国家提供的无息贷款、投资和援助就是一种催化剂，国家之间的技术合作、行业交流也是催化剂。看到别国的发展经验，去芜存菁，就能为本国的发展提供有益的参考，从而降低改变的困难程度。

除了向外寻求帮助，还可以降低改变活化能。要实现这一点，我的建议是"困难预估减半"，具体来说就是将你对一件事情的困难程度的预估减少一半。这并不是自我欺骗，而是鉴于绝大多数人都会高估未来会碰到的困难，并且会低估自己的应变潜能，我们需要一些勇气。

活化能是改变的阻碍，只要跨越了活化能，人就有可能战胜自己，走向新的生活。如果活化能带来的困难一时无法解决，不妨依靠催化剂的力量，去跨越障碍，实现改变。

延伸思考

你认为造成"拖延症"的根本原因是什么？

改变虚弱期——变化的必经之路

1. 伴随改变而来的阵痛

我的一个朋友在最初学习打高尔夫时，因为心急，没等练好基本功就开始比赛，成绩上升到一定程度就陷入停滞了。一段时间后，他开始寻求成绩上的突破，并在专业教练的指导下开始换动作。但很长一段时间里，他的成绩不升反降，他心急如焚，并对这种改变产生了怀疑。

在这个过程中，他的教练常对他说："不要慌，换动作后成绩下滑很正常，适应后就会有突破。"这番话引起了我的一些思考：改变是无法一蹴而就的，改变后的一段时间必然伴随着成绩和效率的降低，这段时间就是"改变虚弱期"，它就是改变的第二阻碍。

改变虚弱期在职业运动员身上十分常见。撑竿跳女皇伊辛巴耶娃在 2004—2005 年接连刷新女子撑竿跳世界纪录，并在 2004 年获得了雅典奥运会冠军。但她这种迅猛的势头在 2006—2007 年放缓，挑战更高纪录接连失败。直到 2008 年的北京奥运会，她终于将自己创造的世界纪录又提高了一厘米，以 5.05 米的成绩成功卫冕。

如果追溯伊辛巴耶娃的训练纪录，就可以发现，她在雅典奥运会后更换了教练，新教练带来了新的训练方法与技术。虽然连续两年的毫无突破使媒体开始质疑这位新教练和他的新技术，但撑竿跳沙皇谢尔盖·布勃卡一语道破其中的奥秘：这就是新技术必然带来的阵痛。

组织的改变同样要经历改变虚弱期。以公司引入办公自动化系统为例，之前，公司内部的所有行政流程均需线下手动审批完成，每次流程审批都要花费较长时间，而且容易出错，检索困难。后来，公司引入了自动化系统，所有的流程审批均在线上完成。该系统刚刚上线时，由于员工不熟悉新系统，需要花费时间学习如何操作，流程审批的速度相比之前不升反降，这导致员工吐槽、抱怨的声音不绝于耳。但这是改变必须要经历的过程。没过多久，当员工熟悉了新系统的操作，办公效率果然有了很大的提升。现在，员工已经离不开自动化系统了。

无论是个人、组织还是国家，都会经历改变虚弱期，正是出于对它的恐惧，大家对于变化充满犹豫、争议或分歧。

2. 理解改变虚弱期

为什么个人组织和国家会经历改变虚弱期？这要从人如何学习新经验说起。"神经心理学与神经网络之父"唐纳德·赫布曾提出著名的"赫布定律"（又名"突触学习定律"），并将其记录在《行为的组织》一书中，该书中有一段经典描述，后来被学界反复引用。

> 当细胞 A 的一个轴突和细胞 B 很近，足以对它产生影响，并且持久地、不断地参与了对细胞 B 的兴奋，那么在这两个细胞身上或其中之一会发生某种生长过程或新陈代谢的变化，从而使 A 与 B 的联系得到增强。[1]

打个比方，对一个长期使用站立式起跑的运动员来说，"预备枪声"就相当于细胞 A，"站立式起跑"就相当于细胞 B，长期的训练把这两个细胞联系在一起，形成了一条"通路"，使这名运动员一听到预备枪声就能快速反应。随着练习增加，这条"通路"会越来越好走，这名运动员听到预备枪声后的反应速度会越来越快。当有一天，教练提出需要采用蹲式起跑，该运动员的反应速度肯定有所下降。

我们的所有经验和技能都储存在记忆中，在本书第二章"记忆：记忆草地"一节中，我们说人的头脑就像一片草地，外部信息进入大脑就会在草地上留下痕迹，当这个信息反复出现时，草地会被踩平并形成路，而且会慢慢地从小路变成大路，直到变成铁轨，越来越好走。

对那名运动员来说，已经熟练掌握的"站立式起跑"就像一条好走的铁轨，而"蹲式起跑"就像一条杂草丛生的小路，待他去探索和发现。毫无疑问，从铁轨到小路，运动员的反应速度肯定大不如前。

但只要我们不断努力地练习，"小路"就会越来越好走，直到升级成铁轨，而且会变成"超级铁轨"。所以，改变虚弱期并不可怕，关键是如何度过这一段难熬的时期。只要坚定目标，一定会取得进步，人只有在一次次改变中才能螺旋式上升。

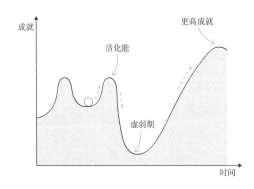

图 8-2　改变之路

3. 思维体操：重设比较对象

人们绝大多数的"挣扎"与"放弃"都出现在改变虚弱期，随之而来的就是自我欺骗与自我麻痹。终究在改变之前，情况还将就，这就很容易让我们的弹簧补偿器找到借口来自我安慰"不改变也挺好"。但内心深处我们知道，改变会更好。

下面，我想介绍一些可以帮助我们度过改变虚弱期的小方法，因为比坚持更重要的是知道如何坚持。

首先，给自己的改变找到完整的"证据链"，这是前提也是基础：当你确信一个改变会带来好处时，中途放弃的成本就相应提高了。任何改变都需要方向，毫无方向的改变实际上是不"做功"的，而这个方向需要由一连串完整的"证据链"来支撑。比如，当你想要学习一种新的编程语言时，如果仅仅告诉自己"新的编程语言会让工作效率提高"，由于这个理由过于抽象和不确定，在后期很容易被弹簧人的"自我麻痹倾向"推翻。所以，你需要搜集尽可能多的信息来证明这门新的编程语言比你原来使用的编程语言更佳，你可以通过在网络上查询，咨询专家人士意见，问问有经验的朋友，当各方都能得出同样的结论时，你的改变就有了一个确定的方向，这时的改变行动会更有目标和动力。

其次，重视练习，并不断提醒自己练习的重要性。"练习"这个词在心理学上的准确定义是："在反馈的参与下，反复多次地进行一种学习。"[2] 重复的次数越多，"通路"就会越好走，反应速度也就越快。"反馈"的作用则在于不断加强各个神经元之间的正确联系。

此处存在的一个矛盾点在于，在改变虚弱期内，因为成绩的不升反降，似乎人们很难接收到"积极反馈"。这里我要分享的一个小技巧就是"重设比较对象"，也就是说，不以改变前的成绩为比较对象，而将改变开始时的初始成绩设为比较对象。实际上，这是一种"从零开始"的心态，而这种心态在改变虚弱期起着十分重要的作用。

最后，适当抛弃经验，改就改得彻底。相信大家对李宁这个国产运动品牌并不陌生，李宁公司在2008年北京奥运会期间有着极高的市场占有率，一度超过了阿迪达斯。在后来的几年里，它一改之前锁定中老年消费人群的策略，开启了"年轻化、时尚化"策略。但这一变革在后续几年并未奏效，甚至使其新老顾客双双流失，导致利润率大幅下降。李宁公司并未因此放弃"年轻化、时尚化"的策略，继续坚持前行，终于在2015年和2016年成功扭亏为盈，并在2017年交出了一份满意的业绩答卷。不被过去成就束缚，勇于尝新的做法，帮助李宁顺利度过了改变虚弱期，并取得了突破。

没有一蹴而就的改变，改变必然会有虚弱期，无论是个人、企业、组织，还是国家都逃不过这条规律。了解改变虚弱期的原理，能让人不再害怕改变过程中的"小挫折"。而掌握坚持的方法，能帮助大家顺利度过难熬的改变虚弱期。

延伸思考

你认为人们"半途而废"的根本原因是什么？

变化惰性——人天性拒绝改变

1. 变化有"惰性"

除了改变活化能和改变虚弱期，改变的第三个阻碍，就是惰性。

1687 年，牛顿的《自然哲学的数学原理》一书出版，奠定了近代科学的基础。在该书中，牛顿提出了著名的牛顿运动定律。"每一个物体都会保持自身静止或者匀速直线运动的状态，直到有外力迫使它改变自身的状态为止"[3]，这是牛顿第一运动定律，又称惯性定律。所有物体都有惯性，人也不例外，我称这种惯性为变化惰性——人总是倾向于维持原有状态，不愿意改变。尽管生活中有的人能量高，有的人能量低，但每个人所拥有的能量都是有限的，这导致了人的能耗最低倾向。改变是一件"费劲"的事。为了节省能量，人们自然不愿意改变。

相比能量高者，能量低者变化惰性更大。一个生理能量不足的人，每天完成基本的学习、工作任务就已疲惫不堪，无法超负荷完成新的任务，所以无力改变现有状态。一个意志力不够强的人，无法对自己下狠心，无法产生足够的动力，往往也会止步于改变之前。这些都是改变途中的"拦路虎"。

2. 既得利益强化惰性——不改变也挺好

人们拥有变化惰性的另一个重要原因就是既得利益的存在。如果人不改变也能"活着"，索性就不变。这里的既得利益者，指的是那些在社会生活中处于相对无阻力状态下的人们。所谓"相对无阻力"，指的不仅仅是生活条件优越，只要目前生活中没有重大危机，都是相对无阻力的状态。大部分既得利益者的心声是：我可以继续"活着"，而且各方面生活还算顺利，既然改变会带来不可知的风险，那就不要改变。

现实生活中，只有强大的外部力量才会迫使人们做出改变。比如一个常年生活方式不健康的人，往往是在被查出患有重病之后，才会为了"活下去"而改变以前不健康的生活方式。但如果没有面临生命威胁，就很难让一个人改变已经习惯的生活方式。

人在某件事上获利越多，要在这件事上做出改变就越困难。爱迪生发明的直流电将人类从黑暗引向了光明，也因此使他和他创建的通用电气公司名声大噪，名利双收。但同时期，另一位伟大的发明家特斯拉发明了更适合远距离传输的交流电，这无疑是人类科技的又一次进步，但交流电的发明对爱迪生和他的公司是一个致命打击。在电力领域，爱迪生是当时最大的获利者，当新技术威胁到他巨大的利益和名声时，爱迪生无法接受交流电比直流电更高效的事实，更不愿改变自己的态度，甚至打压、诋毁特斯拉和交流电。连这位伟大的发明家，在巨大的利益面前，也同样不愿做出改变。

3. 跳出既得利益

既得利益带来的变化惰性在一定程度上会麻痹人们对生活的感知，这正是平庸者的温床。现代社会，许多人一边机械地重复每天的生活，一边抱怨生活不够精彩，机会太少。但那些被变化惰性控制的人，即使面对机会也会迟疑，甚至无法发现已经到来的机会。

想要摆脱既得利益的束缚，克服变化惰性，我们需要做到居安思危，面对外部机会，要勇于尝试和接纳。

托尔斯泰说过："世界上只有两种人，一种是观望者，一种是行动者。大多数人都想改变这个世界，但没有人想改变自己。"想要改变世界，先得改变自己。

拓展阅读
熟悉偏好与改变

研究一下美国历任总统的竞选口号，会发现一个有趣的现象：很多总统都曾把自己的名字用在竞选口号中。比如，创造了一战后"柯立芝繁荣"的卡尔文·柯立芝的竞选口号是"和柯立芝一起酷"；哈里·杜鲁门的竞选口号是"我为哈里狂"；大元帅艾森豪威尔（小名艾克）的竞选口号是一句逗趣的"我喜欢艾克"；尼克松的竞选口号则是一句比较霸气的"尼克松是救世主。……为什么这些总统候选人喜欢将自己的名字放在竞选口号中？实际上，美国总统竞选团队的成员们不仅是语言大师和宣传大师，而且深谙心理学之道。熟悉偏好——这就是竞选口号背后的秘密。

熟悉偏好，顾名思义，即人会偏好自己熟悉的东西。[①] 我常会有下面这些体会：一首歌多听了几次，之后偶然在一个场景下再听到它，会觉得心情愉悦；工作很累时往往不愿意出去应酬，更想快点回家；在陌生的德国大街上溜达时，看到一家熟悉的连锁餐馆，就会非常开心……这些看似无关的事件，实际上都与熟悉偏好有关。

人们之所以会偏好熟悉的事物，主要原因有两点：一是熟悉的事物更易于认知，消耗更少的能量；二是熟悉的事物能给人带来安全感，尤其是在陌生的环境下，更有利生存。

密歇根大学社会心理学教授罗伯特·扎荣茨曾做过这样一个实验，他在课堂上随机展示给学生一些无实际意义的象形文字，结果显示，

---

① 在心理学中，这一现象被称为"曝光效应"或"熟悉定律"。为了更便于读者理解这一概念，我将其称为"熟悉偏好"。

学生看到某个文字的次数越多，就会认为这个文字所表示的意思越积极。[4] 之后，扎荣茨教授又将文字换成了陌生男子的面孔来做同样的实验，得到了相同的结果：男性面孔出现的频率越高，学生对其的喜欢程度也越高。扎荣茨教授和众多心理学家发现，反复出现的刺激可以提高人们对其认知的流畅性，人们对一种刺激的认知越流畅，大脑处理起来就越轻松简单。[5] 我们之所以会喜欢熟悉的东西，是因为大脑在处理熟悉的事物时会处于一种低能耗的状态，而人在大多数情况下都有"能耗最低倾向"，我们往往就把大脑"偷懒"后产生的舒适感当作了喜欢。

除了省力，熟悉的事物意味着能够运用经验进行预测，意味着安全感。

相信大家都有过这样的体会，在异国或异地旅行，又饿又累时，宁愿去麦当劳等连锁快餐店，也不会选择进入一家从未去过的当地餐厅，这就是熟悉偏好在起作用。一想到麦当劳，我们可以迅速从经验清单里提取出很多有关它的信息：方便快捷的点单流程、干净无油污的桌椅、可预知口味的食物等。这些信息使我们产生了在麦当劳就餐能把控一切的感觉。尤其在能量很低的情况下，这种难能可贵的确定性和可控感会让我们选择麦当劳。

现代商业中的知识产权应用和打造品牌忠诚度等，也在某种程度上利用了人们的熟悉偏好。人们看到某个卡通人物或剧作形象觉得舒服、喜欢，并对其背后的品牌产生持续的依赖，实际上正是由熟悉偏好导致的。

但熟悉偏好也会在一定程度上限制人们的选择。我发现，很多大学生在实习时偶然进入了某个行业，做了某个岗位的工作，毕业之后十之七八都会选择在这个行业做同样岗位的工作，我称之为"实习小鸭子"现象。因此,我鼓励年轻人尝试多次实习,经历不同的行业、不同类型的职位,这样选择范围就更丰富,拥有更多机会。

另外,我们也会发现那些热爱冒险的背包客,穿梭于异国城市的大街小巷,不知疲倦地探索自己未知的领域,这时他们并没有局限于熟悉偏好,相反具有新奇偏好。人的本性之一就是从新鲜的事物中获取快感和机遇,但前提是拥有充足的能量。能量和安全感不足时,人们往往有熟悉偏好;能量和安全感充足时,人们往往想探索新奇事物,渴望改变。

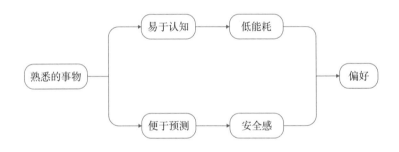

图 8-3　熟悉偏好逻辑图

延伸思考

有的人认为改变意味着进步,是每个人的追求。但也有人认为知足常乐,安于现状也是一种幸福。你怎么看?

扳道工——你的人生轨道可以改变吗

1. 生活就是一条重复的轨道

人生就像是一条轨道。人们在自己的人生轨道上周而复始，并不觉得有什么问题，如果没有意外发生，人这一生都会沿着一条轨道重复行驶。直到有一天，出现一个外力"啪"的一声给轨道扳了道岔，人终于改变了轨道，转出了自己的大山，看到山外面的世界是如此之大，不禁感慨道："原来还可以这样啊！"这个扳道岔的外力，就是"扳道工"。

人的思维最大的局限就在于"看不到想不到"，只有依靠外力被"扳道"后，才有可能了解自己从未知晓的世界。

被扳道后，你才会发现：有一个地方叫印度，在这里点头代表"否"，摇头代表"是"，人们用手抓饭吃，妇女们穿着纱丽，佩戴着闪闪发光的金饰；还有一个地方叫英国，街上到处是华丽夸张的巴洛克式建筑和威严高耸的哥特式建筑，人们对一切与皇室有关的新闻津津乐道……

在一次次被"扳道"后，我们思维的局限也一次次被打破，并被填充进新的事物、概念、文化和思想。一个生于草原的孩子，从未离开过草原，如果不出意外，他会像草原上其他牧民一样平静、幸福地生活。但如果有一天，一个从北京来的亲戚对他说："孩子，我带你去北京玩吧！"至此，他的人生迎来了一次被"扳道"。孩子跟着亲戚来到北京，看到了与草原全然不同的景象，才发现原来还有这样的生活方式。一段时间之后，这个孩子也许没有回草原，而是选择留在北京，他的人生轨道被彻底改变。

如果将人生比作一场探秘游戏，我们去过的地方，见识过的景象，都会在地图上被点亮，而未去过的地方、未见识的景象在地图上则是一片黑暗。沿途的风景、遇到的人，一切新鲜的东西都为那个来自草原的孩子点亮了新的领域，而改变他人生轨迹最大的外力，便是那个带他走出草原的北京亲戚——他人生的"扳道工"。

2. 你的人生被"扳道"过吗？

世界著名未来学家约翰·奈斯比特在《定见未来》一书中，讲述了自己的故事。

> 约翰在一个叫格伦伍德的摩门部落中出生。整个部落有200多人，几乎都是他的亲戚。他们所在的村庄与世隔绝，村民都生活在摩门教教规的约束下。如果没有意外，他会在未来成为一名传教士。直到有一天，阿诺德叔叔来看望耳朵发炎的约翰，约翰才第一次对自己的生活产生了疑问。摩门教禁止吸烟，但阿诺德叔叔是一个烟民，他违反了摩门教教规，用烟熏法来为约翰治疗耳朵，没想到一年之后竟然奏效了，其他村民用当地传统的"按手"的方法为他治疗、祈祷，却都不如阿诺德叔叔的办法有效。这次经历让约翰开始用怀疑的眼光观察周围的一切，渴望能探索未知的地方。不甘心服从命运安排的约翰在17岁走出了家乡，加入海军，从此看到了一个新的世界。[6]

阿诺德叔叔不用传统的"按手"方法治好了约翰的耳疾，就是在为约翰"扳道"。阿诺德叔叔就是约翰的"扳道工"，尽管烟熏的方法未必科学，但这次"扳道"让约翰产生了"原来还可以这样"的思考。

约翰加入海军后开始周游世界，不断点亮新的地图，这是约翰人生轨道中另一次重要的"扳道"。他说："世界就像书本一样，一页一页展开在我面前，每一页都有崭新的知识供我学习。"

许多人的一生中，其思想一直停留在相同的轨道上，没有被外力"扳道"过，也就没有看到过其他的风景。

那么，在职场上"扳道"是不是就等同于跳槽呢？其实"扳道"和跳槽并不是一回事，跳槽只是从一个公司跳到另一个公司，你获得的知识、接触的信息、做的事情也许并不会有本质的变化。而"扳道"是一个人的思维、理念和见识得到扩展的转折点，会让一个人看到一个更加广阔的世界。事实上，频繁的跳槽只能适得其反，导致每份工作都不够深入，在我们收集"多宝豆"的时候可以多接触一些行业、岗位，但到了一定时候，就需要选择一个最适合你的方向持续努力。我曾在明尼苏达州拜访世界知名企业，包括3M（明尼苏达矿务及制造业公司）、通用磨坊、艺康集团。这些企业的CEO大都在一个企业干了20年以上，从初入职场到晋升CEO，他们的职业生涯都是在一家公司里成就的。但在这个过程中，由于企业的培训、轮岗、外派等经历，相比普通员工，他们也收获了很多被"扳道"的经历。

3. 思维体操："自我扳道工"

"扳道工"是好帮手，能让我们开阔视野并拥有更多的选择。但可惜"扳道工"通常来自外部，可遇而不可求，那我们能不能拥有一个"自我扳道工"呢？如果可以在头脑中植入一个"扳道工"，敏锐地发现并把握住每一个能为自己思维"扳道"的外部机会，人就能摆脱一些旧思维的束缚，更新自己的轨道。"扳道工"好比是人生的岔路口，虽然人们无法主动给自己创造一个岔路口，但意识到人生需要"扳道"，我们就会更加留意各种新鲜事物，并经常问自己："这会不会是一次新的机遇？""这是否能给我打开一扇窗？"从而在遇到岔路口时抓住机会实现"扳道"。

自从我产生了"自我扳道工"思维，我最大的改变就是更愿意参与各种活动，更愿意去旅游，尝试新东西，尝试做以前懒得做或者不喜欢做的事情。就这样，我认识了更多人，收获了更多思想，了解了更多文化习惯、更多奇思妙想。这使我对世界的理解力和包容力都获得了极大的提升，并且有了更多精彩的创意。

而互联网带给人类的最大益处之一，就是打破了距离的局限，大大降低了信息获取成本，人头脑中思维的暗图借由互联网被大范围点亮。很幸运，我们拥有了更多被扳道的机会。

一名年轻的创业朋友曾经听过我的一次演讲，很多年之后，在一次企业家聚会中，他告诉我，我在演讲中提及的"扳道工"让他印象深刻，甚至改变了他的人生轨迹。

通过一次次的被"扳道"，人的思维会被拓展，人生路径也会被拓宽。如果你现在开始变得想拥有一个"自我扳道工"，那么你的思维就已经被"扳道"了。

拓展阅读
小鸭子与扳道工

在本书第七章"小鸭子"一节中，我谈过幼年时获得的经验会对一个人的未来产生巨大影响，并且这种影响会随着年龄的增长变得越来越深刻。那么，是不是我们在幼年就"定型"了？显然不是，我们很容易就能找到一些例子，证明人的成长轨迹有时候远远偏离了幼年的设定。造成这种偏离的就是"扳道工"。

扎克·易卜拉欣曾在 TED 演讲中分享了他的人生经历。他的父亲埃尔－塞伊德·诺塞尔是一名伊斯兰极端分子，曾经刺杀过犹太防卫联盟的首领，计划袭击纽约市的各大地标，还策划了1993年世界贸易中心爆炸案。小时候的扎克就经常被父亲带着参加射击训练，同行的叔叔为他打中目标而欢欣鼓舞——因为他们看到小扎克身上有和父亲一样的摧毁能力。扎克就生活在这样一个充满暴力的环境中。频繁的搬家让扎克成为被同学欺负的对象，他没有朋友，被教育通过肤色和信仰来认识别人。如果仅仅看扎克的童年经历，你会觉得他很可能会在长大后成为一名恐怖分子，或者至少会是一个充满暴力和仇恨的人。但事实上，他最后成了一个好人，他用尊重的心来看待每一个出现在他生命中的人。改变他的是一次在费城举办的全国青年大会，在大会快结束时，他发现自己的一个朋友是犹太人，此前他并不知道这件事，这让他意识到他和犹太人之间并没有与生俱来的仇恨，他与犹太人也可以成为朋友。此后，他不断结识了各种各样的人，那些人拥有不同的肤色、信仰和性取向。而他所关注的节目"每日秀"帮助他逐渐发现自己的偏见，使他认识到肤色、信仰这些东西并不能决定一个人的品格。终于，他站上了 TED 的讲台，他告诉世界："儿子并不需要走上和父亲相同的道路。"

幼年获得的经验和后来碰到的"扳道工"，究竟哪一方的力量更强大？这要看具体情况。有的人深受童年影响，在长大后即使接触到外界的"扳道"也不为所动；有的人则在过去的阴影中挣扎，一旦外界提供了一个"扳道"的机会，就毫不犹豫地走向了新的人生、新的方向。

延伸思考

现在，很多支教活动都只持续一个月左右，支教老师对孩子来说就是"扳道工"，有的人认为这种扳道是有意义的，但也有人认为短时间的支教活动会给孩子带来负面影响。你怎么看？

第九章
中级飞跃：创新

之前的连续攀登也许让你感到了一丝疲惫，接下来的内容将为你提供前进路上不可或缺的超级武器，助你实现从中级到高级的飞跃。从洞察创新的本质开始，助你一步步学会包容创意初期的脆弱，熟练掌握创新实操攻略，回顾人类的创新历程，最终成长为创新专家。

创新不新——揭秘创新的本质

创新已成为现代社会一个重要的关键词，同时，它也成为人们在事业发展中最重要的能力之一。很多人认为创新是难事，但其实创新能力是我们每个人与生俱来的。只要理解了创新的本质，人人都有可能成为创新专家。

1. 创新即叠加

人类从最早开始制造工具，到学会冶炼金属；从初次利用蒸汽动力，到发电机的发明；从原子反应堆的建立，到计算机的出现和普及……创新标志着文明的进步。我们惊叹于这些发明家与创新者的伟大，正是他们的聪颖、智慧使得人类历史迈上了一个又一个新台阶。对于这些伟人，我充满了崇敬。

创新的本质是什么？在"想象：信息叠加"一节中我们提到过，创新来源于叠加，是人们对头脑中已有事物和逻辑的一种组合。例如，多国语言翻译机就是由"字典""声音合成器"和"计算机"组合而成的。它的发明者是日本著名企业家孙正义，他的"发明"过程看起来很奇特：把字典里随机找来的三个词组合起来，就成了一项新发明。这其实就是利用了叠加创新的原理。凭借这个方法，短短一年内他就有了 250 多项"发明"。由此我们可以看到，创新不"新"，它其实很简单。

2. 制造创新

"创新"其实不"新"，这对于你我来说是一个好消息。这说明我们完全可以通过叠加思维不断制造创新，而且它所需要的材料并不复杂：一是已有的不同元素（事物、概念），它们都来源于自然界；二是多种思维逻辑，这是人们通过观察自然界而得到的，其中包括组合、类比、取反和拆分，还有性变、形变等。将这些元素和思维逻辑进行叠加组合就可以制造创新。历史上，人们就是通过观察自然界，感知并获得自然元素及思维逻辑，之后将两者叠加组合进行创新，从而创造出了许多新的物品，例如石刀、皮绳，同时也创造出了很多新的技术，例如加热、制盐。这些新的物品、技术再次与自然元素、思维逻辑叠加，从而产生了更多的创新，我们所用的电脑、手机这些产品都是遵循这个规律被创造出来的。

要想不断创新，最重要的就是掌握丰富的元素和思维逻辑作为叠加的原材料。远古时代起，人类就不断从自然界获得元素，比如水、风、石头、树木、花朵、藤蔓、果实等，也从中学到了种种思维逻辑，比如：看到石头坠落变成碎石块，学到了"拆分"的逻辑；看到山火将山林烧尽，动物尸体被烤熟学到了"加热"的逻辑。通过元素和思维逻辑之间的叠加，种种创新不断涌现：用来切割的石刀，就是以石头为基础，运用了"拆分"的思维逻辑创造出来的；看到了藤蔓之后，石刀和兽皮两个元素与"拆分"思维逻辑的结合会使人产生将兽皮切割成条状的想象，而兽皮条与藤蔓形状相似，又会启发人们将兽皮条制成皮绳。

人不断在自然界中发现新的元素，不断尝试与已知的思维逻辑进行叠加，从而产生了丰富的、渐进的创新，这些创新共同构成了人类的创新发展史。关于不同的元素是什么，元素与思维逻辑又是如何叠加的，在本章最后一节中将有更为详尽的介绍。

对企业来说，创新能力至关重要。因此，许多企业会想方设法激发员工的创造力，而这些方法的核心就是在办公环境中为员工提供新奇的刺激、不同的元素。IDEO 是由一群美国斯坦福大学毕业生创立的设计咨询公司，它的客户遍及电子、媒体、金融、家具、教育等各个领域。苹果的第一只鼠标就是该公司早期最著名的作品之一。为了激发员工的创意，IDEO 会不断更换员工的工作环境。斯坦福大学教授蒂娜·齐莉格在《斯坦福大学最受欢迎的创意课》一书中写道："当我去拜访 IDEO 的合伙人丹尼斯·博伊尔时，他在工作室中央的一辆改造过的货车里接见了我，那里是他的办公地点。"之后，这辆货车又变成了另一个员工的办公室，几个月后又被当作会议室了。类似的事情经常发生，有时候员工在小船里工作，有时候在埃菲尔铁塔模型里工作。芝加哥著名建筑设计师珍妮·甘的工作室里则放着各种奇怪的小物件：大块岩石、小块矿石、乐器、不同的纤维和手工艺品。[1] 所谓创意、创新，就是把两个原本看似没有联系的事物，通过某种逻辑联系起来。当办公环境中的各种东西与创意主题碰撞在一起时，灵感往往就会涌现出来。员工忽然看到的某间办公室摆放的某个物品，也许就能被用来解决某个问题。这时，办公室的各种装饰都可以成为构成创新的元素。

艺术家采风，同样是获取更多新元素以用于创新的过程。保罗·高更是法国后印象派著名画家，他获得灵感的方式就是旅行。高更在一岁时随着家人离开法国，到秘鲁首都利马生活，幼年的高更很快沉醉在秘鲁独特的风情中。对异国情调的留恋和对原始生活方式的向往，使后来的高更先后踏上了前往巴拿马、阿尔勒、塔希提的旅途。从繁茂的丛林、蔚蓝的天空和深邃的海洋中，高更获得了源源不断的灵感，将剥离了文明的、纯粹的自然风情融入他的艺术作品中。在其作品《万福玛利亚》中，高更就描绘了当地原住民女性的形象，并且融入了塔希提岛的热带风光与元素。可以说，旅途中所见识的不同风景正是高更的灵感来源。

获取新元素是我们创新的第一步，只有得到足够多的元素，并对其进行不同方式的叠加，才能有更多创新的可能性。正因如此，在和其他人一同讨论问题时，无论对方有多么天马行空的观点都值得一听，因为这样不仅可以感知自己没见过的元素，还能吸收他人的逻辑，多种元素、逻辑碰撞之后就能产生丰富多彩的创新。

3. 思维定式与功能固着阻碍创新

阻碍创新的最大因素是什么？

创新最大的绊脚石就是我们对"记忆铁轨"的依赖。新信息在我们头脑中留下印记就好比记忆草地上新出现一条路，不断地重复、提取和运用这一信息会将这条"路"不断拓宽，甚至使其变成铁轨，在这一过程中我们运用这条信息的速度会越来越快，那么当我们遇到类似情境时，就很难产生新想法了，因为我们会不由自主地选择已经形成的记忆铁轨，这远比建造新路要快捷得多。当我们想要创新时，面临的正是记忆铁轨的阻碍。拿起一样东西，我们马上想到的是它的固有功能，脑中盘旋的也常是老办法。无论怎么冥思苦想，固有功能似乎都最恰当，老办法好像也最管用，如此一来，自然难有创新。

心理学家用思维定式和功能固着来解释这种现象。思维定式是说人们积累的经验、思维规律，会在反复使用中形成稳定的路线、模式。[2]相似的是，人有把某种功能赋予某种物体的倾向，一旦认定物体原有的功能，就不再考虑其在其他方面的作用，这个倾向就是功能固着。[3]例如，我们通常认为只有用螺丝刀才能把螺丝拧紧，而想不到硬币也可以。

思想生来是自由的，而我们往往会在后天给它锁上镣铐。值得庆幸的是，打开镣铐的钥匙同样在我们手中。那么，这把钥匙在哪儿呢？

4. 打开创新的镣铐

要想拥有创造性思维，你需要一个放松的、不受限制的环境，在这种环境下，头脑中的元素可以天马行空地产生连接。例如，我家的浴室就是我本人的创意工作室。相信不止我有过这样的体验，在洗澡的时候，头脑中会有想法不停地冒出来，不断产生远隔联想。这些联想看似毫无逻辑，但往往就是解决那些困扰自己的问题的灵感。我有一个小习惯，那就是在浴室门口摆好纸和笔，洗澡的时候想到了有关产品的好点子、问题的解决方案，就马上出来将其记下。浴室这个环境能够帮助我进行创新，我在浴室里解决的问题，可能并不比在办公室里少。

在"欲望：压力欲望库"一节的拓展阅读"待机轮巡"中，我提到大脑的"待机"状态有助于激发创造力，这正是因为创造性思维需要一个不受规则限制的环境。大脑在注意力集中时，会忽略许多看似无关的线索，在"待机"状态下，大脑受到的限制很少，能够在更多的元素之间建立各种连接，遇到合适的刺激就会产生各种灵感和创意。"浴室"是一个能让灵感涌现的外部环境，而"待机"状态的大脑就是令创意无限的内部环境。

许多创意工作者都觉得在晚上能想出更多好创意，因此喜欢在夜深人静的时候工作。这就是因为夜晚为人们提供了不受限制的、轻松的环境，同时也使人们的头脑能从大量的信息中解脱出来，达到放松的状态。当然，前提是这时候人们感觉不太累，因为人在缺乏能量的时候是什么都干不了的。

如果你正在寻找灵感和创意，不妨找一个轻松自在的环境，让思绪自由自在地发散，这时创意就会主动来找你。

延伸思考

有人觉得创新是一种随机的叠加，不必在意是否有目标。但也有人认为创新必须建立在已有目标的基础上。这两种说法是否矛盾？如果是，你更倾向于哪一个？

创意丑小孩——保护"创意新生儿"

1. "丑丑的新生儿"

有孩子的人几乎都知道，孩子在刚出生时都不怎么漂亮，甚至有些"丑"——皮肤紫红且布满褶皱。但经过一段时间之后，他们的皮肤就变得细腻饱满，五官逐渐清晰，非常讨人喜欢。创意也是如此，所有创意在刚诞生时都漏洞百出且十分脆弱。但它们都个性鲜活、充满生机，只要经过不断地完善和发展，就有可能发展成完美的创意。

皮克斯动画工厂的创始人艾德·卡特姆在其所著的《创新公司：皮克斯的启示》一书中向世人揭示了皮克斯的创意秘诀：为"丑丑的新生儿"保驾护航，使作品从不完美迭代到完美。在皮克斯制作的动画作品中，很多为大家所熟悉的情节实际上与最初的设计方案完全不同。例如，《怪兽电力公司》中调皮可爱的两岁小姑娘阿布这个角色，在最初的设计中是一个从事会计职业的中年男人；《飞屋环游记》讲的是老人卡尔为了完成与老伴的约定，带着屋子冒险的故事，但最初的设计是围绕两兄弟争抢王位的情节展开的……

2. 面对"丑小孩"，放下完美主义

"创意丑小孩"对从事创意工作的人有两点最重要的启发。第一，在创作初期要抛开完美主义，不要急于批判和否定初生创意，要学会接纳"不完美"。在《创意之道——全球 32 位顶尖广告人的创作之道》一书中，文案大师戴维·阿博特这样描述自己的创作过程："我习惯一栏一栏地写文案……在栏线旁，我涂画下那些在需要前就跃入脑海的

想法和字句，让它们待在旁边直到有容身之处，我也会在旁边写下所有闪现在我脑海里的陈词滥调和无聊废话。"

激发创意的初期，人们除了要抛开对自己的完美主义，对他人更应做到不否定、不批判，接纳别人的"不完美"。经历过"头脑风暴"的人应该都知道，在这一过程中，一个关键的原则是不允许参与者批判上一个人提出的观点，每个人只能说自己的，有时甚至不允许参与者在他人发言的过程中露出任何怀疑的表情。之所以有这样的要求，就是为了给每位参与者提供一个能够畅所欲言的环境，保护每一个初生创意和新观点。

完美主义是开启创作的"最大敌人"。所以，在创作之初，不要被自己的完美主义束缚，写下每一个"不成熟"的想法，它们就是之后创意叠加的重要元素。

第二，重视反馈，虚心接纳意见。这是帮助"丑小孩"茁壮成长的关键一环。被广告大师阿德里安·霍姆斯奉为圭臬的创作原则就是："不要太珍惜自己的文字。"霍姆斯常常让身边的艺术指导或者任何他在走廊里撞见的人读他写好的东西。皮克斯动画工厂的创始人卡特姆说，创造型人才都有一个特点，就是对自己的作品非常自豪和在意。而这很容易导致他们产生一种心态，就是把作品和他们自己等同起来，认为别人一旦不认可他们的作品就意味着否定他们。但在作品迭代过程中，他人的反馈极其重要，勇于接纳他人的不同意见能使你在试错的道路上少走弯路，还能为你提供新的创作元素。

3. 先接纳"平庸"，再走向"伟大"

实际上，保护"创意丑小孩"是移动互联时代很多行业的从业者必须拥有的一个思考方式、行动方式。

传统意义上的创新强调前期做好充分准备，确保最终面向市场的产品一定是精确且完善的。在互联网时代，用户需求逐渐多元化，市场的变化与之前相比更为快速，这些都对产品的更新迭代有着更高的要求，与传统意义上的创新相比，迭代创新更能满足当下快速变化的市场需求。比如，云计算平台亚马逊 AWS 一开始仅向用户提供计算、存储、网络等基础服务，但随着用户需求的改变，亚马逊不断对 AWS 进行迭代，仅在 2013 年就开发出了 280 多个新功能。

想要见证伟大，就必然要经历一段不伟大的平庸。

延伸思考

前文反复提到置疑的重要性，但"创意丑小孩"号召人们放下完美主义，不批评他人的想法，你觉得这两种说法是否矛盾？你认为置疑的尺度和时机是什么？

创新实操攻略——成为创新专家

1. 创新能力可以培养

人的创新能力是天生的吗？

内向、拘谨、墨守成规一度是我给别人留下的印象。刚进入职场的时候，我对创新丝毫不擅长，做每件事都希望先找到惯例，习惯依照惯例行事。后来，因偶然的机遇，我进入了多媒体教育软件设计领域。《开天辟地学电脑》是我和团队伙伴设计的第一款电脑教学软件。经过 2 个月的艰苦开发，我们做出了第一个版本，在好不容易请朋友测试使用之后，得到的评价却是："令人昏昏欲睡。"这让我非常沮丧，我们决定推翻原来的思路重新来过。

夜深人静时，我坐在书桌前重写软件文档，思考到底是哪里出了问题。我发现，我们的软件要服务的对象是对电脑几乎一无所知的人，而我们设计该软件时却是基于一个对电脑很熟悉的人的角度。当时这类软件都是这么做的，只是我们的软件做得更细致，加上了更多多媒体效果。这样肯定行不通，就这样，我们被迫打破常规。我开始设想，若是面对完全不懂电脑的父母或者朋友，我会怎么手把手地教他们。这一次，我们将软件设计成"小博士"和"小教授"对话的形式，按照电脑"小白"的思路逐步提出问题，然后逐一解答问题，配上亲切自然的语言，学习效果果然不同了。我把这种思考方法称为"假设亲人法"。重新设计的产品获得了很好的市场反馈，第一个月就售出了一万多套，而且此后不断创造销售新高，最后各种版本加起来共售出了 2 000 万套。

多媒体教育软件设计是一个不断"求异"的工作，我每天都要在各个工作环节构思与以前不同的东西。最初这个过程很折磨人，让我非常焦虑，但后来我变得越来越驾轻就熟，研发新产品变成了每天让我最开心的事情，灵感也如泉涌。

如果说积累可用于叠加的元素需要一个人不断扩展知识面，那么熟练运用各种逻辑的能力就需要人们不断练习来获得。我自己的体验是，当我习惯了运用拆分、组合、取反等逻辑进行思考时，每当遇到一个问题，这些逻辑会很自然地在我的头脑中运作一遍，甚至类似本能的自动化加工。创新其实是一个熟能生巧、巧而生趣的事情。

2. 忘掉需求，抓住痛点

无论是艺术创新还是商业创新（包括技术创新），它们的本质都是不断进行元素叠加，其中商业创新的目的更多是解决实际问题。做产品的人经常谈要发现市场的需求，发现用户的需求，然后满足这个需求，认为这样就解决了实际的问题。在我看来，用户需求这个思考角度是巨大的陷阱，无数创业项目或产品创新都因掉入这一陷阱而失败。溯其根源，我们做一个产品时，要解决的是人们真实的痛点。因此，要做商业创新，我们要抛开需求，找到痛点。

首先，需求不是本质，痛点才是。所谓痛点，就是人们心中的不爽、日常中的不便或不能。比如，《开天辟地学电脑》软件大获成功之后，我就想，人们一定也需要艺术教育，于是就开发了一系列艺术多媒体教育软件，包括音乐教育软件《震撼》、美术教育软件《辉煌》等，但均销量不佳。这些艺术类产品是有用户需求的，但不是用户痛点。人们在艺术欣赏方面并没有体会到明显的不便或不爽。再如，我们有寂寞的痛点，但不一定有找人聊天的需求，因为我们可以通过很多种方式排解寂寞，聊天只是其中的一种，即便是聊天也还有很多种不同的形式，所以不能简单说用户有聊天的需求。

其次，没有所谓的创造需求，只是发现了还没说出来的痛点。经常有人说，没有需求也能创造需求。商学院的一些教授以及市面上的商业书籍经常以索尼公司生产的随身听为例，称其是最伟大的创新之一，是没有需求而创造了需求的典型案例，人们本没有在路上听音乐的需求，却因随身听的发明而产生了这种需求。我认为这是错误的视角，与其说这项创新创造了需求，不如说它满足了人们没有说出口的痛点——在路上的时候不能听音乐。消费者之前之所以没有相关需求，是因为他们不了解新技术的进展，无法说出解决他们痛点的新方式。

再次，需求有可能是假的，是被弹簧补偿出来的，但痛点不可能是假的，是真实存在的。这种被弹簧补偿出来的需求是最危险的，因为它是导致创业失败的主要原因。有的创业者开始了一个项目不是因为它真的能满足市场上的某一需求，而是为了立项而立项。看到别人都在创业，自己也要创业；看到别人都研发新产品，自己也要研发新产品。人一旦有了这样的想法，思考过程中必然会伴随着期待性寻证和弹簧补偿，就会把一些片面性的需求加工成大众的普遍需求，并一遍遍自我强化这种错误的观念，告诉自己大众一定会喜欢自己的产品。这就是弹簧补偿出来的需求。上面提到的《震撼》《辉煌》就属于此类。

这种情况下，有的人是用自己现有的资源拼凑出一个产品，并坚持认为这个产品一定是有需求的，有的人则是把自己的兴趣爱好当成了大众的兴趣爱好，觉得自己喜欢的东西别人也一定会喜欢，这都是弹簧补偿的陷阱。

最后，创新就是要把不爽变成爽，把不能变成能。对于想学外语的人而言，学外语很困难，学不会，这就是痛点，就是不爽和不能。如果一个产品能帮助想学外语的用户轻松愉快地学好外语，这就是把不爽变成了爽，把不能变成了能。很多人没办法自己做饭但又没空或者不愿外出就餐，这就是个痛点，网络订送餐业务把人们的这种不爽变成了爽。排队买票的队伍太长，这就是痛点，网络售票就消除了人们的这种不爽。这就是创新的核心点，找到痛点，把不爽变成爽，把不能变成能。

3. 拆解痛点，清楚哪里痛才是关键

区分了痛点与需求，接下来我们思考一个更深入的问题：一件事为什么会成为人们的痛点？有很多观点是从人性的角度出发的，认为痛点来源于人性的弱点，比如很多社交产品在满足人们社交需求的同时，也满足了人们内心攀比、虚荣、自尊的需求，只要人们本性中的比较因子还在，这类产品就会被需要。这是一个角度，但我想从全因模型的视角出发，分析痛点的本质。

在我看来，所有痛点都是由局限导致的，这可以追溯到本书第四章所说的三条边界：能量边界、信息边界和效用边界。了解这三条边界后，你就会发现大多数产品都是围绕这三点开发与扩展的。快递、网上订送餐、网约车等创新服务，都旨在帮助人们节省更多的能量；各类社交网络、论坛、短视频应用，都旨在打破人们的信息边界，尽可能创造更多新鲜有趣的内容去刺激人们因边际效应而日渐麻木的神

经。可以说，一个产品能打破越多的局限，就能影响越多的用户，就能收获越大的成功。

如何发现真正的痛点？我常用的一个方法是：对问题进行层层拆解，找到最小的不可拆分单元，确定痛点的精确位置。比如，要解决房屋漏雨的问题，我们需要确定究竟是哪块瓦片下有缝隙，这就是精准定位。对问题进行一层层拆解，直到问题背后的原因逐渐清晰，只有这样才能对症下药、有的放矢，才能真正解决问题。

对我而言，绝大多数的产品创意都是在这种拆分问题、层层追问的思路下诞生的。以儿童教育软件为例，在《洪恩识字》软件被研发出来之前，市场上早有不计其数的儿童识字产品，但它之所以能够获得用户的好评，并在市场上遥遥领先，很大程度上得益于对用户真正的痛点进行拆解。父母有教小孩学汉字的强烈需求吗？如果你问孩子的父母，他们会觉得小孩早晚都能学会汉字，况且学汉字的资料、素材成千上万，这似乎不是一个强烈需求。但父母有痛点吗？有！父母没时间、无法系统连贯地教孩子。那么，孩子用电视、录音机可以自己学会识字吗？答案是：并不容易。如果没有人教，小孩只能等到上学以后才能学会识字。相比较之下，欧美国家的小孩早在上学前就开始阅读了。再往下追问，为什么识汉字难？对比英语、法语等表音文字，汉语作为一种象形文字，其发音和外形几乎没有任何关系。拆解到这一层，一个很明确的点就出来了：汉字的"形"是困难点。接下来，大家肯定会想到要寓教于乐，但怎么才能做到真正的寓教于乐？如果只分析到最表层的寓教于乐，设计一个游戏，然后将字放进去，不就可以了吗？现实是，这样做并不能达到帮助孩子识字的目的，孩子也许会将所有的注意力集中到那个游戏中，而忘记了要学习汉字这件事。"乐"和"教"独立开来，没有做到融合。在这里，认识字形是关键点，如果游戏的设置没有降低认识字形的难度的话，就是没有意义的，那么通过游戏降低认识字形的难度呢？想到这一点，人们就自然会想到字形出发去设计游戏，用字形做游戏，真正将"教"与"乐"结合在一起。这样，孩子学习汉字的效果就会更好，创新替家长解决了因能力与时间局限导致的痛点。

4. 一日一新——让创新成为习惯

了解了创新的本质和过程，接下来我们谈如何培养创新思维，提高创新能力。每个人都会有一些好想法，但要将想法转化为创新能力并非是一蹴而就的，需要进行大量具体的练习。

第一，一日一言，要善于总结规律，每日总结一条规律。规律包括两方面的内容：一方面是创新规律，需要我们经常搜集已有的创新案例，从中总结创新规律，以充实自己的经验价值清单；另一方面是事物发展规律，这种规律是对事物本质的认识，经常总结事物发展规律有助于我们认识事物的本质，而且有助于我们提高归纳能力和洞察力，进而对痛点的拆解也会更为精准。

第二，一日一书，要博学多识。前文提到创新就是已有元素的叠加，因此了解的元素越多，创新的可能性也就越大。多读书、多游历、多交流，搜集更多的"多宝豆"，这有助于人获取更多的知识和观念，这些知识和观念进一步拆解和叠加，产生创新的概率自然更高。

第三，要坚持一日一新。无论从事哪种工作，都坚持每天至少一个创新想法，时刻在头脑中对自己所遇到的问题进行拆解、元素腾挪、元素叠加这一系列动作。经过日积月累的练习，这一系列动作就会成为我们头脑中的自动化加工过程，一遇到问题就会自然而然地使用这一方法进行处理。那时，创新就会成为我们日常的一个生活习惯、一种自觉意识。

第四，要掌握思维训练方法。"工欲善其事，必先利其器"，工匠要想提高技艺，一定要先拥有顺手的工具。掌握一些思维训练的具体方法，有助于提高我们的创新能力。很多书中都会提供一些创新思维的训练方法，例如曼陀罗法、分合法、逆向思考法、属性列举法、希望点列举法、优缺点列举法、5W2H 检讨法、目录法等，这里就不赘述了。这些方法与全因模型结合使用，效果会更加显著。

第五，要勤于思考。其实创新的本质和方法并不神秘，但创新的重要阻碍在于人具有拒绝改变的倾向，这种变化惰性往往才是最需要克服的。凡是头脑懒惰的人，不可能具有很强的创新能力。只有使脑子不停地思考，才能使各种创意不断地待机轮巡，进行碰撞。世界上的好多发现，看似是科学家的灵光乍现，实际上是科学家经过深入思考后，在某个机缘触发新的元素叠加才冒出的火花。比如，阿基米德发现浮力定律、伽利略发明望远镜等都属于这种情况。

5. 创新无处不在

创新的关键在于对痛点的拆解，任何领域都存在当前的痛点，创业就是在原有的基础上找到一些痛点，然后通过创新解决这些痛点。

1853 年，一个叫李维·斯特劳斯的青年人踏上了美国西部淘金之旅，他发现淘金人的烦恼是衣服都很容易被磨破，而西部到处都是废弃的帐篷。他由此想到，如果能把这些帐篷搜集起来，洗干净后缝制成裤子，肯定会很耐磨。于是，他缝制了世界上第一条牛仔裤，后来他创建了自己的牛仔裤品牌——李维斯。

无论在哪个行业，创新的机会随处可见。环境越是不好，对于创新就越有利，因为那意味着痛点多，创新的机会也多。一个典型的例子是，发展中国家在很多领域与发达国家都存在差距，而正是这些差距孕育了大量的创新机会。

延伸思考

请问痛点和需求在不同时期或不同地域会发生变化吗？人们实际的痛点和人们自以为的需求哪个范畴更大？

人类创新历程——从叠加开始的辉煌

也许有些人会怀疑，创新真的这么简单吗？实际上，人类从诞生起，经历了无数的创新才走到了今天的文明社会，如果回看人类漫长的创新历程，你会发现这些创新虽然不尽相同，但其诞生过程都是有迹可循的。让我们一起穿越时空，看看叠加方法是如何在人类创新历程中被实践的。

1. 人类最初的创新来源于自然界——石器时代

自然界对创新有多重要？不夸张地说，几乎人类所有创新的素材、方法和逻辑都来源于自然界。取材于自然界，造福于人类，这便是创新的第一个规律。

说到这儿，让我们一起去石器时代走一趟，看看我们的祖先是怎样创新的。所谓创新，就是利用当下的知识和物质，在特定环境下对事物进行改造和发展，或提出有别于之前的方法。对我们的祖先来说，烹饪、打猎这些在现在看来很平常的技能，在那时可是相当了不起的创新了。说到烹饪，原始人是怎样吃东西的？在学会烹饪前，他们都是抓捕到动物后生吃的。有火是烹饪的前提，但火绝非凭空而来，我们的一位祖先在一个电闪雷鸣的夜晚意外地发现了木头能被闪电点燃，随之蔓延而来的山火让他第一次看到了"燃烧"这个神奇的自然现象。在一场大火后，他又意外地在燃烧过的地方发现一块没有流血、颜色改变的肉，这块肉闻起来香极了，在他咽下这块"美味佳肴"后，他获得了一个全新的技能——肉＋火＝更美味的肉，这就是"烹饪"。和烹饪类似，人类最初的创新几乎全都来源于自然界中的意外发现：大约 2 万年前，原始人发现黏土与水在山火中烧过一阵子后，会形成有一定形状和硬度的器具，于是，"黏土＋水＋火"，陶器就这样诞生了；8 000 多年前，一群住在海边的人偶然发现，经过太阳的暴晒，海水蒸发后会留下一堆白色的晶体物质，将它们放进口中有特别的味道，这就是日后烹饪必备的调味料——盐。后来，人们试图模仿自然蒸发，设法把海水蒸发掉，而从前面的烹饪技能中，人们学会了把水蒸发掉的方法——加热蒸发，于是人们将海水放进陶罐中，像蒸煮食物一样煮盐，得到了这些咸咸的颗粒，于是"海水＋陶器＋火"，煮盐的技术也被创造出来了。

这些最初的人类智慧，取材于自然界，是人类从自然现象中学到的，为后来无数创新发明打下基础。

2. 自然物与创新物的叠加——青铜时代、铁器时代

来到青铜时代，可以发现人类已经开始使用之前"创造"出的技术与创新物发明出新的物品和技术。这是创新的另一个方法——自然物与创新物的叠加。前文讲到，早在石器时代，人类就掌握了制陶技术。青铜时代的人类则充分利用前人的智慧，将制陶技术与红铜、锡、铅等金属元素叠加，发明出新的"青铜冶炼术"。

到了铁器时代，人类已初步掌握早期的炼铁技术——块炼法。但这种方法生产出来的块炼铁不够坚硬，耐用度也很低，并不能满足人们的需求。直到有一次，有人偶然建造了一个更高一点儿的炼炉，发现在通风更好的情况下，炉内温度会猛然升高，而在这个炼炉中产出的铁也更坚硬耐用，就这样，生铁就在技术与创新物的反复叠加中诞生了。[4]

我相信上面这些偶然现象经常发生，但只有很少部分人把这些偶然现象总结成经验并传授给他人。而正是因为这些人对经验的总结和传授，人类创新才能真正被掌握、被传承。

3. 思维逻辑——让创新起飞

除了自然物与创新物的叠加，另一个参与叠加的是思维逻辑，它是创新中不可或缺的一环。思维逻辑是人类认识和使用经验的方法，比如组合、拆分、类比、取反等。有了这些思维逻辑，人类就能在已有经验的基础上去发展、改造、创新。

"组合"可以说是最基础、使用最频繁的一种思维逻辑。顾名思义，将不同的物品、技术拼接到一起，就是"组合"。比如，公元3世纪左右，一群士兵在野外跑马练兵，当时的马镫都是皮质的，十分松软，因此士兵在马背上的稳定性并不高。突然，一名士兵不幸从马背上跌落，士兵的脚被挂在了马镫上，而马还在一路向前狂奔，这名士兵因此被马拖行了几十米，身受重伤。一名铁匠听闻了这件事，看了看身边铸好的铁器，再想了想马镫，灵感一瞬间被激发，为何不将两者组合起来？如果用铁板来做马镫，一方面稳定性极高，另一方面不会像用皮或布做的马镫那样容易挂住人的脚。组合思维的作用被这名铁匠发挥到了极致，如今马背上仍沿用着这种铁制的马镫。[5] 把看起来不相关的东西重新组合，使之形成联系，这就是"组合"这个思维逻辑的关键点。

"类比"是指通过比较两个不同的事物，从中找到它们的类似之处，这种思维逻辑在技术创新上被反复使用。在15世纪的德国，一位名叫约翰内斯·古滕贝格的发明家正在对印压方法进行改造。之前的印压方法只适用于很薄的纸张，而这在一定程度上限制了印刷的效率。一日，古滕贝格来到一个葡萄酒庄园，他看到用于压葡萄和油料的螺旋压榨机与印压机的运作原理十分相似，却能压厚重的实物，他瞬间得到了启发。回到家后，他模仿螺旋压榨机，将旧式的印压机改造成了螺旋印压机，自此以后，很厚的羊皮纸也能被印刷。这极大地改善了印刷技术，使当时欧洲文明的传播进入一个新时期。除了印刷技术，另一项跨时代的创新物也来源于类比思维。在 17 世纪的法国，有一位物理学家正在使用高压锅做饭，他发现，如果将这个锅完全密封，蒸煮一段时间后，锅盖会被锅里的蒸汽顶起。这让他联想到当时被广泛用于炼铁的活塞式风箱，为什么不用蒸汽来驱动活塞运动呢？那个高压锅就是后来蒸汽锅炉的创意来源，可以说它是蒸汽机发明的重要基础，人类至此开启了蒸汽时代。

"取反"实际上就是逆向思维，它听起来不如前两种思维逻辑那么熟悉，但也在人类创新历程上扮演了重要的角色。风能够吹动扇，而反过来扇也能扇动风，这就是"取反"思维逻辑。标志着人类从蒸汽时代步入电气时代最伟大的发现——电磁感应，就来源于迈克尔·法拉第的逆向思维。实际上，在法拉第之前，有很多物理学家已经做过电磁学的研究，也发现了一旦给导线通电，导线附近的磁针会发生偏转的现象。但受惯性思维的影响，并没有太多人进行进一步研究。法拉第却从这个现象中得到启发：既然电能生磁，那么反过来，是不是磁也能生电？为证明自己的这一猜想，法拉第又进行了长达 10 年的研究，最终为世人揭开了电磁感应的秘密。而之后众多的发明创造，比如发电机、电动机等，都是基于电磁感应原理，人类至此正式步入电气时代。

　　"拆分"其实就是将整体变为部分。当我们的祖先看到石块从山上掉落，碎成石子时，就初步掌握了这种逻辑。人类制造石刀背后的核心思维逻辑，就是"拆分"。以上举的都是技术创新的例子，实际上，管理制度的创新在人类创新历程中扮演着同样重要的角色。在20世纪的日本流行着这样一句话："中小企业就像脓包，大了之后就一定会破。"不出意料，很多日本小企业发展起来后，的确患上了大企业的通病：组织人员冗余、生产效率低下、贪污腐败频现……就在这时，京都陶瓷株式会社（现名京瓷集团）的创始人之一稻盛和夫提出了"阿米巴管理制度"，即把庞大的组织拆分成一个个独立的小组织，让它们独立经营，独立核算。这在当时是一个很大胆的管理制度创新，将"拆分"这种思维逻辑应用到了极致。

　　除了以上四大思维逻辑，还有很多其他种类的思维逻辑也在创新中扮演着重要的角色。比如"形变"和"性变"，我们可以把它们分别看作物理变化和化学变化。之前讲到的陶器、青铜器等器皿之所以能形态万千、功能各异，很大程度上就来源于人们对"形变"这个思维逻辑的把握。"性变"也很好理解，祖先从腐烂的肉中闻到臭味，接着就认识到物质会在性质上发生变化。我们现在常食用的酸奶，就是4 000多年前游牧民族偶然发现的，而其中最关键的思维逻辑便是细菌依附在鲜奶上后产生的"性变"。

4. 创新之旅永不停歇

　　到这里，整个人类创新历程就有迹可循了。

　　我想说的是，创新并不神秘。它所有的素材、方法和逻辑都来源于自然界，我们每个人都能得到；它诞生于元素叠加，我们每个人都

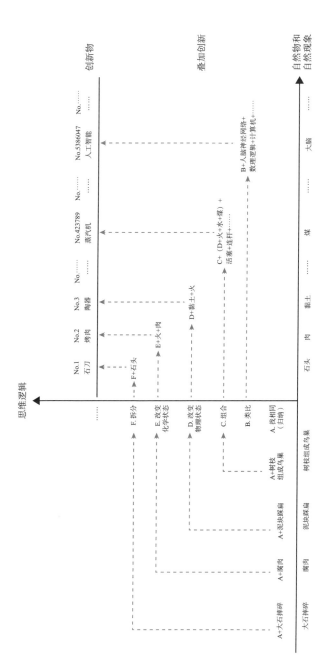

图 9-1　人类创新历程图

能做到。创新也是一项熟能生巧的技能，就像学习语言一样，无论是母语还是外语，都是越练越熟。如果你经常创新，你头脑中组合各种元素和逻辑的能力就会越来越强，甚至能做到随时创新、按需创新。

这段旅程的最后，附上全因模型中一张人类创新历程简图，里面有我对创新的一些逻辑梳理，而更多的旅程，会在之后关于创新的书中为大家呈现，请大家拭目以待！

延伸思考

人类的创新发展是渐进式的还是跳跃式的？英国学者李约瑟曾提出一个著名的问题："为什么中国在古代对人类科技做出了很多重要贡献，但科学和工业革命却没有在近代中国发生？"对于这个问题，你有何思考？

第十章
高级进阶：不知之障

你已成长为能够独当一面的高手，进阶攀爬也终于快要登顶，似乎胜利在望。但这往往是最危险的阶段，也是压力最大的时刻。为什么我们和更高阶的人的想法有差异？为什么我们越向上攀登就越困难？为什么找到能力的边界是成功的关键？这些问题的根源是什么？变未知为已知，才能冲破不知之障。

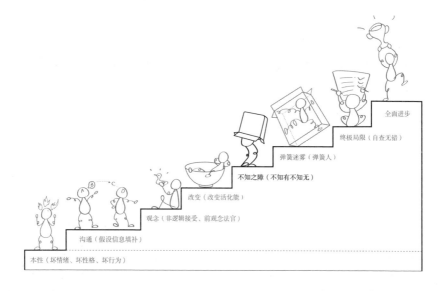

全面进步

终极局限（自查无错）

弹簧迷雾（弹簧人）

不知之障（不知有不知无）

改变（改变活化能）

观念（非逻辑接受、前观念法官）

沟通（假设信息填补）

本性（坏情绪、坏性格、坏行为）

高山俯瞰——不同层级眼中的世界

1. 人的成长过程类似登山

有登山经历的朋友，可以回忆一下登山时的体验。在登山的过程中，在山脚、山腰和山顶看到的景色给人带来的感受完全不同。在山脚时，我们看到的是路径、灌木、树林；在山腰时，我们看得到其他山峰的部分轮廓，也能看到来路上的蜿蜒崎岖，但仍然看不到山顶的状况；当到达山顶时，一切景色尽收眼底，我们才能体会什么是"一览众山小"。

图 10-1　登上山顶后的视野

人与人之间就是如此，站在山脚的人往往不能理解站在山腰的人，站在山腰的人又常常看不懂站在山顶的人。爬上高山的人能看懂矮山上的人的情况和轮廓，而矮山上的人看不懂高山上的人的思考方式及行为方式，我把这一规律叫作"高山俯瞰"。处在不用位置的人的经验价值清单不同，失衡源和负反馈的方式也存在差异，因此决策、动机和行为也自然不同。

2. 登顶者往往"不被理解"

在企业中处于不同位置的管理层，就像处于不同高度的登山者。一个站在山顶的高层，他的决策很可能不会被正在爬山的人理解。站在山顶的高层可以迅速捕捉商场的风云变化，继而适时调整战略计划。这就像站在山顶的人们，能及时看到某块乌云正在往这边飘来，从而预测天气会变化，并通知正在爬山的人改变计划，准备躲雨，而爬山的人只能看到眼前的"晴空万里"，必然不能理解这一决策。

攀登者专注于眼前的工作任务，登顶者则俯瞰整个行业的规则、走势，了解不同因素之间的互相影响。前者的思考往往有很多局限，因为他们无法看到更为广阔的格局；后者则更能发现关键问题、本质问题，能给出战略性建议。

3. 攀登者看不见的危机

登顶者和攀登者之间，由于经验和能力的不同，看待事物的视角和格局也不同。然而，高山俯瞰的关键核心在于，攀登者往往对这些不同并不了解，对登顶者更高层级的经验、能力"不知有不知无"。

举个例子，一个两三岁的孩子，跟别的孩子抢玩具、抢礼物，这时如果你对他说："孩子，你要懂得分享，不能太自私。"他的反应可能只是一脸无辜地看着你，因为他根本听不懂你说的分享是什么，自私又是什么。

上述例子中孩子对大人的话语意思的不理解与职场中年轻人对自己能力范围的不清晰，这两者的本质是类似的。在企业管理中，常常会有年轻骨干希望去任职某个岗位。这时，经验丰富的管理者往往能很清楚地知道这名年轻人与他期望的岗位之间的匹配程度。有时，管理者可能会认为他还欠缺一些必要的技能和思考，比如，他还没有完整地体验做产品的过程；他可能还不懂得怎样帮助组员提升和成长；他可能性格太急躁，以后很可能会因此出问题。这种情况下，管理者通常会建议年轻人再锻炼锻炼，提升某些方面的经验和技能。考虑到这位年轻人的自尊心，管理者有时不愿意把问题说得太透。因此，年轻人常常并不清楚管理者的想法和顾虑，会觉得"还有什么好锻炼的，我已经准备得很充分了"。这就是攀登者的危机，这种不自知会引发很多判断和决策错误。这与鼓励年轻人大胆尝试并不冲突，这是不同的场景。

4. 被看透的压力感

登顶者和攀登者之间存在能力差异，而每个人的能力都会在成长或攀爬的过程中得到提升。我们每个人既是登顶者，又是攀登者。

在全因模型中，登顶者和攀登者之间的能力差异，主要体现在他们头脑中小逻辑的数量上。所谓"小逻辑"，就是"当出现某种情况时，我们该怎么做"，它就像是编程语言中的 if 句型，"如果……那么……"。人们头脑中的这些小逻辑，是在攀登过程中不断发现、学习、总结而来的，属于经验价值清单的范畴。

比如，面对同样一件事件，当企业有 10 人、100 人和 1 000 人时，管理者所采取的解决方法通常是不同的。公司有 10 个人的时候，管理者碰到问题一定会自己去解决；公司有 100 人的时候，管理者遇到问题可以自己解决，也可以让团队解决；公司有 1 000 人的时候，管理者遇到问题就不能自己去解决了，而一定要通过管理系统激励团队去解决，因为只要这样团队才能成长，组织才能壮大。

一个登顶者的头脑中可能已经积累了几百个各种各样的小逻辑，而一个登山新手因为阅历有限，头脑中可能只有几十个小逻辑。

这里分享一个重要的辅助工具——"被透视感"，它可以粗略判断其他人的能力是否强于你。举个例子，企业中，能力和阅历相近的高层管理者之间的交流通常是自然的、顺畅的。而相对稚嫩的职场新人在面对这些职场老手时，往往会有点儿紧张，略显不自然，有时可能会半开玩笑地说："我得先准备准备，再来沟通。"这种紧张感从侧面反映出彼此之间的能力、经验、阅历相差得比较远。我认为，这是因为在沟通过程中，双方眼神相对的时候，经验少的年轻人能察觉得到对方"看透"了他，他却看不透对方的眼神。一个人的眼睛及面部肌肉的活动能很好地表达情感，眼神中能透露出很多思考的过程。在与人沟通时，我们经常能从对方的眼神（表情）里察觉到一些言语之外的信息。人在快速思考的时候，眼神会闪烁，我认为，这种闪烁就是一些小逻辑的反映。交谈 10 分钟，几十个小逻辑已经从对方的眼神中闪过了，如果你发现自己理解不了对方眼神中传达的信息，就会感受到压力。

关于这一点，我曾有过亲身体会。我刚开始创业的时候，偶尔会遇到一些大企业家。我还记得，有一次一位国际著名企业家来北京，他邀请了一些创业者交流经验而我有幸在被邀请者之列。我很兴奋，一大早就起来，认真地整理好西装，很早就赶到会场，坐在外面等候。真正与他沟通的时候，我显得很亢奋，很积极地展现自己好的一面。我必须承认，虽然他是一位很随和的长者，但跟他聊天的时候，我感到有些紧张，有些不自然，感受到了压力，那是一种被高手看透了的压力感。

人们面对能力比自己强的人时会感受到压力，这很正常。但在工作中，这可能会产生负面影响。我注意到，在企业中，管理者通常只能招到比自己稍弱的人加入团队。这是因为管理者在招聘团队成员时，会潜意识抗拒那些自己无法彻底看透，似乎不好掌控的人。比自己能力强的人必然会给自己带来压力，而与自己能力、经验接近的人，通常也不会让自己感到轻松。这是因为两个人虽然综合能力差不多，但必然各有所长，面对这样的人，我们可能会觉得不舒服、不自在，这背后其实就是一种无法掌控全局的失控感。结果，各层管理者招聘到的人通常都是让自己感觉舒服的人，认为"人不错，踏实"，实际上就是能力弱于自己的人，让自己没有危机感的人。这样，就是一层不如一层。企业陷入后继无人的危机状态。

其实，人在面对能力比自己强的人时感受到的压力如果能够被运用得当，反而能够为己所用，促进个体乃至所在群体的进步。比如，作为企业的创始人，为了使企业不断发展，我需要找到优秀的高级管理人才加入。我经常担心因为自己进步的速度不够快而阻碍公司的发展。我在招聘高管的时候，会特别留意那些让我感觉不能彻底看透，让我多少有些"不处在"的人，因为我知道这些人是与我能力相当的人，或者在某个领域比我能力强的人。后来实践证明，这些优秀的高管没有辜负我的期待，为公司的发展做出了很大贡献。

也许有人会问：既然攀登者与登顶者存在着如此大的差距，那在工作中我们岂不是不应向权威发起挑战？其实，高山俯瞰与挑战权威并不矛盾，在企业管理中，我一直鼓励员工们说真话和敢质疑，但这二者的前提是我们对这个问题的深度思考，这就包括了对对方角度的认识和剖析，而高山俯瞰的真正意义也在于此——让我们客观地认识到自己的视角也许并不全面。

延伸思考

在职场中，领导者身处高位，高山俯瞰，但我们也时常会看到领导者做出错误的判断。你如何看待这一问题？

不知有不知无——不知道别人有，则不知道自己无

清朝末年发生的丁戊奇荒是中国近代最严重的旱灾饥荒之一，这场灾荒吸引了西方媒体的目光，但中西方对此的报道却截然不同。1878 年，《纽约时报》在长篇报道《7 000 万人处于饥饿中——中国华北大饥荒》中指出，这场严重灾荒最主要的原因是中国交通系统的落后，而中国舆论则认为没有及时救灾是因为官员腐败。当时，中国内陆地区的运输主要靠运河和畜力，但旱灾严重时航运停用且牲畜不够，只能靠人力运输粮食，而人力运输粮食的量还不够挑夫途中所需，因此运输粮食实际上极其困难，清政府对此束手无策。当时中国的舆论之所以没有看到这一点，是因为那时的中国远没有建立起如英美一样发达的交通运输网，人们没有见过其他国家发达的交通运输系统，也就不可能知道交通在缓解灾荒中的重要性。[1]

1. 不知他有，不知我无

我经常会碰到这样的情形：某位公司管理者找到我，告诉我他认为自己可以负责更多业务，承担比现在更高的管理责任，应该得到晋升了。当我委婉地告诉他，他可能还没准备好时，他往往会说："我觉得我已经准备好了，我比 ×× 更优秀，他都能做，我为什么不能？"

在我看来，关键就在于这个人认为自己在某些方面比别人强，但不知道别人的某些能力或素质是他所没有的。听到我说完之后，对方一般都会非常惊讶，因为他根本不知道还有这些能力或素质的存在。

比如，也许那个想要升职的管理者的职业技能比别人强，但是不具备别人帮助团队成员规划人生通道的能力。或者说，他都不知道这种能力的存在。

在多年的企业管理中，我发现人往往无法认清自己能力的真实水平，不知道自己与他人真正的差距在哪里，而这很大程度上是由"不知有不知无"导致的。

这其中包含两层含义。

第一层含义是人永远无法想象到自己从未见过、从未接触过的事物，这是"不知自己没有什么"的问题。因为不知道有某项能力或技能的存在，也就无法知道自己不具备这项能力或技能。就像不知道可以从肢体语言判断别人的想法，不知道变魔术需要运用转移注意力、道具制作等技术，也就不知道自己不具备这些能力和技能。人们常说的"养儿方知父母恩"也是这个道理。

第二层含义是人们很难认清自己能力的高低，这是"不知自己没有多少"的问题。相较第一层含义，它对人们的影响更大。因为非全信息局限，我们往往只能看到事物的局部，却自以为看到的是全部，从而产生了一种足够了解它的错觉，这种错觉导致我们经常会高估自己的能力。比如，刚去工地的工人都认为自己会搅拌混凝土，认为只要有几包水泥，加上水、砂、石子就能做出来，但这只能应付一下自建平房。如果要建三峡大坝那样的大工程，搅拌混凝土时就需考虑用水量、水灰比、砂率、水泥的品种、时间和温度等多项因素，甚至有时还要用计算机模拟实际效果，而这往往不是所有工人都能胜任的。

虽然职场新人缺乏很多的知识和技能，但清楚自己还有很多不知道的东西，所以会持续地学习从而取得进步。而管理者往往因为已经具备比较完备的知识和技能，更容易受到"不知有不知无"的影响，认为自己已经懂得很多、很全面了，从而停止前进的脚步。事实上，没有人能够什么都懂，人总有进步的空间。所以，每个人都需要知道"不知有不知无"这种现象的存在，而管理者更需要了解。

不知道别人有什么、自己没有什么，不知道他人有多少、自己无多少，这就是"不知有不知无"。而真正的危险在于，我们通常不能发现自己的这种"无知"。

2. 比自己以为的差一点

我们经常会混淆"知道"和"理解"。尽管只看到了事物的局部，却误以为自己已经掌握了全局。这种情况下，我们往往会产生虚假的自信。

18世纪英国最伟大的诗人蒲柏说过一句名言："一知半解是很危险的。"这种情况的危险之处在于，我们往往会因为高估自己而做出危险的决策，导致严重后果。如果我们接触到的是一个全新的未知事物，我们的态度会相对谨慎，但如果我们了解其中的一部分，就很容易高估自己，无法发现自己的不足。心理学家将这种现象命名为"邓宁—克鲁格效应"，也称"达克效应"。它描述了一种认知偏差现象——在群体中，表现最差的人往往是最高估自己能力的人。实验发现，表现欠佳者往往会自吹自擂，而表现良好者反而会低估自己。[2]达克效应之所以会发生，是因为表现欠佳者往往对某项能力并不充分了解，误以为自己具有的部分就是这项能力的全部。

听说过、知道、理解、自己能讲出，这是对事物4个不同的认知层次。年轻人容易把知道一个事物误以为是完全理解这个事物，但如果让他去讲，他又无法做到。这4个认知层次之间就像见过车、会开车、会修车和会造车一样，差距巨大。

3. 思维体操：放大镜思维

知识的广度无边无际，知识的深度不可测量，每个人都会因非全信息局限而不可避免地受"不知有不知无"影响。尤其是当人们和一些同级别或更高级别的人对比时，因为要维护自尊心，往往会忽略他们与自己表面上的些许不同，而且不认为那些表面上的不同有什么重要意义。但实际上，表面上的些许不同代表着背后的思维方式和价值观存在着巨大的差距。如果要弄清楚自己和他人相比到底少了些什么，就要使用放大镜思维，将小差距放大很多倍，直到能看清自己差在哪里为止。

比如，你看到某人在公众面前的演讲比较有感召力，而自己的演讲则缺乏感召力，你可能会觉得这只是因为演讲方式上的些许不同，并不重要。此时，你并没有意识到这种表面上的感召力背后有结构化思维和积极的价值观作为强大后盾。

首先，结构化思维是微软前CEO史蒂夫·鲍尔默这样的演讲大师独特的能力。这种思维需要有强大的记忆力作为支撑，正在思考或演讲的核心内容能够立体化地呈现在眼前。正是因为人们不知道结构化思维的存在，所以会轻视演讲感召力的表面差距，不知道这一点差距背后，其实是思维方式的巨大不同。

其次，凡是有强大感召力的人，通常都在某个维度的价值观上远超常人。而这一维度的价值观往往在战略视野上有重要作用。不明白价值观对事业有什么作用的人，不会知道自己在这方面的境界不够。所以，我们需要使用"放大镜"，把这些能人和我们之间表面上的些许差距不断放大，并加以观察、剖析、研究和学习，从而跨越"不知有不知无"。

陈忠实是一位杰出的现实主义作家。在写出自己的代表作《白鹿原》之前，他经历了为期很长的艺术探索和转型过程。这个过程中，他向多位文学大师学习，研究了他们的作品。他回忆自己写《初夏》的时候说："这是我写得最艰难的一部中篇。"当时，他只以为是因为自己缺乏经验，驾驭能力弱，直到后来才知道"是对作品人物心理世界把握不透"，缺乏历史的真实感。他读米兰·昆德拉的作品时，意识到创作重要的是写出生命体验，而非生活经验；他从阿莱霍·卡彭铁尔的《人间王国》中看到了卡彭铁尔创作的核心，即要写"本土"，展现真实的民族文化。他从各位文学家和他们的作品中发现，自己与大师在文字上的差距背后其实是思想内涵上的差距，他也因此找到了前进的方向。经历了长时间的艺术探索之后，他写出了《白鹿原》，成功描绘出了新旧文化冲突之际真实的中国社会。在这个故事中，陈忠实若没有使用"放大镜"思维，不去努力找出自己和大师之间的不同并加以研究，他就无法发现自己在创作上与大师比差在哪里，也就不会有后来的"脱胎换骨"。[3]

古希腊哲学家芝诺曾提出"知识圆圈说"，告诫人们知识就像一个圆圈，圆圈内是我们拥有的知识，而圆圈外就是未知的世界，我们拥有的知识越多，圆圈就越大，遇到自己不懂的东西就越多。

因此，我们既要对已知保持谨慎，又要对未知心存敬畏，只有这样才能挣脱"不知有不知无"的束缚，找到前进的道路。

延伸思考

"不知有不知无"和"看不到想不到"之间有哪些联系？

雪山困境——人到高处，弱点必现

一个人到了高级进阶的阶段，遇到的最直观的表象就是压力增大，短板频现。由于经验固化及对改变虚弱期的恐惧，有些人会变得停滞不前，甚至刚愎自用。

1. 压力越大越容易出错

> 美国射击名将马修·埃蒙斯屡破世界纪录，平时成绩非常稳定。不过，埃蒙斯似乎被施了某种"诅咒"：在连续三届奥运会的决赛场上都因最后一枪而功亏一篑。
>
> 2004 年雅典奥运会决赛场上，最后一枪前，埃蒙斯领先了 3 环，最后一枪只要能打出 7.2 环就能夺冠，而 7.2 环仅是业余选手的水平。最后时刻，埃蒙斯屏气凝神，缓缓举枪，"砰"——10.6 环！遗憾的是，子弹打到了其他选手的靶上，最后一枪脱靶，埃蒙斯只得到第 8 名的成绩。2008 年北京奥运会决赛场上，最后一枪前埃蒙斯又是大比分领先。这一次，他最后一枪只要打出 6.7 环就赢了。"砰"——4.4 环！他只得到第 4 名。2012 年伦敦奥运会，埃蒙斯在最后一枪前排名第二，最好一枪打出 9.4 环就能获得银牌。"砰"——7.6 环！埃蒙斯只拿到了第 3 名。
>
> 2016 年里约奥运会前，埃蒙斯保持着上佳状态，多次获得分站赛的冠军，并打破世界纪录。这时，他排名世界第一，积分几乎是第二名和第三名之和。这一次，他没有在最后一枪发挥失常，

因为在资格赛中，他就被淘汰了。

埃蒙斯是值得尊敬的，不能因为在奥运会决赛场上的几次失误，就否定其在射击领域的成就。但类似这种层级越高，压力越大，进而导致失误的现象是值得我们反思的。

我在管理企业的过程中，也经常会看到类似的现象：公司内不同能力的人，能够达到不同的层级，层级越高，所承受的压力就越大，就越容易出现失误，例如决策失误、情绪失误、管理失误等。这类似于爬雪山，所处的海拔越高，氧气就越稀薄，爬山者越容易出现动作变形。同样一个动作，在低海拔可以轻松完成，但随着海拔升高，气温、气压降低，就越难轻松完成。我将这一现象称为"雪山困境"。

2. 雪山困境的形成原因

是什么导致了雪山困境？其中有几个关键因素。

第一，个人存在的短板在层级越高时越容易被放大。

管理学中有一个"彼得定律"，说的是组织中的人们最终都会晋升到一个自己无法胜任的职位，然后就再也无法晋升，这在我看来就是一种"雪山困境"。每个人都有自己的长板和短板，当人在普通岗位上时，由于影响力有限，某些短板如爱吹嘘、急躁、内向、自私、犹豫等。即使对个人有影响，但对整个团队影响不大。不过，当此人在高层岗位时，这些特质或短板就会对团队产生极大的负面影响。高层管理人员有其中一项短板就足以导致团队成员间的不信任或秩序的混乱，就像登上雪山高处时，体质稍薄弱点儿就会败下阵来。

第二，不知有不知无，这种思维局限决定了人很难发现自己的错误。

很多身居高位的管理者，因为自身短板，犯着在别人眼中非常明显的错误而不自知，这也是导致"雪山困境"的重要原因之一。比如，企业中的某些高管，因为没有认识到自己可能投资能力或产品研发能力不强，强行从事这方面的工作，犯了很多明显的错误但总不认错。他和其他人的观点总是不一致，这时候就会激化冲突，甚至可能会威胁到企业的发展。

第三，改变虚弱期使身处高位之人没有机会和时间去改变。

晋升到高位时，人的缺点和短板会被无限放大，而处在高位的人即使意识到了自己的缺点和短板，也因无时间面对改变虚弱期而止步不前。

犯错并不可怕，可怕的是无法纠正，困境处理不当就会转变为绝境。

3. 善恶能级

在日常生活中，我们偶尔会看到这样的现象：一些很有能力的人一方面做着大量的好事，比如参与慈善活动，但另一方面，他们偶尔也会做出一些让人感觉不太妥当的坏事，比如恶意打击竞争对手，参与桌下交易等。这种现象让人迷惑，感觉他们善恶难分。其实，这是社会比较与弹簧人共同作用的结果。

我们可以把人的能力分成不同的能级，类似于不同高度的卫星轨道，每个人处于当前能级，介于上下两个能级之间。相对于自己下面的能级而言，人们的能力有剩余和溢出，通常会乐于帮助下面能级的人。比如，人们普遍都会尊老爱幼，对年轻人愿意给予成长建议。但是，相对于自己上面的能级，尤其是距离自己最近的能级，人们总是会欠缺一点儿高度，因此需要跳一跳或踮起脚尖儿才可能够得着。这时，有的人会做出损害他人利益的行为，比如在晋升过程中采取不正当竞争手段，诽谤或污蔑竞争对手，以获取自己能力之上的岗位或达

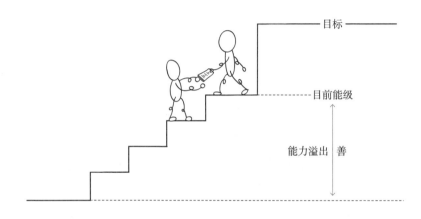

图 10-2　善恶能级图（善）

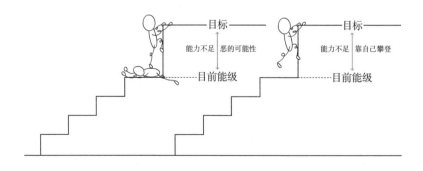

图 10-3　善恶能级图（恶）

到上面的能级。不过因此，在别人眼中，个人的评价就会降低，往往得不偿失。其实越是身居高位的人，越需要以德服人。所以善恶一体的现象需要大家警惕。

4. 组队登山

组队登山是应对"雪山困境"最为有效的手段，简单地说，就是合理组合长板。拿破仑曾经说过："这个世界上没有废物，只不过是放错了地方而已。"最完美的世界就是人尽其才、各司其职。

对于企业高管而言，只要大家都能清醒地认识自己的长短板，就有机会联合起来做更大的事业。这就像每个人拿出各自的长板，共建了一个高高的水桶，这样水才不会溢出，才能取得成功。

延伸思考

人们面对压力时的表现往往有两种：一种人像埃蒙斯，会出现失误；另一种人则属于"比赛型选手"，压力越大表现得越好。你认为这两种人之间最大的区别是什么？

知边界——成功的关键是什么

巴菲特曾经说过："对你的能力圈来说，最重要的不是能力圈的范围大小，而是你如何能够确定能力圈的边界所在。如果你知道了能力圈的边界所在，你将比那些能力圈虽然比你大 5 倍却不知道边界所在的人要富有得多。"

1. 清晰边界，高效成长

相传在阿波罗神殿石柱上雕刻着这样一句话："认识你自己。"这句话点燃了古希腊文明的火种。这火种并没有因为希腊城邦的衰败而熄灭，反而在启蒙主义兴起的西欧其他地区越燃越旺。歌德就对这句话的内涵进行了拓展："一个目光敏锐、见识深刻的人，倘若又能认识到自己的局限性，那他离完人就不远了。"

我们在年轻时大可多尝试，以了解自己的擅长项，抓住一些潜在机会。不过，尝试要有个模糊的边界，我们了解了自己的性格类型，就可以大致推测出自己能做成的事情范围。性格内向的人未必非要逼着自己选择强外联型工作，而性格外向的人也未必非要逼着自己从事研究类工作。

当我们在大边界、大范围里不断尝试，逐渐清晰自己具体的定位时，就能知道自己在哪个圈子里会做得更好。接下来，我们就可通过丰富的经验，了解自己擅长什么、不擅长什么，总结出自己在哪方面取得的成就最多，并在自己擅长的事情上持续发力，成为专家，从而获得长足的发展。这就是知边界的核心内容。

人的成长是一种从模糊边界到清晰边界的历程。而最高效的成长是在边界范围清晰后专注于自己擅长的领域。

2. 为什么认识自己的边界很重要？

在我看来，每个人都会努力按照"以为的自己"，而不是"实际的自己"去做事。就像下面这张图，如果说圆 A 代表了"实际的自己"，圆 B 代表了"以为的自己"，那么 x 是我们实际拥有却未被发现的能力，里面有大量我们不敢做的事；z 代表了我们自以为拥有却并不拥有的能力，是我们可能会失误的地方；实际拥有且被自己发觉了的部分 y 则代表了那些我们能做好的事。如果一个人一生的成就可以用"做成的事"减去"失误的事"（即 y–z）去计算，那么 A 与 B 的重合越大，人生成就也就越大。换句话说，一个人"以为的自己"和"实际的自己"重合越多，这个人在有关自己的事上做出正确决策和判断的可能性也就越大。

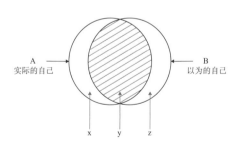

图 10-4　人的能力圈与行动圈

3. 为什么认识自己的边界那么难？

"认识自己"并非是一个简单的任务。因为人在评估自己时，常会深陷某种误区而不自知，比如下面这位知名棒球运动员。

> 球从 45 号球员手中脱手。伯明翰男爵队再失两分。主帅朝 45
> 号球员怒吼：“你不好好打，就滚回你原来的地方。”
> 在一个赛季里，这名球员的击打成功率仅有 20.2%，其他各项
> 数据更是连职业球员的基本水平都达不到。他被评论杂志讽刺为
> “用网球拍都打不到球的运动员”。

这名让人感到失望的棒球运动员正是“飞人”迈克尔·乔丹。

1993 年 10 月，正值职业巅峰期的乔丹遭遇亲人离世，对篮球提不
起兴趣；此前他获得过 NBA（美国男子职业篮球联赛）年度最佳新秀、
三次总冠军等各种荣誉，因边际效用递减的影响，他认为篮球已无任何
挑战性。于是，他离开篮坛，加入美国职棒大联盟。

乔丹的运动天赋异于常人，但转型之路并不如他预想得那般顺利。
尽管他在少年时期曾经打过一段时间的棒球，但棒球运动经过多年的
发展，技术动作都有了很大的革新。

而且爱看棒球的人都知道，棒球运动员一般身材敦实，脂肪含量在
20% 左右，以便抢位发力。像乔丹这样个高腿长、体脂率仅在 3% 的
身材虽然在篮球场上抢球是有优势的，但对于职业棒球比赛来讲的确
过于单薄。而且没有其他优质选手的强烈衬托，乔丹并不知道投篮准
不等于击球准，也不等于接球准，在篮球场上运球速度快不等于能在
更加广阔的草场上跑得快。

因为在真正进入职业棒球队之前，乔丹不知道职业棒球运动员有
哪些特点是自己不具备的。这就是我们在前面提到的思维陷阱——“不

知有不知无"。除此以外，"不知有不知无"中很关键的一点就是，人容易高估自己，尤其是在似懂非懂的半陌生领域。

后来，乔丹选择结束职棒生涯，回归 NBA 舞台。此后，他不仅在 1996—1998 年斩获三枚冠军戒指，还多次获得"最有价值球员"称号。

4. 思维体操：四象限图

我们需要在适当的尝试和碰壁中多加总结，才可以知道自己的边界。但是，我建议不要多次碰壁永不回头。

我分享一个分析边界的方式，那就是画一个四象限图，以便更清晰地看到自己的优势、劣势、外在表现和内在特质。图 10-5 是我所画的四象限示意图，你可以试着把自己对应的内容填写在图中。

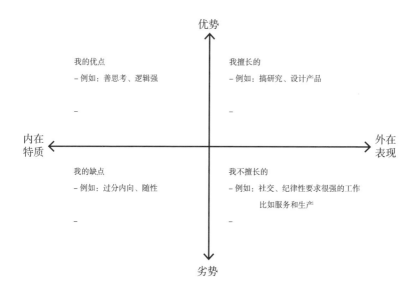

图 10-5 四象限示意图

要是写出所有象限的全部内容对你来说有难度，请不要灰心。你可以找一个水平高且你能够充分信任的人，与他充分沟通后再去写。

5. 发挥长板优势

为什么很多人知边界后，仍然不肯放弃那些不适合自己的事？

人无法放弃不适合自己的事，有可能是不舍得放弃沉没成本。

知边界是一个过程，这一过程需要一定的时间。而在这段时间里，做不适合自己的工作而还未取得好成绩的人，大多会在下一次决策中考虑自己已经花费的时间和精力，会想自己已投入了很长的时间，如果现在放弃，那太可惜了。在这件事上已经投入的时间、精力就是沉没成本，也很难认识到自己将会损失更多机会成本。

一条路走到黑，并不一定正确。那正确的做法是什么？

首先，我们需要区分自己是真的想要坚持，还是只是害怕损失而已。其次，我们要接受自己有弱点，把了解自己的弱点视作一种成就，告诉自己这不是无用功，而是为了日后做出更加合理的选择。

对于中年人来说，当他们认识到自己的弱点时，应该花大量精力来弥补这个弱点吗？我认为他们应该在正确的方向尽量发挥自己的长处，这样性价比更高，更易获得成功。确实，"取长补短"是一种做法，处在学业起步期和事业起步期的人们还是有必要把短处补一补。而"扬长避短"则能保证有一定阅历的人在未来的时光里更多地发挥自己的优势，将优势发挥到极致之后，就会取得不可替代的成就。

杨振宁在美国留学时一开始研究的是实验物理，但因动手能力较差而没有取得任何成绩，还被同学取笑"有爆炸声的地方就有杨振宁"。在老师和同学的建议下，杨振宁开始从事理论物理方面的研究，自此如鱼得水，在这一领域取得了突出的成就，一举成为举世瞩目的理论物理学家，并且获得了诺贝尔物理学奖。

歌德还曾说过："一个人怎样才能认识自己呢？绝不是通过思考，而是通过实践。"相信大家通过持续多年的行动，一定能透彻地了解自己的边界，从而在自己的长项上做到更好。

幼年小鸭子，少年多宝豆，青年扳道工，中年知边界。这就是全因模型对人生的总结。

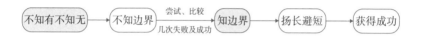

图 10-6　知边界逻辑图

延伸思考

假如你坚持一项事业多年却未取得成就，此时你会继续坚持，还是会选择放弃？

第十一章

总裁跨越：弹簧迷雾

祝贺你已经跨越了重重阻碍，攀登至此。但你仍然要小心，面前出现的迷雾会让你失去方向，这个迷雾便是"弹簧人"带来的。它让我们相信自己愿意相信的，发现自己想发现的，甚至通过修改记忆来维持自己的判断力自信，让我们看不清真实的情况。深陷其中，我们的决策判断将不再准确，价值判断将不再公正。只有穿越弹簧迷雾，我们才能突破思维上的瓶颈，带领团队登上顶峰！

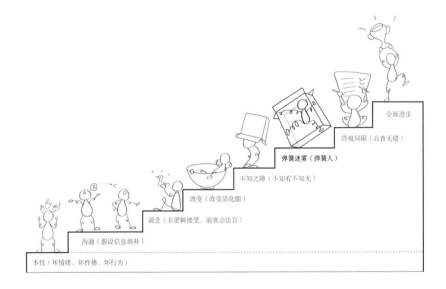

全面进步

终极局限（自查无错）

弹簧迷雾（弹簧人）

不知之障（不知有不知无）

改变（改变活化能）

观念（非逻辑接受、前观念法官）

沟通（假设信息填补）

本性（坏情绪、坏性格、坏行为）

维持判断力自信——认错的阻力

1. 判断力是生存所必需的

高中物理课上我们都学过，最早发现电磁感应现象的是英国物理学家迈克尔·法拉第。但事实上，早在法拉第发现电磁感应的 10 年前，著名法国物理学家马里·安培就在自己的实验中证明了磁可以生电。可安培始终不愿承认电磁感应的存在，最终与真相失之交臂。横亘在安培与科学真理之间的，不是别的正是他自己引以为傲的分子电流[①]假说。安培坚持用分子电流来解释实验结果，尽管这实际上无法说通，还被法拉第等物理学家质疑，但安培依然不愿承认其假说的局限性。

人们对自己的判断似乎有一种"执念"——坚信自己是对的。就连安培这位大科学家也难逃这个规律，根源就在于人需要维持自己的判断力自信。

判断力究竟有多重要？在康德眼里，"在悟性和理性[②]之间，仍有一个中间分子，这就是判断力"[1]，这是一种连接经验与原理的能力。

---

① 分子电流假说由安培提出，安培认为组成磁体得分子内部存在一种环形电流——分子电流，在外界磁场的作用下，物体内部分子电流的取向大致相同，物体会被磁化。

② 康德所说的悟性指的是在生活、科学研究中得出的经验与规律，而理性指的是第一性原理。

从全因模型视角来看，判断力是人们从自己的经验价值清单中搜寻方法，并用以分析、解决问题的能力。也是人们失衡后，进行负反馈方案选择以回归平衡的一种能力。远古时代，如果一个人能对哪里有食物，哪里有水源，如何对抗野兽，如何抵御自然灾害等问题做出准确的判断，那他就有能力在恶劣的自然环境中生存下来。对应到现代社会，一个人的判断力体现在他是否能看出哪个方案更优秀，哪个岗位更适合自身发展，怎样平衡忙碌的工作与生活，怎样教育陪伴自己的孩子……现代生活中，人们的失衡更多体现在心理上，它来源于比较和欲望，而良好的判断力能帮我们恢复并维持心理平衡。有人说，人生就是由无数道选择题构成的，而判断力是做出正确选择的能力。人生的幸福与成就都依赖良好的判断力，可以说，判断力几乎是能力的代名词。

人们会在心里对自己的判断力强弱做一个评估，判断力弱可能意味着自己不如别人，生存能力差，甚至会被淘汰。所以，每当有人指出我们的错误，或对我们的判断提出反对意见时，大多数人都会觉得自己在一场判断力的博弈中"落了下风"，心理平衡被打破。为了恢复心理平衡，维持判断力自信，就几乎没有人愿意轻易承认自己判断失误，都会本能且固执地坚持原有观点。这时，人头脑中的"弹簧人"就会开始"辛勤"工作——调高自己判断正确的概率或调高自己判断的重要性。人越想要维持自己的判断力自信，头脑中的"弹簧人"工作起来就会越有动力，这是绝大多数公司的高管或在自己的领域较为成功的人士犯错的最主要原因之一。可以说，自信就是用"弹簧"帮助自己保持心理平衡。

2. 维持判断力自信是认错的阻力

我之所以会提出这一观点，是因为我发现人们的很多错误都来源于维持判断力自信。当每个人都以为可以用这种方式为自己体面地守住一方领域时，殊不知偏执和自负的漏洞早已暴露无遗，并可能造成严重后果。

有一个因维持判断力自信而犯错的真实事件。在加拿大几所顶尖的大学里，所有即将毕业的准工程师，都会收到学校发给他们的一枚"工程师之戒"。这枚戒指被誉为"世上最贵的戒指"，它对于整个北美，甚至全世界来说，都有着极其重大的意义——它警示工程师勿忘魁北克大桥的悲剧，牢记自己的社会责任与义务。这场被世界上全体工程师牢记的悲剧，起因便是一位工程师维持判断力自信。

图 11-1　工程师之戒

1900 年，加拿大政府请来了当时北美最优秀的桥梁工程师之一西奥多·库珀来主持修建魁北克大桥。当时，库珀已经 60 多岁了，行动不太方便，加上他认为总工程师没必要每天都去现场，因此该项目开工的前三年，他只去过施工现场三次。加拿大政府打算再请一位技术顾问对库珀制定的技术规则进行复审。听到这个消息后，库珀勃然大怒，认为这是政府对他的判断能力和决策能力的不信任，坚决拒绝这位技术顾问的介入。这是库珀第一次维持自己的判断力自信。

如果说库珀第一次维持判断力自信并没有造成什么严重的后果，那接下来的这次便是酿成悲剧的最直接原因。在一次汇报中，一名年轻的材料监督员告诉库珀，之前他对钢材用量的预估有错误，现在钢材用量已经大大超出了预计，这意味着大桥桁架的受力会大增。库珀却坚持称受力只会增加 7%~10%，影响不大。这是库珀第二次维持自己的判断力自信，"我的估算不会有错"。但就是他这一次的"坚持"，导致了最后大桥的崩塌，75 名工人死于这场事故。最后经统计，大桥框架的受力增加了 20% 之多，而不是库珀所坚持的 7%~10%。

当库珀被指出对钢材用量的预估错误时，他也许对自己的判断有过一丝动摇，但这名造桥界的专家有过如此多的成功经验，他不愿承认自己做得"还不够好"，不愿意承认自己甚至不如一名刚工作没多久的新人。面对判断力自信的危机以及心理的失衡，他动用了平衡补偿机制对那些概率不确定事件进行调节，告诉自己"影响不大"，这是最简单省力的方法，而错误往往就发生在这细微的调节中。

3. 思维体操：本人与作品分开，错现己强

"专家"认错之所以难，除了为了维持判断力自信外，还因为一旦承认自己有错，他们的潜意识就会预测将有大量判断体系重建的工作要去做。对于刚刚工作的新人来说，由于经验不多，束缚相对较少，真要改变也会比较轻松。但对某个领域的专家或者精英来说，因为他们有大量的经历、经验和习惯，改变意味着要大批量修改自己的经验价值清单，这将耗费大量的精力，而且之后还将经历一段漫长的改变虚弱期，这会使自己陷入相当长时间的混乱状态。所以，除非不得已，否则人们会极力维持自己之前的答案。

但在这个问题上，我们并非毫无办法。一个帮助人们克服判断力自信的可操作方法是，当被别人指出某个错误时，你可以在心里把这

个错误与自己区分开来。什么意思？从我的观察来看，很多有才华的人往往无法把作品与本人区分开来，上文提到的物理学家安培、桥梁工程师库珀，都是在各自的领域特别优秀的人才，但越是这样的人，就越容易把自己的成果等同于自己本人。因此，每当有人批评他们的作品不够好或存在缺陷时，他们会条件反射式地认为别人是不认可自己，是在批评自己。人之所以会维持判断力自信，最核心的问题在于，人们认为，一旦自己的作品被否定就意味着自己也会被否定。事实上，你的某一条经验有误，并不意味着你一定会被社会淘汰，更不意味着你就过不好这一生，相反地，你会因这条错误经验被纠正而获得更大的成功。将你每一次的"作品"与自己区分开来，就是克服判断力自信的第一步，之后你就能更好地接受他人的质疑与批评，看到自己的错误。

没有人能永远正确，甚至可以说，在绝大多数情况下我们都在犯错。判断力很重要，但判断力自信没那么重要，打破自己对判断力自信的执念，开启自省[①]的闸门，先破后立，人就会不断进步、更加优秀。我认为，能够听取别人意见，是现代社会最重要的一条价值观。一个人如果能够低下头听取别人的意见，就意味着他可以随时调整错误方向，避免损失，使自己和组织做正确的事，这是对社会最大的贡献。一旦经历几次"打破判断力自信，迎接建设性意见"的过程，我们就会不再受颜面的束缚，就会习惯于凡事多听多方建议，择优选择。开始时，你可能会陷入一些"自信危机"，甚至不得不调整自己的整个价值判断体系，但经历几次之后，你会庆幸自己有改变的勇气。不

---

① 有关自省的话题，我会在第十三章"思维错误树"一节中详述。

改变固然舒服，但如果这样，自己的判断力将永远无法得到提升。一旦跨越这段波动期，你的能力将不再仅限于你自己的知识，而是集合了集体的优势与智慧，那时的你必将能承担更大的责任，取得更大的成就。

延伸思考

怎么区分"众人皆醉我独醒"与维持判断力自信？

期待性寻证——终于发现你想发现的了

1. 人们总是倾向于发现自己相信的

相信很多人都听过这个寓言：有个人家里丢了斧子，他认为小偷是邻居家的孩子，便开始暗自观察，搜集证据。自从他认为那孩子就是小偷后，孩子的一举一动在他看起来就更可疑了：那孩子走路的姿势、说话的语气、脸上的表情等在他眼里都异于常人，像极了一个干过坏事的小偷。过了一段时间，这个人在自家田地里找到了那把斧子，想起是自己忘在了土坑里。神奇的是，从那以后，那孩子的一举一动在他看来再也不像小偷了。

在各个公司的新产品讨论会上，我们经常能看到类似的情景，各个项目的负责人都倾向于认为自己的产品就是最好的，在众多信息中，他们优先看到那些能证明自己的产品优秀的信息，可实际上，这个产品并不一定有市场，也不见得足够优秀。那个想证明那孩子就是小偷的人，与那些想证明自己的产品很优秀的项目负责人，其实是在做同一件事，那就是想要证明自己是对的。这究竟是为什么呢？

人们为了证明自己的想法、观点和判断是对的，面对多种多样的信息，往往只能看到那些与自己想法一致的，而忽略与之相悖的，判断的偏见和误差往往来源于此，这在心理学上被称为"证实性偏差"。为了方便读者理解和记忆，并强调"寻找"这个动作，我将其称为"期待性寻证"，也就是说人们会在自己期待的方向上寻找证据以支持自己的判断。

从全因模型的角度来看，当我们面对一个问题时，比如想尽快开启一个新产品的研发，我们已经处于失衡状态了。这时，我们会想要新产品尽快得到领导的认可，以摆脱焦虑，所以只要是有利于达到这些目的的方法，都好似一根"救命稻草"被我们牢牢抓住。我们会启动"弹簧人"，说服自己那些方法是有效的、可用的，这么做毫无疑问是一种最快捷、最省力的。"期待性寻证"与"弹簧人"就如同一对形影不离的好搭档，当"弹簧人"开始工作时，人们就会寻找那些支持自己预设观点的证据，而在不知不觉中忽略掉那些反对自己预设观点的信息，这时期待性寻证便"悄无声息"地发挥作用了。也许自己的新产品也没那么好，可我们就几乎把自己的新产品当作足够受欢迎的产品，做出了错误的判断。

2. 无意识的"证实思维"

在大多数情况下，人们会先持有一个结论，然后再找证据证明这个结论是正确的。美国物理学家伦纳德·蒙洛迪诺曾在《潜意识：控制你行为的秘密》[2]一书中提出"律师思维"和"科学家思维"，前者就是我说的这种情况，就好像律师为自己的委托人辩护，会以既定的结论——他是无罪的为前提去找证据。

那在"找证据"的过程中，人们是怎么做的呢？让我们先一起来玩一个游戏。

图 11-2 中有 4 张卡片，[3] 有人告诉你"若卡片的一面为元音字母，那么另一面为偶数"，如果要判断这句话的真伪，你需要翻看哪些卡片？请先想好答案再继续下面的阅读。

实际上，想判断上面那句话的真伪，需要翻看的是写有"E"和"7"的卡片，因为只有翻看它们，才有可能推翻规则。而如果我们翻看卡片"4"和"F"，无论它的背后是什么，都不能将规则推翻。

这个游戏来自 1968 年英国心理学家彼得·沃森的"四卡片实验"[4]，从当时的实验结果来看，大多数实验参加者都选择翻看写有"E"和"4"的卡片，而能做出正确选择的人不超过 10%。这个实验告诉我们：绝大多数人在"找证据"的过程中，都倾向于找那些能证实结论的证据，而不是能证伪结论的证据。举个简单的例子，当我们想要了解一个人是否外向时，我们往往会问"你喜欢参加聚会吗？"而不是问他"你喜欢独处吗？"

图 11-2 四卡片实验图

综合以上内容我们可以得出以下两点结论：一是人们往往先有结论，再找证据；二是人们找证据时往往倾向于证实而不是证伪。这两点是"期待性寻证"产生的最重要原因。

3. "科学家思维"和"反过来想"

我们一直在说"律师思维"和"证实思维"会让人们陷入期待性寻证。那怎么做才能尽量避免这一问题呢？反过来想就对了。

查理·芒格常对他的投资者们说，"总是反过来想"，在如何避免期待性寻证这个问题上，我们也反过来想。和"律师思维"对应的是"科学家思维"，而和"证实"相对的，便是"证伪"。

我鼓励大家多用"科学家思维"，具体怎么操作呢？当遇到一个问题时，我们应带着中立的态度去探索结论，而不是一开始就直接相信自己的经验或他人的结论。比如，想知道"人工智能会毁灭地球"这一论断是真是假，不要在搜索引擎里直接输入"人工智能会毁灭地球吗"。这样做，你极有可能只会得到一些关于机器人是如何杀死人类的信息，而没办法看到事情的全貌和真相。科学家们会怎么做呢？他们会搜索"人工智能""人工智能发展史"等相对中立的词条，通过找证据去探索这句话到底在说什么，而不是一开始就先给出结论。

"证伪"这个词通俗一点来讲，其实就是反过来想。要对抗期待性寻证可以进行"期待性证伪"。对待自己头脑中固有的经验和"前观念法官"，我们要学会站在其对立面思考，积极寻找能证伪的证据。哪怕只用一分钟去反问自己"如果行不通呢？"

《了不起的盖茨比》的作者弗朗西斯·菲茨杰拉德曾说过，一流的智者"能够同时在脑海中持有两种相反的想法，并且仍然保持行动力"，而"科学家思维"和"反过来想"，可以帮助我们获得两种相反的想法，是对抗期待性寻证的有效方法。学会克服期待性寻证是我们走出"弹簧迷雾"的关键一步。

延伸思考

有人通过上网了解到某种疾病的症状，一旦发现自己有相似症状就会开始担心，继续搜索该疾病的其他症状，就会觉得和自己的症状越来越吻合，这是为什么？

记忆的修改——记忆为我而变

1. 记忆会被修改

在由权威心理学家克里斯托弗·查布利斯和丹尼尔·西蒙斯合著的《看不见的大猩猩》一书中有这样一个案例。2008年，希拉里参加了美国总统竞选。在一次公开演讲中，希拉里讲述了自己出访南斯拉夫时的"一则事件"。她说："我以为下飞机以后会有一个小型欢迎仪式，我听到的却是枪声，我确信那是狙击步枪。我无暇顾及周围的情况，一头钻进汽车，直奔美军基地。"然而，事实与她所描述的情况大相径庭。在这次演讲之后，《华盛顿邮报》立即刊登了一张当时的照片，迎接希拉里的是欢迎仪式，而不是狙击手。在照片里，希拉里正在亲吻欢迎队伍里的一个女孩。电视台也播出了当时的新闻录像。在录像中，希拉里从容地走下飞机，并没有任何的危险发生。

我们通常对自己记忆的准确程度有着十足的把握，然而事实并非如此，记忆并不完全可靠。我们的记忆并非是一成不变的，它经常会受到各种因素和新信息的干扰，当再次被提取时，它们已经被修改了。在本书第二章"压缩：记忆压缩"一节中，我们提到了记忆有压缩的特性，而记忆压缩正是记忆被修改的重要前提——因为记忆的存储并不全面，这就给日后记忆的修改留下了空间。在一片记忆草地中，那些零碎的信息就像脚印，如果附近其他脚印很多，那当我们再次来寻找当初的脚印时，就很可能与其他脚印（记忆）混杂在一起。

为什么在上述故事中希拉里会出现那样的"记忆错误"？也许是因为希拉里的头脑中有着对狙击手袭击机场的深刻记忆，也许是因为她认为前南斯拉夫是一个充满危险的国家，也许她是为了展示自己拥有处理国际事务的丰富经验……无论如何，她的记忆受到了影响，出现了极大的偏差。之前我们说过，在记忆重构的过程中有时会发生"记忆短路"的事故，本节的记忆修改便是记忆重构过程中另一个容易发生的现象，它与我们脑中的"弹簧人"息息相关。

2. 往有利于自己的方向修改记忆

每个人是自己记忆的建构者，为了恢复平衡，我们的大脑会进行弹性调节，平衡补偿机制会发挥作用，调整经验的概率及重要程度。所以，记忆不可避免地会受到我们自身的信念、特质、自我认知或期望的影响，进而产生偏差。

记忆修改最根本的原因，是我们对自我价值的保护和每个人避免失衡的倾向。我们需要维持良好的自我评价才能引导积极健康的生活，所以在回忆时（即填补因压缩而丢失的信息时），我们会无意识地用假设信息对记忆进行重构和美化。为了迎合自我（包括自尊），我们会根据自己的认知对记忆进行加工，并以此来稳定我们的自我评价。比如，在一次考试中，你的身体出现了不适，之后看到这次考试结果并不理想，你可能会真的认为是因为当时身体不舒服影响了自己的发挥，而并不是因为自己的能力不足。再如，在合作项目中，各合作方往往会夸大自己在其中做出贡献的比例，因此在分配报酬时往往会出现"争功劳"的现象，各方甚至都会认为自己是关键的贡献者。这并非是各方有意说谎，而是他们真的这样认为。

马克·吐温在自传中曾这样说道："当我年轻的时候，我可以记住任何事情，无论它真实存在，还是从未发生。但是我正在变老，不久我将只能记得后者了。"[5] 在现实情况中，因为经营企业的关系，我经常会碰到企业内部成员之间产生矛盾。作为旁观者或事件亲历者，我经常参与矛盾的调解。每当矛盾双方回忆当时的场景，尤其是过了一段时间后再去回忆时，我发现双方都会进行大量的记忆修改，重构出很多与真实情况偏离甚远的细节，而且大多都是朝着对自己有利的方向修改记忆。这种记忆修改使双方的矛盾很难调解，而那些被修改后的记忆将成为他们永久的记忆。

记忆修改有时会造成很严重的后果。我曾看过一则新闻，说的是福建泉州一男子记错了自己的彩票号码，误以为自己中了 500 万大奖。在得知这个"好消息"后，他邀请亲朋好友疯狂庆祝，花光了身上的积蓄，还透支了几千元信用卡。第二天一觉醒来后，他发现自己搞错了，从大喜到大悲的经历让他近乎崩溃，有了轻生的念头，最后在警方的介入下，悲剧才得以避免。

原来，这个人之前经常买彩票，并花大量的时间研究彩票规律。虽然之前未有大的收获，但他对自己选的号码始终抱有着极大的信心，并经常和工友吹嘘自己一定能中大奖。这次他所购买的彩票号码是他经过"精心计算"得出的，而开奖时彩票并不在他身上。正是中奖心切，才使他调高了自己的"中奖概率"，修改了自己的记忆，进而导致他花费了全部积蓄。

由"弹簧人"带来的扭曲事实和忽略真相是我们阻碍职业发展的巨大人为因素。我的建议是，也是我自己正在践行的方法是，每当与人在回忆某些以前的事情时，一旦双方记忆有差别，而我的记忆明显是对我自己有利时，我就会告诉自己，也许有一些因素导致我的记忆出现了重构和偏差，我记得的不一定是完全真实客观的。当然，他人所表述的也并非完全准确，这时我便会放弃争执，放弃坚持，另寻他法来解决问题。这样我们在工作和生活中，会更容易避开一些因记忆修改带来的错误或误会，使职业之路更加顺畅。

延伸思考

我们能否区分记忆修改和故意撒谎？

自我说服——事前自找理由，事后自找台阶

1. 自我说服的来源

在"判断力自信"一节中，我们谈到了人对自己判断力的"执念"。人的判断力一旦出问题，就意味着在面对未知危险时，他没有能力和方法去解决危机，这可能会导致他落后、失败甚至被淘汰。因此，人会极力维持自己的判断力自信，不想在心理上宣判自己有错，这是人生存的基础，也是"弹簧人"发挥大量作用以保持人心理平衡的地方。

"自我说服"是"弹簧人"在日常生活中的一种具体体现，也是人们用来维持判断力自信及保持身心平衡的重要方法。我所说的自我说服，是不加质疑、不加反思地找到理由来证明自己的想法是"对的"，证明自己"没错"。在本节中，我将分享两个最常见的"自我说服"途径："事前自找理由"和"事后自找台阶"。

2. "事前自找理由"促发行动

公司里，骨干员工来找我谈新项目时常会有下面这样的对话。

"我有个新项目，希望你支持。"

"谈谈你的想法……"

"这个东西很好，人们绝对会需要它，它绝对有市场！"

"人们真的需要它吗？真的会买它吗？市场真的会认可它吗？"

"我认为人们会买，因为它对人们有好处……"

在想要做一件事之前，通常人们处于失衡状态，需要通过做这件事来使自己恢复身心平衡。这时候，人们会有意无意地高估这件事成功的概率，并找证据支持自己的观点，以促使行动尽快发生，以减轻压力，恢复平衡。这就是"事前自找理由"。

近些年来，市场上掀起了一股创业热潮，其中大部分以失败告终。我认为，90%的创业失败都源于创业者的"事前自找理由"。在我看来，创业有两种发起方式：第一种是先有方向，后有创业想法；第二种是先产生了创业的欲望和冲动，之后再寻找方向。这两种方式看起来只有目标与行动的顺序差别，实则有着天壤之别。

40年前的某一天，年幼的埃隆·马斯克打开了阿西莫夫的科幻小说《银河帝国》，从那时起，"将人类生命延续到地球之外"这一梦想的种子就在他的心里种下。在马斯克后来的职业生涯中，他所有的创业项目都在朝着自己最初的目标和梦想一步步靠近。马斯克的"个人愿望"大多与"社会愿望"重合，他发现地球上的生存状况越来越糟，"移民太空"是一个选择。当技术的发展正好为这个梦想的实现创造了可能性时，他才会启动相关创业项目，比如电动车和火箭。直到他用自己公司造的火箭将《银河帝国》送上太空，梦想阶段性实现。毫无疑问，马斯克的创业属于第一种方式——先有方向，等到有合适的机会再行动。

而有的人是看到别人创业成功，自己不想输于别人，于是也选择创业，然后才开始想："我是做区块链，还是做人工智能呢？"这就是创业的第二种发起方式——先有了创业的冲动和欲望，再思考方向。

创业的本质是创新和服务社会、推动社会进步，创业者的初衷也应是如此。对于第二种发起方式而言，因为开始时没有方向，在眼前的各种热点和机会中"找"项目，来不及等待更恰当的时机或更有市场的项目，只能从目前可选择的机会中找一个自己最可能去做的。找到后，再通过"自找理由"去加强这个选择的正确性，告诉自己"人们会需要的……"在这种情况下，平衡补偿机制被反复启动，人们慢慢忽视了那些不利于自身创业的信息，创业成功的概率在这个过程中被一次次"调高"。就这样，一个又一个"匆忙的"项目在频繁的"平衡补偿"和"自我说服"中诞生。但现实是残酷的，大多数这样的创业项目均以失败告终。

3. "事后自找台阶"缓解压力

人在做错事后，往往会在第一时间找各种原因为自己开解，以缓解犯错带来的压力，尽快恢复身心平衡。这种把失败归咎于"运气不佳"等外部原因的现象，在心理学上被称作"自我服务归因"，为了便于理解和记忆，我将其称为"事后自找台阶"。这里找的原因，就是通过调高另一个原因对这件事的影响概率，来减少自己对这件事应负的责任。

在考试、应聘、公司运营等既依靠实力又需要一些运气的情境中，"事后自找台阶"屡见不鲜。考试过后成绩不佳，我们往往会说："我是没认真读题才被扣分的。"面试失败，我们往往会在心里嘀咕："这家公司不适合我的风格。"公司经营遭遇滑铁卢，管理层往往会感叹宏观市场不景气、手下"不给力"等各种外部因素，为自己的失败找台阶。

人们之所以这么做，是因为失败使人们的判断力自信急剧下降，为了避免压力激素分泌太多，对自己的身体和心理造成太大的伤害，人们就会选择"自找台阶"。

作为企业的管理者，我也常发现类似情况：当项目进展出现瓶颈时，与不同的管理人员交流，往往会发现同一件事有不同的版本。比如，在与 A 交流后，我得到的信息是 A 为了项目付出了很多，而 B 有诸多不足，项目当前面临的困境多是由 B 造成的。但当我与 B 交流后，获得的信息和情况正好相反。

其实，和"事前自找理由"一样，"事后自找台阶"也是"弹簧人"在现实生活中的具体体现。

通常，"事后自找台阶"的方法包括"抬高自己，贬低他人"，以及从对自己有利的一面来判断客观事物，而把不好的、错误的结果归于他人。很多时候人们并不是故意这么做，只是因为在合作中，每个人都只了解自己为了克服困难而努力的细节，对他人工作中碰到的困难以及为应对困难而努力的细节知之甚少，所以一旦合作出现问题，人们往往会高估自己的贡献，同时高估别人的过错。

"事后自找台阶"的做法有可能永远遮蔽我们的双眼，使我们无法看到真正的问题，也无法从之前的错误中吸取宝贵的经验。

4. 思维体操："30% 原则"

怎样克服"自我说服"呢？我有一个很常用的思维体操——"30%原则"。

对于"事前自找理由"，我往往会用 30% 做乘法。

我早期创业时常有这种感受：一开始往往认为某个项目特别好，未来一定能成功，但最终该项目完成后，往往只能达到最初预想的30%。我所经历的多个项目都是如此。我想，也许人都倾向于夸大成功的概率，我也不例外。之后当我再想做某件事的时候，我会告诉自己："我也许高估了这件事的结果，将预想的结果打个三折，如果我还能接受，那我就可以试一试。"你也不妨在决策前试一试这个"30% 原则"，但如果你平时偏保守，或许"40% 原则"或"50% 原则"对你来说更合适。

对于"事后自找台阶"，我往往会用 30% 做加法。

在失败后，人们往往不愿承认这是因自己的错误而导致的，那就不妨先假设自己需要为此事承担的责任为 0，我会在此基础上加上 30%，也就是说，此刻我需要为失败负的责任为 30%，之后我再去思考是哪 30% 需要由我自己来承担。

我这样做的目的是想告诉自己，面对失败和挫折，我们往往会低估自己对其应负的责任，而高估他人的过错，那不妨给自己的肩上多加一点责任，试着还原现实状况，告诉自己这是我们应该承担的。

总之，每个人都应放下对自己判断力的执念，警惕"自我说服"的偏好。当兴致勃勃想要做一件事时，要提醒自己：我不一定是对的；当面对批评、指责和失败时，要提醒自己真有可能犯错了。如果能做到这些，那做事成功的概率应该会提高很多。

图 11-3　自我说服逻辑图

延伸思考

如何判断自己是在自我说服，还是在进行客观陈述？

单倾选择——"冠冕堂皇"借口下的利己选择

1. 包装利己动机后的选择

1838 年 11 月 5 日 14 点 30 分，法国军舰的炮火打破了墨西哥东部港口城市韦拉克鲁斯往日的平静。就这样，第一次法墨战争打响了。这场战争还有一个有趣的别称——"糕点战争"。原来，法国人发动战争的理由不是别的，正是法国商人雷蒙特尔在墨西哥开的糕点店遭到洗劫而未获得赔偿。彼时，墨西哥刚刚从西班牙的殖民统治中独立出来，社会动乱，冲突、抢劫事件频发，雷蒙特尔声称自己的糕点店被墨西哥军官洗劫。就是这样一件小小的治安事件，给了法国人一个发动战争的绝佳机会，法国政府向墨西哥索要巨额赔偿，墨西哥当然不愿支付。就这样，法国以保护本国商人利益为由向墨西哥宣战。最后，墨西哥不得不答应赔偿法国 60 万比索以结束这场战争。法国政府为什么会因为一家糕点店而发动战争？

人们很多时候都会面临做与不做的选择，这时绝大多数人都会倾向于选择有利于自己的那个。但如果此时"时机不成熟"，利己选择会显得过分自私，因而会给自己带来不好的社会评价，人们会倾向于暂时不做选择而等待时机，一旦有一个时机出现，可以做出那个有利于自己的选择，且不会因此给自己带来负面影响，这时的人们会毫不犹豫地做出利己选择。这种经过等待后的利己倾向选择，我称之为"单倾选择"。

原来，早在墨西哥独立之前，法国就已经和墨西哥建立起了贸易关系。在两国建立外交关系之后，法国迅速成为墨西哥的第三大贸易伙伴。然而，法国不能像墨西哥的第一、第二大贸易伙伴——美国和英国那样，争取到对自己有利的贸易条款，这意味着法国商品在墨西哥不得不面临高额关税。除此之外，墨西哥还欠有包括法国在内的众多欧洲国家大额债款，而墨西哥国内的混乱状态让法国人看不到墨西哥有任何还债的希望。如果法国选择对墨西哥贸然发动战争，必然会遭到国际社会的谴责。但现在有了"糕点店被抢"作为借口，法国就可以以保护本国国民的合法利益为由，动用武力要求墨西哥赔款。

单倾选择比单纯的"找借口"更复杂，人们是在第一时刻，感觉有利己倾向的选择不如其他选择合理，因此没有做选择，一直等到有利己倾向的选择因为其他原因而合理时，就立刻做出选择。

2. 单倾选择的不同体现

单倾选择在生活中十分常见。比如，一个人想见年轻时心仪的异性，却又不好意思单独约见，如果这时正好有同学讨论要不要举办同学会，这个人便会立刻选择支持，并且会主动参与组织这场同学会，这样既能见到自己当年心仪之人，又会因组织了活动被同学们感激。再如，某公司的一名员工偶然得知，公司的竞争对手有适合自己的相关岗位在招募，提供的工资待遇比自己当前的公司更好，他想要跳槽。虽然他与公司签订的合同里没有涉及竞业禁止的条款，但他还是纠结，如果此时离职去对手公司，就会辜负公司一直的培养，自己良心上过不去。直到后来有一天，他花一个月辛苦做出的方案没有得到上级认可，他就觉得自己在当前公司不受重视，于是以此为契机果断提出了辞职。辞职之后没多久，他就应聘去了对手公司上班，这也是单倾选择。

在职场中，很多中层管理者做决策时也会有单倾选择的倾向。比如，基层管理者一直想按照自己的愿望做出某种选择，如扩大本部门，但又不好意思直接表达，这时压力欲望库中就会多了一颗小星星，直到某个新技术项目预备启动，他会以战略理由说服领导，推动这个新技术相关项目的设立。单倾选择可以说是导致企业发展过程中组织架构越来越臃肿的重要原因之一。公司的销售额没怎么增长，但人员在急剧增加，这往往是中层管理者单倾选择的结果。

在我看来，人的单倾选择大致可以分三种情况：

一是显性单倾，即人非常清晰自己在利己，一旦时机成熟就会行动，等同于找借口；二是模糊单倾，即人模模糊糊有点意识，但是没有深入剖析自己的行为是在利己；三是隐性单倾，即人完全没有意识到自己这样做其实就是利己，也没有意识到潜意识启动了弹簧对经验做了修改，从而偏离了事实。

想见年轻时心仪的异性，却又不好意思单独约见，就招呼同学组织一场同学聚会，这就是非常清晰的显性单倾，史上著名的"糕点战争"和"特洛伊战争"也是如此。那个因为一次方案没有得到上级认可就果断跳槽的员工，他的行为可以说是模糊单倾。而在上一节"自我说服"中提到的第二种创业者，在众多候选项目中匆忙挑选一个相对适合自己的，迅速上马开工，这就是隐性单倾了。可以说，单项选择背后的动力就是失衡后的平衡补偿机制。

3. 社会评价与单倾选择

不管是上文中那个想要跳槽的员工，还是准备出兵打仗的国家，其行为都符合个体价值清单，但与其身处社会的整体价值观相矛盾：

想跳槽的员工担心别人会说他"不忠不义"，那是因为他身处的社会要求人们"要忠义"；法国政府担心无故发动战争会使国际社会认为自己是一个好战的国家，那是因为当时的世界倡导的价值观是"穷兵黩武是不好的"。人都是社会人，无法全然不顾自己所处社会的价值观要求，这时人就需要找到一个看似合理的理由来包装自己的利己行为。为了避免遭受非议，也为了对得起自己的良知，人们会等待一个合适的契机。

从进化心理学的角度来看，人作为一种社会性动物，天生就有被群体接纳的需要，并且被群体排斥和孤立时会感到恐惧。[6]远古时代的人们需要与他人合作以获得更好的生存资源。过于明显的自私自利者必然会在资源有限的环境中被群体内其他成员排斥。在那个时代，一个人若被族群孤立或抛弃，往往就意味着他离死亡不远了。在这一万年的时间里，人类的大脑不会发生巨大的改变，我们仍然是活在社会中的、会被他人的评价左右的人。我们的很多单倾选择都是在包装自己的利己动机，为了让他人眼中的自己看起来不那么糟糕罢了。

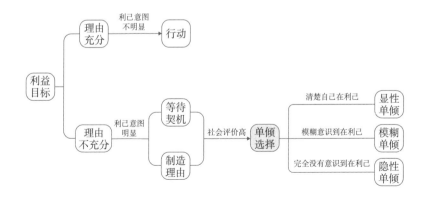

图 11-4 单倾选择逻辑图

4. 思维体操：利益加减法之岗位变动法

人们会包装自己的利己动机，进行单倾选择，实现个人利益的最大化，这无可厚非。但如果人们做出了损害他人利益的行为，便逾越了利己的底线，变为自私，这便是不合适的，更有甚者还以为自己在坚持正义。如果人们不清楚自己做出选择的真正原因，在未来很有可能会因此而后悔，甚至为此付出沉痛的代价。

如何才能看清自己的选择呢？对此，我们可以使用"利益加减法"。从其字面意思就可以看出，它是指对利益进行加减。人们每做出一个选择都会考虑其在众多方面的利弊影响，要看清哪个方面是自己最看重的，就要对利益做减法。曾经有一个朋友和我讲他喜欢做慈善，一次有人请他捐款给学校，用于盖楼，他本来已经答应，但听校方说不能冠名，他就又决定不捐了，这件事引发了我的思考。在这个例子中，如果完全减去慈善可能带来的名声利益，很多人可能都会做出类似的选择。

工作中，我常遇到这样的情景：两个管理者就同一件事的两种不同方案，争执得不可开交，并且都无法说服彼此。这时一个很重要的判断标准就是，这个方案能给他们各自带来的"私利"（包括权力、势力、金钱等）占多少比重。我们都知道人是利己的，但在公司或组织的决策中，有时候需要放弃一些纯粹的个人利益（也就是上面说的"私利"），如果一个组织做出的决策是出于个人的"私利"，或个人的"私利"在这个决策中占比过大，那么这个决策于组织而言，极有可能是错误的。在这种情况下，我会用"利益加减法"中的"岗位变动法"来测试出争执双方心中在意的是工作本身，还是自己的某些利益。比如，如果我同意其中的某个方案，但该方案的提出者需要调换到其他岗位（即不再负责这个项目），或与另一方案的提出者对调岗位，他是否还坚持这个方案？这并非什么高深的测试方法，但能在一定程度上帮助人们测试自己是否陷入"利己却不自知"的"陷阱"中。

在这样的"利益加减"中，人们会越来越了解自己内心真正的想法，对自己的目标也会越来越明确。这样，人们就能想清楚自己真正该如何决策，避免因判断失误、匆忙行动而做出错误选择。

延伸思考

人如果不在乎社会评价，是否会做出不同的选择，过上不同的人生？

饭碗正义——以"正义"之名保护饭碗

1. 为保护饭碗而生的"正义"

吃太多糖对身体不好，这在我们看来是一个很普通的生活小常识。为了健康，现在越来越多的年轻人过上了"低糖"甚至"无糖"的生活。但这个观念被人们接受经历了漫长的过程。

在 20 世纪 50 年代，心血管类的疾病严重威胁着美国人的健康，学界广泛认为不当饮食，尤其是过量摄入胆固醇、脂肪、糖类、卡路里、维生素等都与心血管疾病的发病率息息相关。为了维护自己的"饭碗"，制糖工业先发制人，"资助"了不少生理学和营养学领域的科学家进行研究，并最终得出结论："脂肪是造成人们健康问题的罪魁祸首。"但与此同时，他们对公众隐瞒了糖会对人体健康产生负面影响的一些研究。在这个结果被大肆宣传后，不少美国人都将肉、鸡蛋等脂肪及胆固醇含量高的食品视为"健康杀手"，"少脂高糖"成了那个时期大多数美国人的饮食选择。[7]

而现实是，因此人们的肥胖率不降反升，心血管疾病的发病率也并没有减少。这些看似将人们的健康摆在首位的研究，背后却牵扯着行业的"饭碗"和巨大的利益，从业者为了维护自己的利益，在这个过程中丧失了理性思考的能力。大众也在所谓"专家"的误导下参考着实际上并不健康的饮食方式。

当人们赖以生存的"饭碗"受到威胁时，平衡态会大幅失衡。为了恢复平衡，人们往往会动用平衡补偿机制调低威胁者的重要性，并调高自己的重要性，在价值判断上反对威胁者，并认为自己是绝对

"正义"的。这时，人们看到的和听到的都是支持自己的证据和反对对方的声音，这就是"饭碗正义"。

2. 正义的背后是生存和利益

"饭碗正义"源自人类趋利避害的本能反应。当外部事件发生时，人们会首先搜索自己的经验清单来判断当下的处境是否危险，如果得出"有危险"的结论，我们体内会分泌大量压力激素，并产生恐惧感和压力感，这时的我们处于失衡状态，并产生了恢复平衡的动机。但光有恐惧情绪和压力感还不足以使人成为"饭碗正义者"，真正把人推到那一步的"幕后黑手"是"弹簧人"。为了恢复平衡并保障生存和利益，在产生动机后，绝大部分人会启动头脑中的"平衡补偿机制"，在价值清单中搜索有利于自己的证据。"弹簧人"的一大特点便是自我调节性，人们会在这个过程中犯下"期待性寻证"的错误，只看到那些对自己有利的，有助于帮自己消除恐惧的信息，而忽略其他方面的信息。

19世纪的英国，出现了历史上最著名的"饭碗正义"事件——卢德运动[8]。卢德运动的背景是第一次工业革命期间，机器生产的大规模应用使手工业者面临失业和破产，诺丁汉地区一些工厂主削减工人工资，这成了卢德运动的导火索。内德·卢德是一名织布工人，他认为机器的普及对工人是极其不公平的，便带头销毁了两台织布机，他"行侠仗义"之举因此在工人中传开了。随后，那些即将失业的工人开始效仿卢德捣毁机器，越来越多的工厂主收到带有"卢德王"签名的书信。直到1813年英国政府颁布《捣毁机器惩治法》，规定可用死刑惩治破坏机器的工人，情况才得以改变。可以说历史上的任何进步都必然伴随着重重阻碍，"饭碗正义"就是其中一种。实际上，上一节的

"单倾选择"说的也是同样的道理，"饭碗正义"和"单倾选择"是"弹簧人"在特殊场景下（面临生存威胁和面临利己选择时）的具体表现形式。

其实，在日常生活中，我们每个人都会有意无意地成为"饭碗正义者"。回想一下自己与他人有过的观念上的冲突，一旦这个冲突与自己的"饭碗"挂钩，很多人都会不顾一切地为自己所在一方辩护，千方百计找各种理由来支持自己。

也许有人会说，为了保住"饭碗"而说自己好，这不是很正常的吗？由于每个人都有利己倾向，"饭碗正义"确实看起来"合情合理"，当外部因素带来了压力，尤其是威胁到自己的"饭碗"时，最省力和轻松的方法就是不假思索地反对这个外部因素，并试图告诉别人自己是正确的。但我想说的是，学会识别自己是否正处在"饭碗正义"中，对于那些想要在工作中晋升到更高位置或者想要成为优秀管理者的人们来说特别重要。

识别"饭碗正义"的目的并非是要进行道德绑架，而是对那些有志成为或已经成为高级管理人才的年轻人，做出善意的提醒和建议。常言说"有德者居之"，对于一个领导者和管理者而言，能抛开个人私利、公正处事极其重要，不因个人利益而混淆是非，这不仅能帮助你建立在他人眼中的良好形象，而且能提升你行为决策的正确率。人类在早期发展过程中，个体很容易面临生存危机，因此要想生存就需要结成群体。为了保持群体存续，道德和法律便应运而生。因此，虽然社会道德未必完全符合个人利益，但它是人们对于公共利益的一种共识。一旦触及社会道德，便意味着对公共利益构成了挑战。高级管理人员的工作需要的是整合尽可能多的资源（物资和人员），一旦触及公共利益便意味着资源的流失。且不说法律的惩治，即使是道德上的非议，也会对他们的事业造成巨大损失。比如，优步管理层曾被一名前员工指控性骚扰，事件持续发酵，迫于舆论压力，包括该公司联合创始人兼 CEO 特拉维斯·卡兰尼克在内的数十名高管或辞职或被解聘，对优步公司的企业形象和内部管理都造成了极大的损害。这正是道德标准对个人职业发展影响的现实体现。

3. 思维体操：利益加减法之角色变换法

为了识别自己是否正处在"饭碗正义"中，我建议可以采用一种识别逻辑——利益加减法之角色变换法。具体实践方法如下。

你可以先假设自己已经离职，不再在原行业或部门，或假设自己现在处于对立一方或其他部门，这时你会怎样看待原来的问题？如果角色变换后，你觉得原来坚持的事情现在不一定坚持了，就说明你原来处在"饭碗正义"中；如果变换了视角后，你仍觉得这件事该做，那就勇敢去做吧！看到这里，你也许可以思考下自己最近在工作中是否有一件很坚持的事情，然后试着用"角色变换法"测试下自己是否处在"饭碗正义"中。

约翰·罗尔斯在《正义论》中提出了一个理论——无知之幕[9]。简单来说，就是人们在不知自己将要扮演何种角色的前提下，于同一幕布前讨论政策和制度的安排。这是一个纯属想象的场景，意在打造人人平等的博弈环境，使人们做出真正合理的选择。我们要经常尝试使自己分饰不同角色，针对某一问题进行讨论。经过多次这样的练习后，你就会成为一个好的"情景架构师"，就有可能透过"饭碗正义"看到一些事情的实质。

　　"饭碗正义"源自人们对落后、失败、被淘汰的恐惧，这无可厚非，可它有时会加剧矛盾，遮蔽真相。每个人都应在头脑中警醒自己：我与对方的冲突，或我对某个观念的坚持，也许只是因为"饭碗正义"。

延伸思考

假如人工智能即将取代你的工作，你会怎么做？

第十二章
统帅止步：终极局限

全面掌握了弹簧机制之后，我们终于有可能登上个人事业成长的最高层级，这时我们几乎不再受潜意识绑架，也许你会有深深的自我掌控感。但这就是个人成长的终点了吗？当然不是，即使身处高位，成为"统帅"，我们依然无法摆脱人的终极局限：自查无错。因为每个人行动和自检的依据来源于同一套经验价值清单，所以我们永远无法检查出自己的错误。如果意识不到这个局限，我们的事业将很难壮大，甚至有可能在自信满满的情况下毁于一旦。本章只有一节，因为自查无错这个概念太重要了，怎么强调都不过分！

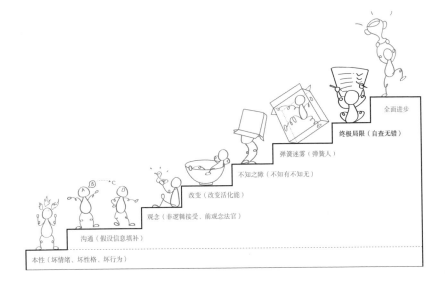

全面进步

终极局限（自查无错）

弹簧迷雾（弹簧人）

不知之障（不知有不知无）

改变（改变活化能）

观念（非逻辑接受，前观念法官）

沟通（假设信息填补）

本性（坏情绪、坏性格、坏行为）

自查无错——行检同一法，己错不能查

1. 你能察觉到自己的错误吗？

桥水基金创始人瑞·达利欧先生在一次演讲中谈到自己最大的失败时说，他曾因一次错误的决策差点儿破产。

1982 年，达利欧认为美国银行已过度借债给新兴市场，这会带来风险，降低流动性水平，市场将因此进入滞胀。他做出这一判断后又反复思考检验，依旧认为自己是正确的。当时，他甚至还在电视上做了相关评论并在《华尔街日报》上发表了相关文章。但事实是，他据此论断做出的决策完全是错误的。这个错误导致的后果十分严重，他的公司几乎因此失去全部财富，他的客户也亏损甚巨，达利欧几乎破产。他从中吸取到的最重要的教训就是："我并不是绝对正确的。"

现实中，人们在做决策时很难发现自己是错的。原因在于，我们总是用自己的标准进行判断并行动，再用同一套标准来检查自己的行为是否正确，就像考生和判卷老师是同一个人。这就是"自查无错"，是我们错而不知的最重要原因。

为什么我们做数学题时可以查错，对自己的行为却无法查错？因为数学题有一个确定的正确答案，而生活中的绝大多数行为都没有一个可以随时查询的正确答案。更重要的是，数学题可以有不同解法，我们可以利用不同解法去验算答案。而人们日常所做的决策只基于一套方法、一套标准，它就是我们的经验价值清单。因为人用来做决策的经验价值清单只有一套，我们无法用另一套对自己的决策进行验算，所以即使错了自己也发现不了。题解错了是小事，但决策错误可能就会代价惨重，甚至会危及生命。

图 12-1　考生和判卷老师是同一个人

　　在苏德战争的初期，苏军节节败退，损失惨重。当时苏军在士兵数量方面并不落后于德军，造成其初期失利最重要的原因就是斯大林的决策失误。他坚信德军不可能在对英战争胜利之前进攻苏联。尽管当时斯大林得到了很多情报说德军要进攻苏联，但他都认为是西方国家为了离间苏德放出的假消息。正是因为斯大林做出了误判，导致苏军面对德军的进攻没有做好充分的准备，最终溃不成军。在斯大林看来，德国人会吸取一战的教训，不会再次陷入两线作战的窘境，因此绝不会在战胜英国之前向苏联发动进攻。斯大林做出这样的判断，是基于自己在战略与战术上的经验，而这些经验是一个整体，他每次思考都是基于这一套经验，必然会得出相同的结论。一旦这样做判断，他就没有可能依靠自查发现错误了。

　　"自查"是自己对自己的想法和行动进行判断、检查、确认。我们对自己的判断标准，首先无法做到客观，其次也不可能做到公正。人做出决策和检查决策是否正确所依据的标准是同一套，无法用两套不同的方法查错，也就无法靠自己发现错误，这就是"行检同一法，已错不能查"，其中"行"是指行为、决策，"检"是指检查自己的行为、决策，"己错"是指自己的错误。这个现象导致的后果是：人根本就无法知道自己正在做错误的决策。

经验价值清单是"行检同一法"中的"一"，在了解到经验价值清单这个概念之前，我们很难发现"己错不能查"的原理。但一旦我们知道所有的判断都来自经验价值清单，就能够意识到在"行检同一法"时，往往"己错不能查"。"自查无错"可以说是本书最重要的概念，它是我们一生中面临的最大局限，也是我们会犯的最大的错误。每个人都会自查无错，无论是普通人还是掌握资源的领导者。普通人自查无错可能只会造成一些个人的损失，影响很小，而掌握资源的人出现这个问题，就会造成社会的巨大损失，甚至社会动荡。因此，每个人都需要牢记这一概念，管理者更需要时刻用它来警醒自己。

2. 人人都会"自查无错"

我们身边有很多自查无错的例子，比如在中国家庭的某个纪念日，丈夫因临时陪客户吃饭而没有陪妻子吃原本订好的烛光晚餐，妻子因此对丈夫发了脾气。丈夫认为忙事业也是为家庭做出的贡献，所以不觉得自己的决策有什么问题。而妻子也许已将纪念日晚餐与夫妻感情的稳定性，甚至家庭幸福联系在一起，认为丈夫不重视自己和家庭。夫妻二人都认为错在对方，因为他们都是用自己的判定标准来权衡，没有感同身受地理解对方的深层思考。

不仅是夫妻关系，亲子关系中也多有自查无错的存在，这一点在青春期的孩子与父母的关系问题上表现得十分明显。处在青春期的孩子常常与父母斗气，甚至会发生争吵，因为他们不理解父母对一些问题的看法，也不愿意听取父母的意见。当然，反过来讲，父母也很少明白孩子究竟是怎么想的，多数时候是从自己的角度去想孩子应该怎么样。最后的结果就是父母与孩子各有各的想法，难以互相理解，都觉得自己没有错，有的甚至发展到完全零沟通的地步，令人唏嘘。

不仅常人的生活中处处都有自查无错，科学家以及历史上一些伟大的人物也都很难避开自查无错的陷阱。举个例子，在滑铁卢战役打响后，法国元帅格鲁希就曾经为自查无错的陷阱所困，当时他遵照拿破仑的命令去追击普鲁士军，但始终没有找到普鲁士军的踪迹。正当他在一户农民家里用早餐时，圣让山上传来了炮火声，这时滑铁卢战役已正式打响。他的副司令热拉尔急切地请求："立即向开炮的方向前进！"所有人都知道拿破仑已经向英军发动进攻，一场重大的战役开始了，但格鲁希拿不定主意，当热拉尔请求带领一师部队和一些骑兵到战场去时，格鲁希却拒绝了，他坚持不能违背拿破仑最开始的命令，坚持应该继续追击普鲁士军。因为格鲁希的经验清单中充斥着拿破仑战无不胜的经历，以及违背拿破仑的命令可能会带来的严重后果，所以依靠这一套经验价值清单的格鲁希只能做出服从命令的决定。最终，拿破仑在滑铁卢战役中惨败，格鲁希的错误决策可以说是其中的重要原因之一。

科学家的自查无错也不新鲜，爱因斯坦在创立广义相对论的第二年，为了解释宇宙的稳恒态性问题，他和荷兰物理学家德西特各自独立进行研究。德西特发现引力场方程的宇宙解是动态的而非静态的，因此宇宙要么膨胀，要么收缩，但因为直觉和运算上的失误，爱因斯坦坚决不肯放弃静态宇宙的概念，甚至不断批评与德西特观点相同的学者，如弗里德曼、勒梅特。直到美国天文学家哈勃发现证据支持弗里德曼等人的动态宇宙模型，爱因斯坦才改变想法。后来，爱因斯坦称自己对静态宇宙模型的坚持是"一生中最大的错事"，并公开向弗里德曼等人道歉。

从上面这些例子可以看到，每个人都在用自己的判断标准思考，同时又用同一套判断标准审视，结果就是，几乎没有人会意识到自己的决策是有问题的。自查无错的普遍性让它成为人最重要的缺陷之一，就像以前，人们不知道摩擦生电，后来这种现象在我们日常生活中无处不见。人们一旦认识到自查无错，就会发现它像摩擦生电一样无处不在。换一个角度说，人们生活中的苦恼以及社会灾难事件，都是人们自查无错的结果。当我们每天在饭局上闲聊、讨论国家大事时对别人的评头论足或每天应对各种冲击时做出的反馈，都随时能看到自查无错的身影。不仅常人，自查无错也是各个领域的领导者容易犯的错误，因为在领导者周围敢说真话的人很少甚至没有，领导者就成为可怜的羊羔，在自查无错的牢笼中被剥夺了所有感官，甚至只能独享失败带来的苦果。这就是本章标题"统帅止步"的含义。

3. 竞争——自查无错的克星

自查无错有一个天然的克星，但大家都不愿意主动面对它，它就是竞争。当看到竞争对手表现得更好时，你立刻就能意识到自己的方法是错误的或者低效的。个人犯错可能会导致自己失去机遇，企业领导者犯错可能会导致企业关门，军事将领犯错则可能会牺牲许多生命。人们只有在竞争带来了惨痛的代价之后，才会意识到自己陷入自查无错的误区。从社会发展优胜劣汰的角度来说，这也许是好的。但对个人来说，通过竞争发现错误往往为时已晚，代价太高。所以，恶果造成之前才是检测是否自查无错的最好时机。要应对这个终极错误，"临时抱佛脚"谈何容易，只有养成日常纠偏的习惯和方法，才能真正降低自查无错的危害。

4. 警笛、第二套经验价值清单与照镜子

正所谓"不识庐山真面目，只缘身在此山中"。我们常常认为，自己对自己足够了解，对自己的优点和缺点有充分的认知。其实，我们很难摆脱个体固有的思维方式，总会以固化的模式看待自己、他人和世界。要想走出"此山"，从彼处看清世界的真面目，就要先冲破自查无错的屏障。面对"行检同一，自查无错"，我们有办法吗？靠自己？没有办法，就像人不可能抓住自己的头发把自己拎起来一样。但是，我们可以靠别人。

首先，我们需要在头脑中放入一个"警笛"，时时提醒自己："我的观点不一定是正确的，我的做法并不是最好的。"每件事都存在更好的解决方法，都有更快的应对路径。当你为了目标而疲于奔命时，已经有其他人用更好的方法轻松达到目的了。相比巴菲特，其他所有做投资的人的做法都很低效；相比乔布斯，其他所有的产品设计者都有待提升……我们绝大部分行为都不是最佳方案。我经常开玩笑说，人一生中可能会有 100 个机遇，你如果能抓住其中的 3 个，就能成为比尔·盖茨，但就算是比尔·盖茨也浪费了 97 个机遇。对于常人而言，我们每天的行动绝不是最佳方案，一定有更优解，只是我们不知道而已。从绝对标准看，我们大部分的判断和行动都是低效的，都有更好的方案；从最高标准看，我们的判断和行动绝大部分都是错的。也就是说，你当前一定在犯错。哪怕是刚才提到的巴菲特、乔布斯和比

尔·盖茨，在生活中也会犯错。所以，很少有人能通过自查发现自己的错误，这意味很少人能意识到自己的做法不够好。意识到自己离最佳方案还有差距，正是人走向进步的重要一步。

其次，我们需要拥有足够开放的心态，了解第二套或多套经验价值清单。对同一件事，100个人可能有100种看法，这些看法自然有对有错、有优有劣，但其他人的想法总有可取之处，因此一定要听到其他人的意见及看法，试着用对方的全套决策思路（即第二套经验价值清单）来看这个问题。如果你在做决定时，已经足够了解多种全套决策思路，即拥有多套经验价值清单，自然不会轻易陷入自查无错的误区中。但前提是这些"其他人"都是敢说真话的人。

我个人有个体会，当我对某件事情的观点与其他人不同时，如果我的观点只是来自自我感觉，而对方是该领域的专家，并且用经过验证的行业规律来支撑其观点，那么我通常会放弃自己的观点。因为感觉掺杂了太多的个人因素，并不客观，而规律已经最大限度剔除了个人因素，会更客观一些。这就是了解第二套经验价值清单的重要性。

最后，我们需要在身边寻找"镜子"。有的时候，固化的思维模式让我们无法看清别人的思路好在哪里，坏在哪里，这就是"不知有不知无"的其中一种表现。这种情况下要走出自查无错的误区就更困难了，这时候我们就需要透过"镜子"来对照自己与别人经验价值清单的异同，从而看到自己的错误及其根源。有些人会从自己的经历中学习，将经历的人和事作为一面"镜子"，来发现自己是否有错误，比如下面这两个例子。

香港九广铁路公司主席田北辰先生在2004年的时候面对高票

价的质疑回应说：如果觉得贵，可以有其他选择，铁路公司不是社会福利机构。他信奉自由市场，觉得弱者只要有斗志就能变成强者。但他的这个想法在6年后改变了，原因是他参加了一档叫《穷富翁大作战系列》的节目，去体验穷人的生活，和他们一起聊天、工作。他发现坐一趟通宵巴士（香港地区午夜12时至早上6时行驶的巴士）需要13元，但香港的底层人士一天的生活费只有50元。他开始明白底层人民出行的痛苦，承认交通费扼杀了穷人的生存空间。他对自由市场的看法因此也开始动摇，他发现穷人辛苦工作只是为了能吃上一顿好饭，并不是所有人都有资源去成为强者，自己过去的想法太片面了，应当关注底层人民的生活和福祉。

英国殿堂级摇滚乐队皇后乐队的主唱弗雷迪也曾经因为自己过于自信而陷入了自查无错的陷阱，最终经历失败后才认识到自己的错误。

当时，弗雷迪认为自己很厉害，乐队其他人都是沾了他的光才能走红，于是决定单飞。尽管他的一些朋友都劝说他不要这么做，因为他需要整个乐队的力量，但他仍然一意孤行，认为"我谁也不需要"。结果，单飞后的他并没有做出什么成绩，新的作品也没能达到皇后乐队时期的高度。弗雷迪意识到自己的确做了错误的决定，最终选择回归乐队。这个故事还被导演布莱恩·辛格收录在音乐传记片《波希米亚狂想曲》中。

还有的人会将身边的人当作"镜子"，他们习惯听取别人的建议，所以不会轻易掉进自查无错的陷阱。比如下面两个例子。

二战期间，英国首相丘吉尔认为诺曼底登陆必将具有重要的历史意义，因此邀请国王乔治六世一同乘坐舰艇，目睹这一历史瞬间。乔治六世欣然答应。这时，他的一个秘书冷静地对乔治六世说，如果您和首相明天一同遭遇不测，请先确定王位由谁继承，首相的人选是谁。乔治六世被当头泼了一盆凉水，立刻意识到作为国家首脑，自己和首相的想法过于顽皮、不负责任，于是马上写信给丘吉尔，丘吉尔也接受了劝告，放弃了原本的打算。

唐太宗李世民就将魏徵比作自己的一面镜子，说有了魏徵，他就可以知道自己有没有做错。贞观六年（632 年），在唐太宗的励精图治下，国家已经日渐强盛，各地官员纷纷上书请求唐太宗举行封禅大典，以感谢上天庇佑、昭显功绩，唐太宗自己也十分希望能这么做。唯独魏徵坚决反对，唐太宗很不高兴，问魏徵："是我将国家治理得不够好，功劳不够高吗？"魏徵回答："您的功劳够高，国家也治理得很好。但隋末大乱后，国家就像久患大病的人，经过陛下的精心治理，才逐渐恢复。如果驾车去泰山，耗费巨大，而且陛下如果封禅，外国使节都会来贺，到泰山的途中人烟稀少、杂草丛生，等于令外国看到我们的虚弱。"唐太宗听后，就放弃了封禅的打算。

魏徵去世后，失去了这面"镜子"的唐太宗就犯下了错误。贞观十八年（644 年），唐太宗决意东征高句丽。大臣劝阻说，辽东路远，粮运迂回，高句丽人又善守城，恐怕不易取胜。唐太宗不听劝阻，亲征高句丽。此次东征进行得很不顺利，好在唐太宗懂得退却，改变主意，班师收兵，并感慨道："魏徵若在，必不会使朕有此行。"由此可见，有一面能够反映真实、观己对错的镜子是多么重要。

当我们将一些人作为自己的镜子时，不光要听他们的结论，还要听听他们是怎么想的，理解他们的思维逻辑及经验价值清单，从而发现我们从前不知道、不清楚的那些知识、经验。要避免自查无错，就是要用别人的经验价值清单来检查自己的判断。另外，我们可以找一些身边的人，了解在他们心中自己是什么样子的。因为通常在别人眼中，我们自己和我们的观点都没有自己想象的那么好，也许只有自以为的一半或 1/3。

5. 思维体操：月镜纠偏

要走出自查无错的误区，一个很有效的参考方法就是"月镜纠偏"，具体而言，如果有一个月没有人给你提过意见，那你就需要注意了，这说明你已经陷入了自查无错的陷阱中，你正在犯错，而且可能是很大的错。日常生活中，倘若一个人一个月都不照镜子整理仪容，会不会很丑？将"照镜子"纠偏培养成定期动作，比如将每月 15 号或某个日子视为特定日期，长久下来这将会产生积极效果。当然，怎样挑选"镜子"也是一门大学问。首先，必须找了解你的人，因为只有他们才清楚你的问题所在。但一旦你与对方有利益关系，他就很难做到坦诚了，此时"镜子"就变成了"哈哈镜"。通常，只有当一个人与你没有利益关系或者不怕你生气时，他才会说真话，而且是要在你的请求下，对方才会愿意说，这时对方就是最好的"镜子"。如果对方跟你有利害关系，比如你是他的上级，对他的涨薪或升迁有决策权，那么通常你就不容易从他那里听到真话，只有非常耿直的人才会在你的强烈要求下表达一点儿，这种耿直的"镜子"同样是无价之宝。更进一步，如果你可以对他的财富或事业产生极大影响，那么你就没有可能从他口中听到真话了，哪怕你强烈要求，他也只会似贬实褒，用看似批评的方式说一些你身上不讨人厌甚至有点儿可爱的小毛病，来让你开心，这时的对方就是"美颜镜"。你最多可以通过察言观色从对方闪烁其词的言语了解到自己还是有改进空间的。再进一步，如果你能影响他的终身成就，那么非常抱歉你只能从对方那里得到阿谀奉承，这时对方不是"镜子"，而是眼罩、哈哈镜，只会让你看不到事实。当然，在不同的文化中，上述现象会有不同程度的表现。

正因为我们身边的"镜子"有可能是"哈哈镜"，也有可能是"美颜镜"，所以在听取他人意见的时候我们要有所筛选，选取能准确发现我们的问题并愿意直言告知的"镜子"，而不是对任何人的意见都全盘接受，盲从他人也可能会产生负面效果。

总之，如果没有和他人、世界进行对照，从而得到不同的反馈，我们永远都走不出自查无错的误区。尤其处于各个领域领导岗位的人，很难得知别人对自己的真实意见，而更多听到的是周围相关利益者的称赞声，因而更容易变得过分自信。所以，我们应该使自己身边布满"镜子"，随时欢迎他人的反馈，尤其要格外认真听取批评意见。

图 12-2　自查无错逻辑图

延伸思考

1. 俗话说，可怜之人必有可恨之处，你认为这是为什么？可怜之人自己会觉得自己有可恨之处吗？

2. 中国古代帝王为什么需要像海瑞这样的言官？言官会"自查无错"吗？他们是怎样避免"自查无错"的呢？

第十三章

全面进步

为什么我们总是"知错难改"？因为我们往往只看到了错误的表面，而忽略它的根源。如果思维的错误像一棵树，那么只有了解这棵树的根，我们才能知道它将生长出哪些错误，阻碍我们的成长。如果我们脑中建立了清晰的"思维错误树"，我们就可以通过掌握不同类型的思维体操，最大限度地避免犯错，实现全面进步。

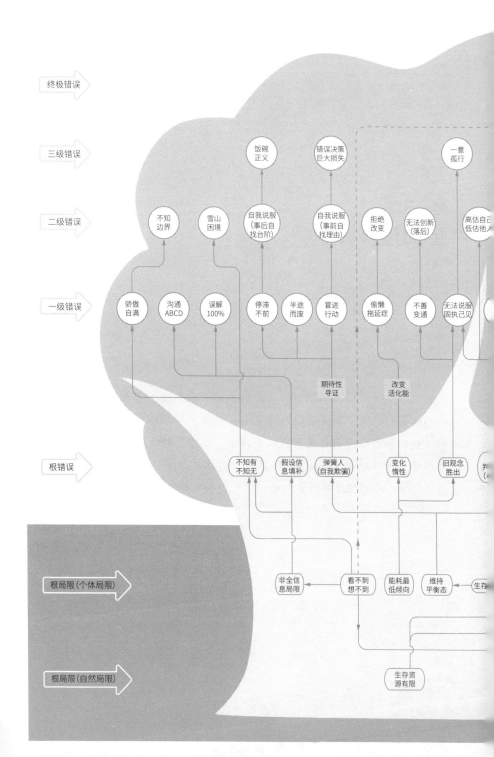

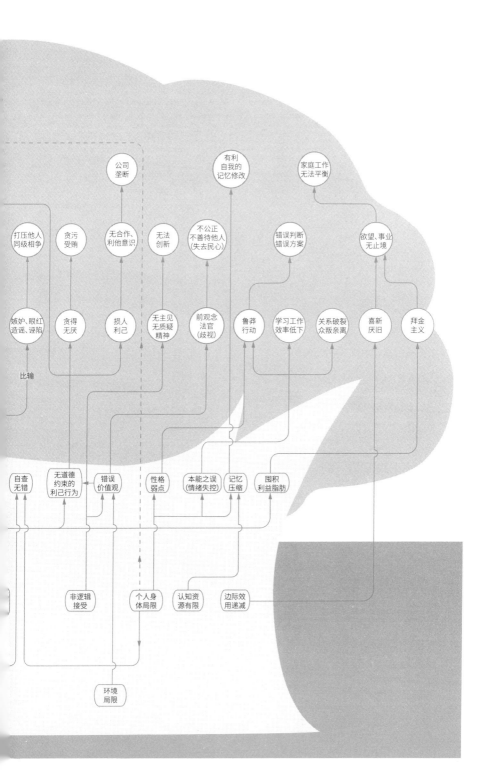

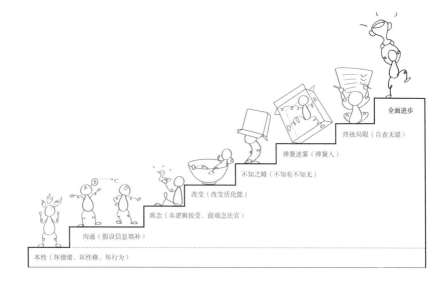

全面进步

终极局限（自查无错）

弹簧迷雾（弹簧人）

不知之障（不知有不知无）

改变（改变活化能）

观念（非逻辑接受、前观念法官）

沟通（假设信息填补）

本性（坏情绪、坏性格、坏行为）

思维错误树——人为什么会犯错

失败是成功之母，错误是进步之源。有错误并不可怕，只要能追溯错误的根源并加以改进则善莫大焉。但现实中鲜少有人会思考自己错误的根源，这毫无疑问会阻碍我们进步。本章一开始就给大家展现了一幅"思维错误树图"，它涵盖了人们犯过的几乎所有"思维错误"的类别。如果你察觉到自己犯了错，那么你可以用这份"错误地图"来追溯错误的根源；如果你没有感知到自己在犯错，那么可以把它当作一面"镜子"，也许能够用它照出那些阻碍你进步的"隐藏陷阱"。

1. 错误的根源与基础——"根局限"与"根错误"

"思维错误树"共分为7层，最下面两层为自然局限和个体局限，是人为所不能改变的事实。

自然局限包括生存资源有限和环境局限。我们都知道，自然界中的生存资源是有限的，正因如此人们才会产生利己倾向，才会与其他人进行比较，并试图在比较中取得胜利，以获得更多、更好的生存资源。此外，每个人从一出生就受到所处环境与家庭的限制，一个人最初习得的语言、生活习惯、价值观都来自他的原生家庭。一个出生在印度的女孩很可能不会像一个美国女孩那样敢于追求自由与梦想，因为前者的父母会在她小时候就告诉她身为印度女性应该遵守的规矩（比如女性半夜不应出门，女性不能跟除了自己丈夫之外的男人见面），她所处的社会环境也会在她成长的过程中不断强化这些价值观。这些环境局限是人们在早期无法突破的。

还有一些是人生来就有的个体局限。就拿我们引以为傲的想象力来说，再富有想象力的人也只能想出自己曾见识过的事物或那些事物的组合，在本书第二章"想象：信息叠加"一节中，我称之为"看不到想不到"。

除此之外，我们还总受"非全信息局限"影响。如果把人类全部的知识、经验和思想看作一本"智慧之书"，我敢说，即使是达·芬奇这种人类历史上有名的全才，也仅仅只能占据数十页纸罢了。我们生活的圈子和所处的时代都局限了我们的视野，而在"非全信息局限"的影响下，我们所有的行动方法都不会是最高效的，甚至是短视的、错误的。

我在本书理论篇的第二章中还提到很多类似的局限，比如能量原则、能耗最低倾向、利己倾向和一些自身的性格、特质等，它们是人犯错的"根局限"。之所以称之为"根局限"，是因为它们是人犯错的根源，几乎我们全部的"思维错误"都源自这些"根局限"。根局限无法突破，则犯错无可避免。

由"根局限"直接导致的错误被我称为"根错误"，人会犯的各种错误从本质上看都可以归结为这几种"根错误"。换句话说，"根错误"是错误最原始的状态，任何错误都是它们或它们组合的变形。比如，很多人在下定决心学习某项技能后，一开始总是信心满满，但坚持不了多久就半途而废。同时，生活中我们常会看到一些冒进的人，他们往往只能选择性地关注支持自己行动的证据。这两种看似不同的错误行为（半途而废和冒进），从本质上看都源自同一个"根错误"——弹簧人（自我欺骗）。

也许有人会问，找到"根局限"和"根错误"有什么作用呢？实际上，"思维错误树"有一个很实用的功能——它能预测你未来可能会犯的错。很多人在犯错后都不免后悔，在心里默想，"如果当初没有……就好了"，可现实世界没有后悔药，时光也不可能倒流。但如果你能预测到自己未来会犯的错，是不是就能预防并及时更正这些错误呢？我曾将这个"思维错误树"拿给身边的一名同事看，他当时正处于职业发展的初级阶段，并且正犯着"无法说服"的错误，通过这张图，他找到了自己错误的根源——"维持判断力自信"。他循着这个"根错误"往上，看到了更多由此演化而来的二级错误、三级错误，并坦言那些更高等级的错误是他目前无法想象到的（这就是"看不到想不到"），但看起来会对他未来的职业发展乃至人生进步造成阻碍。认识到这些就好像给他提前打了个"预防针"，也让他更认真地对待当下的错误和问题。

2. 从根源开始的"枝错误"

读到这里，相信你已经对"根局限"和"根错误"有了一些了解，下面我们就顺着 14 个"根错误"来探寻一下不同的"枝错误"是如何生长、发展的。

这 14 个"根错误"可以被分为三大类——本能之错、不知之障和弹簧迷雾。这三大类基本涵盖了人类所有的思维错误，理解了这三类错误的根源，你就了解了几乎所有思维错误的基本逻辑。

　　由生存需要和环境局限导致的"本能之误"包括变化惰性、旧观念胜出、比较器（爱攀比）、无道德约束的利己行为、性格弱点、情绪失控、囤积利益脂肪，它们都来源于人类在远古时代的生存本能，比如用最少的能量行动、做有利于自己的事情等。它们曾使人类在恶劣的环境下得以存活下来，但它们在现代社会会限制我们的发展。如果你常被人说"固执"，那么应该归因于"旧观念胜出"这个"根错误"，正是因为你脑中的"旧观念"在与"新环境"的斗争中一次次获胜，才使你渐渐变得"不善变通"和"无法说服"，而这会使你与新事物擦肩而过，最终变成一个顽固守旧、缺乏创新的人；如果你凡事都爱与他人攀比，那么应该归因于"比较器"这个"根错误"，比较有输有赢，但不管是比赢后的炫耀，还是比输后的嫉妒，都是因为你太计较比较的结果，太在意自己在他人眼中的形象，过度比较会使你丧失真正的快乐；如果你在学习、工作中常常打不起精神，甚至有时会偷懒，那么应该归因于"变化惰性"这个"根错误"，这是因为你还处于一个相对安稳的状态，没有面临巨大的生存危机，为了节省能量，你选择了用最"舒服"的方式度过每一天……

　　"不知之障"包括不知有不知无、假设信息填补、错误价值观和自查无错，它们都是因自身视野和信息局限导致的"根错误"。骄傲自满、不知边界和雪山困境都来源于"不知有不知无"，所以在没看到他人优点的情况下，我们往往会骄傲自满。在职场中，这表现为一个人在升职后会更容易因为看不到自己的不足而把时间和力气花在根本不适合自己的工作上，从而陷入雪山困境。假设信息填补堪称人与人之间进行有效交往的一大"杀手"。自查无错这一"根错误"本身就是所有人需要面对的"终极错误"。

最后要讲的"弹簧迷雾"是这棵"思维错误树"的核心，它包括弹簧人（自我欺骗）和维持判断力自信（自以为是）和记忆压缩。弹簧人是几乎所有人都无法避免的"根错误"，我们频繁地调节自己的"经验弹簧"，努力使自己恢复和保持平衡，犹如走进了一片迷雾之中，看不清前进的真正方向。与之类似的还有维持判断力自信，每个人的潜意识都深知判断力对自己生存的重要性，因此每个人都会维护自己的判断力自信，不肯认错，争论无果。

我们的绝大多数思维错误都起源于这 14 个"根错误"，并在它们的基础上开枝散叶、持续生长，直到长成现在这棵"枝繁叶茂"的"思维错误树"。

3. 不同发展阶段的"拦路虎"

从"根错误"往上，可以很清楚地看到"错误分级"。一级错误对应着本书实践篇里"新手起步"和"初级挑战"两章，二级错误对应着"中级蜕变"和"高级进阶"两章，三级错误对应着"总裁跨越"一章，而最难的终极错误是自查无错，对应的是"统帅止步"一章，这点我们在前一章已经具体讲过，这部分我们就把目光集中到"统帅"以下的错误中。

"错误分级"来源于我对公司里处于不同发展阶段的员工的观察。虽说本能之误、不知之障和弹簧迷雾在每个层级的员工身上都会出现，但处在不同层级的员工都有着各自的"拦路虎"，并且随着员工层级的上升，他们所犯的错误数量会逐渐减少，直到只剩下唯一的终极错误"自查无错"。

一般刚入职场的新人比较容易犯一级错误，主要包括情绪管理、嫉妒、沟通等问题。在我看来，职场新人并非不会犯更高等级的错误，只是在他们当下的职业发展阶段，一级错误对他们来说更为致命。换句话说，一个不能控制自己的情绪的人是很难得到晋升的，因此"情绪管理能力差"就是他的"致命伤"。

如果你现在正处于职业生涯的晋升阶段，那你就需要特别注意二级错误。这时，一级错误已被你基本克服，除了学习更多的职业技能及知识外，想要更进一步的主要方法就是学会克服二级错误。对你影响最大的二级错误是那些"不知之障"，比如不知边界、雪山困境等。很多年轻管理者在晋升后不清楚自己擅长什么、不擅长什么，常常在自己不擅长的地方"随意发挥"，这毫无疑问会降低工作效率，阻碍项目进展，而且会影响他们自己未来的发展。学会用"四象限法"找到自己的能力圈，是克服这些错误的必经之路，我会在后面一节的思维体操中提出更多应对方法。

再往上的三级错误是我所谓的"高级管理者常犯的错"，对于高级管理者而言，学会控制自己心中的"弹簧人"，避免自己深陷"弹簧迷雾"最为重要。需要再次注意的是，这并不意味着职场新人和中层管理者不会犯这些错误，只是这些错误对他们来说还不"致命"，但是，对于已经达到总裁、副总裁、项目负责人等高级管理位置的人来说，若常犯这个等级的错误，则他们的职业生涯会遭遇瓶颈，甚至可能出现不进反退的现象。比如我常说的"饭碗正义"，维护自己的饭碗对于普通员工来说也许很正常，但如果你志在成为一个被人追随的领导者，那么保持真正的公正与正义是至关重要的，不为自己的饭碗去损害别人的利益也是必须做到的。从这个角度来看，"饭碗正义"也许就会成为领导者组建团队时最大的"拦路虎"。

但这种第三层级的"总裁之错"并非"错误树"的终点，还有一个终极错误在等着所有人。没错，我说的是所有人，因为这个终极错误几乎无人能幸免。

"知错能改，善莫大焉"，这句话常被人挂在嘴边。但我想说，最难的可能还不是"改"，而是"知错"，"自查无错"使"知错"变成了一件极其困难的事情。读完上一章，想必大家已经认识了"自查无错"这个终极错误。"自查无错"的关键在于，我们用来指导自身行为和检查自己行为的是同一套经验价值清单，因此我们永远无法意识到自己正处在错误中。倘若意识不到自己在犯错，我们就会在错误的路上越走越远。

实际上，所有人都无法通过自身力量来克服这个错误，即使是克服了前面所有错误的"统帅"也无法逃脱"自查无错"。我们只能借助他人力量，通过"照镜子"、与高手过招、辩论等方法来发现自己的错误，这也是为什么我称之为"统帅止步"。

4. 有仪式感的"自省时刻"

我们每个人都存在思维局限，都会犯错。在原始社会，体力是决定人能否存活的关键因素，但在现代社会，思维能力是决定人成就高低的关键能力。认清自己有助于我们发挥个人的最大潜能，使我们避免因一些小的思维错误而浪费自己的知识技能及其他才华。而要认清自己，最重要的是拥有自省能力。和拆分思维、组合思维一样，自省也是一种思考的逻辑，并不是人们生来就会的，而是一种需要人们去练习的技能。

还记得你上一次深入并全面地自省是什么时候吗？估计大部分人

都已不记得了。我发现，虽然中国的传统文化中有很多关于自省的内容，比如"吾日三省吾身""见贤思齐焉，见不贤而内自省也"。但因为缺乏定期的、硬性的、外部的、有仪式感的提示，大多数中国人并没有随时自省的习惯。要做到随时自省，一个有用的方法是建立一个"自省时刻"。企业会定期召开各种会议，以讨论、反思公司业务在推进过程中存在哪些问题；有的宗教会设立"赎罪日""忏悔日"，教徒在这些日子会到一些固定场所，在心里默念自己做过的错事，或者请求别人原谅自己的错误。这些都是极有仪式感的"自省时刻"，就好想企业和宗教从外部给人安了一个"自省定时器"。我们自己也应该时常全面审视一下自己的"思维大厦"，弄清楚它哪里出了问题，是否需要修缮。对此，我的建议是，你可以找一个信任的人，每个月或每个季度固定与其谈话一次，为自己建立一个"自省时刻"。

　　自省是体察自己的错误的过程，这要求我们了解自己一切思想及行动的轨迹，这时的我们需要以他人的视角来观察自己。全因模型是一种工具，可以帮助我们剖析、拆解自己的思维、动机以及价值观形成的根源，通过这种方式我们可以比较客观地看待自己与他人在互动中的位置、利益关系及价值观的对错。（这里的对错，是以现代文明社会的最高道德标准来衡量的，包括主动不作恶、社会幸福最大化、利己但不伤人、利他越多价值越大等。）了解自己的思维，进而了解他人的思维，可以更好地促进我们与团队的合作共赢，减少误解与冲突，发挥个人及团队的最大能量。社会效益最大，个人成就最高——这就是我们认清自己，避免思维陷阱，不断进步的最终目的。而这一切，都从解剖自己的思维开始。同时，为了更好地与他人合作和激励团队，了解他人的思维也至关重要。了解他人的喜怒哀乐、平衡补偿机制以及价值观等，有利于避免因"假设信息填补"所导致的误解，这是领导团队的重要技能，也是我们事业发展的必修课。

按照对人和事物的了解程度，我将人分为 5 个层面。第一层的人活得自在，他们不观察自己，也不观察别人，只是随心所欲地活着；第二层的人开始观察并剖析自己，但只是停留在表面，研究得不够深刻；第三层的人已经能够完全了解自己，但还没有开始观察外界与他人；第四层的人不仅完全了解了自己，对他人也开始有了简单的了解；第五层的人对自己和他人都能完全了解。这 5 个层面的人之间并无优劣之分，但一个人越了解自己、越了解他人，就越有机会通过自省发现自己的错误，进纠正自己的错误。

进步就是少犯错误，正确决策。犯错无可避免，但通过建立"自省时刻"，找到错误的根源，避免下次重复犯错，你就自然走上了进步之路。

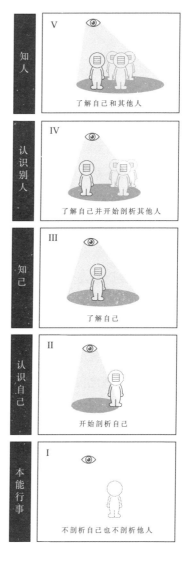

注：小人头脑中的是经验价值清单

图 13-1　五层识己识人图

思维体操——快速进步的方法

1. "思维体操"助人进步

滑过雪的人都知道，当你踩着滑雪板站上雪道顶端，只要迈出第一步，地心引力就会拉着你不断向下。在众多滑雪技巧中，身体前倾、双脚呈内八字减速刹车是最基础也最重要的一个。即使是一个完全没学过滑雪的人，也会因重力顺着坡度前行，跌跌撞撞地滑下去，可这个过程毫无疑问是艰难且缓慢的。但如果你学会了控制重心和减速刹车的技巧，就掌握了在雪道上自如前行的要领，就不至于摔跤。

这和我们的人生何其相似。每个人从出生开始就走上了一条不能回头的雪道，各种力量会推着我们前进。幸运时，我们可以连续走很多步都不会摔倒，可一旦遇到陡坡，我们就会因无法控制重心和速度而跌倒在地。就这样，在不断的摔倒、爬起、又摔倒中我们会渐渐落后于他人。在之前的章节中，我向大家介绍了人们会犯的很多错误，这就好像给大家展示了一张雪山路况图——标识了哪里是陡坡，哪里是缓坡，哪里有弯道。但在介绍控制重心和减速刹车的方法时，我大多点到即止。本节中，我将给大家补充几套不同的"思维体操"，分别应对之前"思维错误树"中三种不同的错误——本能之误、不知之障和弹簧迷雾。让我们先一起来回顾一下这三种"思维错误"。

本能之误由进化而来，无须后天学习，是人们固有的那些倾向与行为。本能在远古时代保护着我们的生存，但在现代，本能的某些方面会阻碍我们的发展。比如：人生来就排斥打针，但如果能克服这个本能，人会更健康；人体免疫系会本能地排斥外来器官，但患者必须控制住这个本能反应，才能通过移植器官保住性命。同样，人本能地会产生自私、嫉妒、仇恨等负面情绪，但如果能克制它们，人就会变得善良、宽容、博爱，从而使自己更受欢迎和爱戴，客观上使自己更强大。同时，如果这样的人多了，社会就会变得更加和谐和美好。从某种角度讲，人越能克服本能中的"恶"，自身的能力就越强。所以，克服"本能之误"，是现代人进步的一个重要课题，也是进步的基础。

不知之障说的是人们因不了解自己也不了解他人而做出的错误判断与行为。我们会因视野和信息的局限而无法获得全部的信息，对于未知，我们只能依靠自己的经验去揣测，进行假设信息填补。虽然这就是我们认识和理解世界的方式，但假设信息填补难免会导致我们产生误解，这会大大影响我们与他人合作，阻碍我们进步。所以，学会认识自己和他人很重要，不知之障是我们需要克服的第二大难关。

弹簧迷雾是几乎每个人都会犯的错，它来自我们对恢复平衡态的渴望，更来自我们自身某些结构的稳定性倾向。启动平衡补偿机制的我们会感到轻松、愉悦、省力、自在。但它同时是阻碍我们前行的迷雾，让我们看不到自己和他人的状况，看不清事情的真相，从而导致我们无法做出正确的判断。只有走出"弹簧迷雾"，我们对事物判断的准确率才会大幅提升，自己也能完成一大跨越。所以，如何走出"弹簧迷雾"是我们面临的最难、最需要花时间去体会的一关。

在对这三种错误有了一定了解后，我们就要开始"思维体操"的训练过程了。请各位带好之前的"雪山路况图"（本书第五至十二章），一起来练习这些"思维体操"，希望大家在自己人生的雪道上自如滑行，完成超越，实现进步！

2. 克服本能弱点：收获快乐与幸福

收获幸福：幸福回忆法

我曾经问过很多人，他们的人生方向是什么？我惊讶地发现，极少人会直接回答"幸福"。很多人给出的答案是事业、家庭、成功、财务自由等，但我认为这些都只是实现幸福的手段，只能算是每个人的早期经历给他设定的目标。人们的经历不同，目标也就不尽相同，但最终指向的是同一个方向——幸福。

中国人所说的"幸福"指的是在过去较长一段时间内感到满足的状态。其实，人并没有直接感知"幸福"的感官，说到幸福，很多人都无法准确说出自己"幸福"时的具体感受，因为它并不像开心、悲伤、忧愁等情绪那样直接可感、可观。幸福感很大程度上只能靠回忆去获得。日常生活中，很多人不觉得幸福，是因为他们不知道自己没有感知幸福的感官，不知道幸福要去主动感受。我的这个幸福回忆法，就是帮助大家回忆幸福、感知幸福的一种方法。

拿出一个日历或笔记本，从今天开始往后的 30 天，每天都记录下让自己感觉到快乐的事件。第一天，也许你写下的是："今天见到老同学，和他聊起了共同的顽皮往事，我今天感觉非常高兴"。第二天，你可能会写道："项目又往前进了一大步，我太开心了！"过了几天，你也许会写下："陪孩子度过了一个完美的假期。"30 天下来，你可能发现其中有 20 天都有让你感到快乐的事情发生。这时，请主动去感受下，你是否幸福呢？回看这些记录，你当下会突然产生很强烈的愉悦感，不耗费任何额外资源，而且这种愉悦感会使你的大脑重温当时的幸福感，使你的身体再一次获得平衡。这个方法看似简单却很实用，无须耗费太多时间或金钱，但效果显著。曾经有一个创业者在事业上遭遇瓶颈期，压力很大，相当长一段时间都处于烦恼中。我跟他分享了这个幸福回忆法，他很认真地付诸实践，一段时间之后，他发给我一条短信说："我正在去上班的路上，今天我感觉阳光格外明亮。"

总而言之，获得快乐和幸福的重要方法就是：适当克制跟别人的比较，这样就不会过多受到社会比较的影响；时常感恩已拥有的幸福，感恩身边给自己带来帮助的人；记录下每天的快乐事件，并经常回忆和品味。

当前世界上有 70 多亿人，总有很多人生活得比我们好，但也会有很多人生活在得比我们差，我们需要对生活充满信心，也需要掌握让自己感受快乐与幸福的方法。只要不断努力前行，你总会收获点点滴滴的喜悦，这就是我们生命的价值。

3. 穿越不知之障：认清自己和他人

认清和他人的差距：高手印证法

另一个阻碍我们进步的，是我们往往无法认清自己与他人的能力差距，甚至很多时候都会高估自己的能力，而低估他人的水平。我观察到一个现象，很多人面对在知识、财富或其他层级明显高于自己的人时，会有些许胆怯，有时尽管对某个事情心怀疑问，但无论如何都不愿向那些高手请教。这时，他们就失去了一次"高手印证"的机会。

人只有与比自己厉害的人打交道之后，才能知道自己的真实高度。我看过这样一个视频，在美国佛罗里达州的一个法庭上，一名犯罪嫌疑人在等候审讯。视频中，一开始犯罪嫌疑人的表情麻木且呆滞，审讯开始后，他对法庭上的一切都极其不屑，直到女法官问出一句："你是不是在 Nautilus 中学上的初中？"。犯罪嫌疑人瞬间露出了难以置信的表情，不一会儿，他开始掩面痛哭，满脸写着羞愧和悔恨。是什么让这名犯罪嫌疑人在几分钟内发生了如此大的变化？答案就是，女法官是这名犯罪嫌疑人曾经的初中同学。女法官对身边的记录员说道："中学时他是一个很善良的孩子，他曾是学校最好的学生，我们还一起踢过足球。"而之后在对犯罪嫌疑人家人的采访中，他的家人告诉记者："在遇到同窗的那一刻，他才认识到自己原本可以过得很精彩，却犯了那么大的错，他感觉非常羞愧。"这位女法官作为犯罪嫌疑人的同窗，给了犯罪嫌疑人以强烈的冲击和对比，让他看清了自己的差距。

只有与真正的"高手"过招后，我们才会发现彼此间惊人的差距，才会破除"不知有不知无"的障碍，才会真正地进步。面对这种差距，也许你会感到羞愧，但这都不重要，因为除了你之外没有人会在意这一点。所以，为了进步，当你面对比自己强的人时，只要有机会，就要大胆与其交流并提问。当然，这里有个很重要的前提就是，你对自己要问的问题已经做过深入地思考或研究，只有这样你提的问题才有价值，对方的回答也才能真正有所助益。

40 分安全合作距离

前面的思维体操大多是针对我们作为一个"个体"如何去提升自己。下面这个思维体操则是关于当我们与他人合作时，如何避免矛盾和利益冲突。

最理想的合作关系是同甘共苦，互利共赢。但现实生活中，人们往往可以"共苦"却难以"同甘"，好不容易到了可以分享胜利果实的时候，人们往往会因对各自贡献多少的看法不同而吵得不可开交，最终导致不欢而散。通常，因为"不知有不知无"，每个人都会高估自己在这段合作关系中的重要性以及自己做出的贡献。比如，一部影视剧的成功，到底是编剧还是导演贡献更大？对此，双方往往看法不同，再加上很多合作过程中都会有意想不到的事情发生，那么如何评价各方贡献以及如何确定各方利益分配呢？通常，无论最终利益如何分配，大家或多或少都会有自己的贡献被低估的感觉，这就会为双方未来的合作埋下隐患。我通常的做法是，为自己设定一个"40分安全合作距离"，这是什么意思呢？举个例子，在一段合作关系中，双方的贡献值均为50分，但此时的人们通常会偶尔闪现出自己贡献了60分的想法，如果双方都认为自己的贡献值是60分，那么双方都会觉得对方侵占了自己的利益，但如果一方或者双方各退一步，将对自己贡献值的评估降至40分，那么双方就都不会有这种感觉了。这时，我们就既能避免因高估自己而侵害他人利益，也不会因他人收获更多而感到"不公"或心里不舒服。

也许有人会说，这样做会不会太懦弱，会不会因此失去自己应得的利益？但我想说的是，人际交往中本身就没有绝对的公平，很难说哪一种利益分配方案最佳，唯一一点可以确信的是：长久的合作才能带来更多的利益。那么，为了更长久的合作，偶尔的一点"牺牲"和"懦弱"，或者说是看清自己真实的贡献，是必要且值得的。中国人常说的"吃亏是福"，就是这个道理。

厘清价值排序：假设环境变化法

在展开这一主题之前，我想要问读者一个问题：有多少人觉得自己有"选择困难症"？我想每个人都面临过这种窘境。

要解决选择困难的问题，得先从"我们是如何做选择的"这个问题开始思考。在全因模型中，经验价值清单是每个人做出一切行为和选择的"资料库"与"指挥部"，正是经验价值清单中不同的价值排序决定了我们选 A 还是选 B。有时，人们能很快做出选择，比如一个不忍杀害动物来满足自己口腹之欲的素食主义者，在面对牛肉虾仁沙拉和蔬菜水果沙拉时，会毫不犹豫地选择后者，因为在他的心中，"保护动物"的价值排序远远高于"口腹之欲"。只要各个选项在我们的经验价值清单中的价值排序十分清晰，那么我们做选择时就相当容易，不存在"选择困难"一说。但如果各个选项在我们的经验价值清单中的价值排序并非一目了然，甚至非常混乱，那么我们在做选择时自然会出现选择困难的情况。看到这里，相信大家都已十分清晰了，想要解决"选择困难症"，根源的方法还是在于厘清不同事物在我们的经验价值清单中的排序。在本节，我想要介绍一个好用、实用的方法来帮助大家认识和厘清自己的经验价值清单，那就是"假设环境变化法"。

要厘清不同选项在我们的经验价值清单中的排序，首先要列出所有需要比较的因素。比如，很多学生在临近毕业时会面临选择以后工作所在城市的问题，是选择北京等一线城市，还是某二线城市，这时我们就可以先把可能的影响因素都列出来：工资水平、发展前景、空气质量、生活成本、医疗水平……当我们把所有待比较因素都列出来后，第一步就基本完成了。

接下来就是最重要的一步：用"假设环境变化法"来判断哪个因素对自己的影响更大。还是以上面的城市选择问题为例，你知道北京的空气质量比某二线城市差，而且去北京发展还意味着要支付更高昂的房租等生活成本，这些都是阻碍你去北京发展的因素，但你并不知道空气质量和生活成本哪个对你影响更大。这时，先假设两座城市的空气质量完全相同，你会去哪里发展？如果你的答案是某二线城市，那么再反过来假设两座城市的生活成本一样，你会选择哪里？如果针对这个问题你的答案是北京，这就说明相较于空气质量，你心中更在意的是生活成本，后者才是真正影响你决策的关键因素。因为空气质量一样的情况下你想去生活成本更低的地方，生活成本一样的情况下你宁愿去空气差的地方，这说明生活成本在你心中的影响力更大。

学会使用"假设环境变化法"，我们就能很好地厘清自己经验价值清单中不同影响因素的排序，就能逐渐克服"选择困难症"。

看清真实价值观：假设亲人法

生活中，大家或许都有过这样的经历：朋友的孩子在考大学时想选一个相对冷门的专业，朋友问你该怎么办，这时你可能会对他说："要尊重孩子的兴趣，支持孩子的梦想。"但当自己的孩子选专业时，你可能就会告诉孩子要选一个就业前景较好的专业，不要选择那种相对冷门的专业。看到身边的"月光族"，很多人会说："这没什么啊，自己赚的钱想怎么花就怎么花。"但如果自己的孩子是"月光族"，可能很多人还是会不太高兴。诸如此类的例子还有很多。很多事情都是"我们自以为自己这样想"，但实际上我们深层次的价值观并没有"这样想"。这时，"假设亲人法"就是我们真实价值观最好的试金石。

为什么人们有时会做出上文那种略显"虚伪"的行为呢？实际上，面对一些问题，我们的经验价值清单早已在潜意识里计算出了结果，只是有的结果可能会对我们的利益（如金钱、名誉、地位、时间等）带来负面影响，出于对自我的保护，潜意识里的这个结果会被暂时"压制"，不会"浮现"。但如果我们换个立场，假设这些问题发生在自己亲近的人身上，利益计算的立场就有所改变，没有了那道自我保护的防线，潜意识里的结果不被"压制"，就很容易"浮现"，这时我们真实的价值观也就浮出水面了。

了解自己真实的价值观是非常重要的。因为价值观会直接影响着我们对事物善恶、是非、美丑的判断，影响着我们选择过什么样的生活、挑选什么样的伴侣以及从事什么样的事业，假设亲人法可以让你更加了解你自己。

除此之外，假设亲人法还可以在一定程度上避免因"站着说话不腰疼"带来的误解和矛盾。比如，有时我们会在影视剧中看到这样的桥段，夫妻双方因赡养老人的问题而争执，一方会说："送到养老院不就好了？"这时，另一方会立即反问："如果换成你的父母，你还会这样想吗？"不得不说，这直击灵魂的一问，也是假设亲人法的一种应用。把当事者换成自己最亲的人，我们就能显示出自己最真实的价值观。

你可能会怀疑，假设亲人法真的有效吗，自己真的会感觉到不同吗？其实，潜意识与意识分离的程度比我们想象得大很多，意识不容易被骗，因为它就是我们的谋略本身；而潜意识相较而言"笨笨的"，很好骗，如果把潜意识看作一个函数，假设亲人法就是将输入数据由"自己"换成"亲人"，从而得出我们真实的价值观，这既有助于我们理解自己，做出更准确的判断，也有助于我们去理解他人，避免不必要的争吵与矛盾。

4. 拨开弹簧迷雾：提高决策正确率

在本书第十一章中我讲过"判断力自信"这个概念，人们为了维持自己的判断力自信，不愿承认自己错了，尤其是那些有才华且处于高位的人。一旦自己的判断力受到挑战时，人们往往会动用"平衡补偿机制"进行自我调节，这是极其危险的。身处高位者本身就很难听到真话，任何一个敢于对他说真话的人的意见都是相当珍贵的，如果为了维持判断力自信，或过度在意自己在他人眼中的"威信"，而罔顾那些珍贵的建议，那么他就很难再得到进步和发展。

这种情况下，我建议用"假设自错法"来帮助自己换位思考，从而对事情做更全面的考量。具体来说就是，在做决策时，当有人提出与你的想法相冲突的意见时，你可以先在心里反问自己一句："如果我错了呢？如果我真错了，那后果是什么？"很多处于高层的领导者因拒绝接受"我错了"这种可能性，因而没有机会思考之后的情况，而如果先假设自己真的错了，你会发现之后的情况才是你真正不愿面对的，这也是为什么潜意识会一直拒绝认错。勇于面对可能的坏结果是防止事先犯错的一种方法。因此，遇到别人的观点与自己相左时，可以先假设自己的观点是错的，多听对方的观点，再按对方的经验价值清单去思考这一问题，如果得到了和他一样的结果，那么很有可能就是自己错了。

这个方法的关键就在于，首先要把自己的观点和想法放到一旁，假设自己是错误的，这样才能帮助你跳出自己的思维桎梏。然后把自己代入对方的角色中，假设其他环境都一样，如果你是对方，你会怎样想？他的思路是否有逻辑问题？学会了假设自错法，我们才能丢掉对判断力自信的执念，真正站在他人的立场看待问题，才能放下自己的期待性寻证，去看看对方的期待性寻证，从而更加客观全面地思考问题。

目前，人类在身体锻炼的方法上已经开发到了极致，但在思维锻炼的方法，也就是"思维体操"方面，人们了解的还很少，还有大量的空白需要填补。

在我看来，人只要能克服本能弱点、穿越不知之障、拨开弹簧迷雾，就能取得快速进步。常规情况下，人会按本能行事，但如果能学会克服本能的弱点，减少攀比和由此带来的负面情绪，我们的日常幸福度会大大提升。一个人如果能从不认识、不了解自己的思维，逐渐变得能随时跟踪并掌控自己的思维，那么他就会成为"自我扳道工"，就会走上一条每日进步的上升通道。同样，一个人如果能够有意识地控制自己头脑中的"弹簧人"，不让它随心所欲地发挥作用，那么他将更有可能做出正确判断。最重要的是，上面的一切都在帮助我们缓解由"自查无错"带来的不好后果。

相较学习具体的技能和知识，掌握思维体操就是快速提升能力的方法。如果地球上每个人都能掌握 20 套基本的思维体操，尤其是那些认清和掌控自己的思维及行为的方法，那么世界将变得更加美好，人们的幸福感将剧增。

无罪之罪——成功者的警醒

1. 无罪之罪

我们每个人都会追求胜利、成功和卓越，以求在社会竞争中不输他人。我们经常会看到这种情况：同一家公司中，有的人工作努力，晋升很快，其他人则会因相对而言进步较慢甚至原地踏步而自我怀疑；一个爱慕者众多的人答应了其中一个人的追求，其他爱慕者则会黯然神伤；有的人考了第一名，其他也想考第一的人会感到难过、沮丧。我们会发现，一个人的成功往往伴随着其他人的失落。

人并非主观地想去伤害他人，但因为这个世界的资源是有限的，一个人的拥有可能就意味着其他人的失去。同时，一个人的成功和喜悦也可能会成为社会比较的原因，在无意间给他人带来痛苦，成为他人平衡态的失衡源，我将这一现象称为"无罪之罪"。

称其"无罪"，是因为在这种情况下人并非主观地想去伤害他人，而又称其为"罪"，则是因为在这种情况下，人在客观上确实造成了他人心理上的创伤。换句话说，造成他人的失衡和创伤并非自己的本意，但确实导致了这一结果。比如，一个人事业成功并且家庭幸福，在同学聚会时即使他表现得很低调，还是免不了有一些同学因为与他对比而感到失落。

社会比较引发的竞争是促进个人进步和社会发展的原动力，但是这一过程必然伴随着一些人的失落。人的大多数活动都是为了获取生存资源，一个人越优秀或越成功，意味着收获的生存资源就越多。但生存资源的总量是相对有限的，一个人获得的越多，就意味着其他人获得的越少。同时，一个人拥有的财富、名声、权力等资源越多，就意味着他在未来的竞争中优势越大，因而会越容易获得更大的成功，这无疑会在社会比较中给其他人带来更大压力甚至痛苦。因此，从某种意义上说，一个人的愉悦必定是建立在另一些人的痛苦之上的。

新技术的发明也是如此。虽然新技术能够提高社会生产力，惠及大众，发明者也可以从中获得财富和认可，但对于同一领域的其他研发者而言，这无疑是一种打击。众所周知，作为电灯的发明者，爱迪生获得了巨大的经济利益和荣誉。但是，在他之前，汉莱里·戴维、亨利·戈贝尔、约瑟夫·威尔森·斯旺等人都曾发明了各种电灯，但因为种种原因未能被大众熟知。爱迪生的成功对于这些人来说就是一种伤害，斯旺甚至曾因此将爱迪生告上法庭。

成功有不同类型：一种是掠夺型，这种成功带来的是少数人的喜悦和多数人的痛苦，比如古代的许多战争，往往是为了满足王者的私欲而造成众多人处于悲惨的境地，这种成功是有罪之罪。商业贿赂、钱权交易、恶意竞争、肆意垄断等，都属于这一类；另一种是创新型，即通过创造新技术和新财富取得成功，竞争方法光明正大，虽然会导致少数竞争者失落，但其结果往往会惠及多数人，这种成功是无罪之罪，是应该被赞赏和鼓励的。

我在此提到无罪之罪，并不是倡导道德洁癖，更不是否定我们的奋斗和竞争，成功者或优秀者不必心存歉意。我是想建议人们把它当作一项自省和自律内容，当我们因成功而喜悦时，如果没有意识到这种无罪之罪，那很可能会过于炫耀和狂妄，进而会对他人造成更大伤害，同时也会伤害自己。意识到无罪之罪会使成功者对合作伙伴、群体和社会有更多的责任感，使他们在成功之余能够多对他人施以援手，帮助他人进步，带动他人成功，给更多需要的人提供有益的支持。

这就是善良。选择善良是应对无罪之罪的唯一途径。一方面，成功者要低调行事，降低社会比较对其他人的伤害；另一方面，成功者应该积极助人，让更多人走上成功之路。也许这会缩小成功者与其他人之间的差距，但这会有助于创造更加平衡的社会环境。

2. 选择善良

选择善良是一种思考方式，也是一种思维体操。相比之前介绍的思维体操，我认为选择善良更加重要。

善良是一个大家非常熟悉的词语。世界各民族文化的传统中，没有一个不提倡善良。世界各宗教的教义中，没有一个不劝人向善。在这些文化传统及宗教教义中，善良大多都被视为一种美德，但在全因模型中，我更愿意强调善良的功利属性，即选择善良会给自己带来最大的收益。在管理企业的过程中，善良是我做出决策的最后一层"过滤网"。我坚信，善良将会给企业带来最大的发展前景。

我的这种选择很大程度上受早年的学习经历影响。高中时，因为我成绩较好，时常会有同学向我请教功课。尽管我知道将自己的学习方法分享给其他同学可能会导致他们在成绩上超过我，我依然毫无保留地为对方解答问题。后来证明，教学相长，通过为他人讲题，我自己对知识的理解更加透彻，对问题的领悟也更加深入。后来，我在创业过程中所用到的类比思维、用户思维和换位思考等，很多都受益于学生时期为他人讲题的经历。如果当初我没有选择善良，没有帮助他人，就不会有这些宝贵的收获。

从社会互动的角度来看，选择善良会使自己获得更大益处。人在群体中生存需要不断和他人互动，如果一个人在群体中有好的社会关系，能够获得更多的帮助和爱，毫无疑问他会有更好的发展，幸福感也会更高。选择善良能够使你建立并维持一个良好的社会关系网络，会使他人更愿意与你合作、为你提供支持和帮助，会使你的生命中经常出现贵人，从而使你的成长效率大大提高。反之，如果你选择了作恶，可能在短期能够快速获得利益，但会损害你的个人形象及与他人的关系，未来的发展必定会受到限制。我在商界经常见到有这样一种人，他们在与人合作时投机取巧、缺乏诚信，然而世上没有不透风的墙，他们的恶行终有一天会被大家识破，其他人今后都不会再与他们合作。为一时之私而作恶，尽管有可能短期获利，却是极为短视和无知的行为，从长远来看必然弊大于利。

除此之外，选择善良还可以使人们避免一些本能之误，并防止"错误升级""一错再错"。人都有利己的本能倾向，如果不选择善良，这一倾向可能会发展为损人利己、不择手段；人都有能耗最低的倾向，如果不选择善良，这一倾向就可能导致人们选择不劳而获、窃夺他人的劳动成果；人在受到批评时都会有本能的抗拒心理，如果不选择善良，这种心理便可能导致人们产生暴怒情绪，使用言语甚至肢体暴力伤害别人；人都会与他人进行比较，有时也会嫉妒他人取得的成绩，但选择善良的人绝不会因此让错误升级，也不会选择打压他人，而会选择送上衷心的祝贺……

选择善良的另一个重要作用，就是帮助人们发展出健全且无裂痕的自信的思维体系，尤其是在对自我的认同方面。要想获得一个幸福人生，心中的愉悦感至关重要。如果选择了作恶，我们将很难获得愉悦，因为我们永远无法视自己为一个高尚的人，随时都会心生懊悔之意。这也是很多大奸大恶之人在生命的最后时刻都想忏悔的原因，曾经的恶折磨了他们一生。如果我们随时选择善良，那么我们随时能够视自己为好人，即使我们的成就可能没有达到顶峰，但心中对自己的认可保持在较高水平。这种无裂痕的健康心态会使我们避免经常产生懊悔的情绪，避免长期受到压力激素的影响，从而能够保持心情愉悦，身心健康，幸福常伴左右。

另外，需要特别强调的是，对于成功者和领导者而言，选择善良除了帮助别人与不损害别人的利益之外，还意味着不将自己的观点强加于人。由于自查无错的终极局限，即便是成功者也很难清晰地意识到自己的错误，这时就需要借鉴他人观点及专家意见，才有可能避免恶果发生。许多当权者，如希特勒，都曾因自查无错而将个人意志强加于他人和社会，最终造成了悲剧。历史上，凡在社会中造成大规模伤害的事件均属此类。成功者身处高位，本身就更难听到他人的真实意见。此时，何谓选择善良？唯一的途径是，包容不同意见的存在，决策时不一意孤行，避免自查无错，避免错误观点带来巨大损失和伤害。

在日常生活中，我们每个人都在肩负着成功者与奋斗者的双重身份，对下我们都是成功者，对上我们都是奋斗者。因此，我认为善良是每一个人最重要的自律标准，选择善良是一种思维体操，更是一种行动。如果成功者都能选择善良，就能与他人共赢，从而共同推动社会的进步。只有善良无处不在，助人无处不在，这样的社会才是高效且幸福的社会。

亲爱的读者朋友，感谢你坚持阅读到最后！

爱因斯坦认为，教育就是一个人将在学校所学忘记之后剩下的东西。读完本书实践篇后，如果你能在头脑中留下这三句口头禅，并在遇到事情的时候时常反问自己，那么你做出的判断及选择将更加客观真实。

我在"弹簧"吗？

我在不知有不知无吗？

我会自查无错吗？

后　记　人与社会——世界的无目的性

1. 世界的无目的性

宇宙从哪里来，要向哪里去？人类从哪里来，要向哪里去？

面对这些自古存在的未解之谜，古有哲学家、宗教大师试图指明方向，现有科学家为之努力探索。如今的我们对宇宙和人类的了解越来越多，比如我们知道了地球和太阳都不是宇宙的中心，对人类的DNA（脱氧核糖核酸）及遗传规律有了一定程度的认知，但我们仍然存在大量的未知领域，对于世界的本质以及人的存在尚未达成共识。人们对于世界的运行方式和人类的发展方向各持己见，无法形成共识，我将这种人类缺乏共识、缺乏共同目标的状态称为世界的无目的性。当今世界的所有矛盾和冲突都根源于世界的无目的性。

从现代科学的角度看，人是能量的载体，能量还存在于水、石头、树木、动物、细菌等万物中。当能量不足时，各种物质遵循化学定律而进行能量的争夺和再分配。只有争夺到足够的能量，人才能保持身心的平衡态，维持生存和繁衍。人因为无目的，就会像小鸭子破壳后把第一眼看到的移动物体当作母亲一样，对自己最初获得的价值观会不加分析、不加抵抗地非逻辑接受，因而会产生各自的"小鸭子模板"。

在远古时期，一个部落就是一个小模板，全世界可能存在过数以百万计的小模板。随着历史的发展，这些小模板不停地冲撞和融合，模板虽然越来越少却越来越大，最后全世界就剩下几个大模板，这几个大模板就是世界上现有的几大文明圈（或称文化圈）。不同于科技进步和制度创新，文化的改变非常缓慢，因此这些"小鸭子模板"融合的过程往往伴随着各种困难。地质学中认为地球岩石圈是由几大板块构成，板块运动、碰撞会引发火山喷发和地震。与之类似，"小鸭子模板"的碰撞导致了世界上的很多冲突。

针对当今世界上的冲突类型，有人将其归结为"南北""东西""南南""西西"4类，也有人将其归结为意识形态、种族、资源、文化4类，我们可以将其概括为两类：利益的冲突，主要指因对生存资源的占有和分配引发的矛盾，如贸易纷争、领土纠纷等；观念的冲突，主要指因对世界的认知不同引发的矛盾，如意识形态冲突、宗教冲突等。

随着人类社会生产力水平的提高，物质资源逐渐充裕，利益的冲突相对容易协调，但观念层面的冲突就不好解决了。观念冲突基本都源自"小鸭子模板"不同，可以称之为上一代人的观念矛盾，这种矛盾会代际传承。当今世界，充斥新闻和媒体的各种国际冲突、混乱、战争，大部分都源自这种上一代的观念矛盾，有些矛盾已经存在了千年，而且还会一直存在下去。那么，为什么这些观念矛盾会代际相传呢？

2. 滚筒裹挟

人从呱呱坠地开始，就被所在的环境赋予了初始观念，就像静止的物体一旦被施加了初速度和方向，其未来大致的运动轨迹就已确定，在没有外力影响的情况下很难改变。这种初始观念的本质就是价值观，所谓价值观，就是对善恶、好坏、是非、正误的判断标准。由于人们对世界和自身的认知存在差异，对同一件事情的价值判断不尽相同，各种文化传递的宇宙观、人类观、宗教观的不同，导致了价值观的不同。

人超越不了自己所在的环境，尤其是观念环境。一个人无论多有智慧，都必须像古希腊神话中的巨人安泰俄斯一样，只有站在大地母亲的身上才会有力量，用哲学话语来说是："社会存在决定社会意识。"我曾在经验价值清单的章节中提到过，人们价值观的不同都是基于生存及利益的需要。在各种生存资源不足的环境中，由生活经验各自产生、继承和发展。在这个价值观继承发展的过程中，人就像粘在一个滚筒表面，被裹挟前行。

人不可能是一座孤岛——社会的分工造就了人与人之间的相互依赖关系，人只有参与协作，才可以获取所需的物质资源。除了物质资源外，社会联结让我们获得情感上的满足。没有他人的陪伴，人会感觉苦闷、孤单，大脑中的多巴胺、催产素等积极激素的分泌都会减少。每个人都不愿成为边缘人，都不愿被社会孤立，因此都要在一套被大家广泛认可的社会价值观和规范内行动。不遵守这一价值观和规范的人就会被社会排斥并抛弃，比如，古代的不孝之子、不忠不义之人，或因言行不一致给农业社会带来不稳定的人都会被惩罚。一个人所处的社会环境会不断对其施加价值观，直至这种价值观为这个人所服从、持有、认同，在这之后，这个人又会积极施加这种价值观给其他社会成员。在这个过程中，因生产力发展促使环境变化，人们的价值观会产生局部更新，然后继续传承下去。

我们不仅被滚筒裹挟，而且是滚筒的推动者。我们成年后，会成为社会的"既得利益群体"，在所处的环境中工作、生活。我们不仅接受着好的传统，而且继承着坏的传统。小时候我们被社会价值观影响，成年后我们用这种价值观影响年轻人。比如，在好的社会环境下，大家都排队，自己也必须排队；大家都讲诚信，自己也不敢欺诈；大家都做义工，自己也乐于助人。而在资源有限及社会治理不完善的情况下，有人不排队，其他人也只能不排队；有人托关系为孩子抢占优质教育资源，其他人也只能去拉关系。更有甚者，"劣币驱除良币"，比如有的工厂采用不环保的生产方式来获得成本优势，其他工厂也只能效仿，否则就会被淘汰。只有社会治理制度不断进步，社会才能走出恶性循环怪圈。

3. 社会进步的方向：提高社会人均幸福度

承认世界的无目的性并不意味着我们对世界的未来持悲观态度，恰恰相反，它使我们更加明确社会的前进方向。

我在开篇已经说过，世界的无目的性会导致人们价值观的差异，这种差异是世界上很多矛盾的根源。尽管价值观不尽相同，但是所有价值观都有一个终极诉求，那就是"幸福"，只是不同地区的人们对于幸福的阐释和实现途径大相径庭。全世界的人们所追求的幸福感并非相同的，而是各自有自己的"幸福模板"。从全因模型的角度来看，每个地区的人们幸福感的"小鸭子模板"有所不同，换句话说，不同文化环境下成长起来的人，获得幸福感的途径是不同的。比如，对于教众来说，历尽艰苦去往圣地朝圣是一种幸福。对于中国人来说，节假日与亲人团聚是一种幸福。而对于不丹这种幸福指数在亚洲名列前茅的国家的国民来说，保持内心平静和环境优美是一种幸福。

在当今全球化的世界，不同社会之间的交流越来越深入，而社会比较会促使全世界人民追求最高质量的幸福感，那就是物质文明高度发达且各具文化特色的幸福感。如果能够在"提高全球人均幸福度"这个观点或价值观上达成共识，那么世界各国归属不同宗教、不同文化的人们就会有更大的机会形成共同的"世界目的"。人均幸福度是指社会成员对生活的满意程度。要想提高人均幸福度，只能依赖于全社会的不断进步。而要使社会不断进步，只能依靠三个方面：技术进步、企业管理制度进步和社会管理制度进步。当然这是一个漫长且需分阶段才能实现的梦想。

4.　社会进步的途径

技术进步可以提升社会的物质水平。如造纸术、印刷术、蒸汽机、电、计算机、互联网等的出现和发明，这些领域的技术进步极大地提高了社会生产力，满足了更多人的物质需求。相比过去的任何时候，现在人们的平均生活水平都更高，可利用的资源更多。但在物质需求得到满足的同时，人们的幸福度是否有所提升，现代人比过去的人更加幸福吗？我认为这是肯定的。制度因素包括企业管理制度和社会管理制度两部分，前者旨在推动社会财富的创造，后者旨在保障社会生产力（包括个体劳动者的生产力和社会保障企业的生产力）的顺利输出。企业管理制度的进步能够更好地激发人们的工作动力，并将人们以更高效的方式联结起来，用正确的方法做事，最大限度地发挥技术进步的力量。社会管理制度的任务是保障社会井然有序，提供安全、清洁、公正、法制的优良环境，以使生产者能够最大限度地输出生产力，创造财富。因此，社会进步的核心就是制度进步，只有贡献了更高效的制度的行为才是有价值的管理，从长久来看才是有益的，否则都是在做无用功。发展并保障技术创新和制度创新是社会各阶层的共同责任。

5. 人工智能

当今时代，人工智能方兴未艾，机器人产业高速发展。人工智能除了可以帮助人类提高效率，更重要的是能够更好地满足人的情感需求。在人的时间、精力有限的情况下，人工智能可以填补人类社会关系的缺失，充当孩子的好老师、工作者的好同事、长辈贴心的照料者……

大家可能觉得距离实现上述场景还太过遥远，但其实现在人工智能与人之间的差异，就在于全因模型的逻辑：如果人工智能也有一个平衡态需要维持，它便会产生属于自己的目的和动机，再加以经验价值清单般的分值算法，人工智能就能拥有真正像人一样的逻辑、意识和"自由意志"，就会不断根据目的做出负反馈行为，甚至衍生出属于它自己的价值观。

AlphaGo（阿尔法围棋）就是被人类设定了目标的人工智能，它的动机就非常明确：在棋盘上战胜对手。所以，它会利用机器学习不断反馈，以调整算法，达到目标。当前人工智能和人的一个重要区别就是，人体拥有更大范围的平衡态，可以适应更大范围的环境变动，而机器人目前所能适应的环境变动的范围比较有限。比如，一旦断电了，或者损坏了，机器人的再生能力比不上人类。

但随着科技的发展以及人工智能的群体合作能力的增强，它将发展成在一定环境下超越人类的存在，这很可能会加剧世界的无目的性。因此，我认为给予机器这样的目的和算法是危险的。在未来，我们是否真的会这样做？这样做之后又将如何避免可能的负面影响？这是未来需要通过社会管理制度的不断创新来解决的问题，目的就是使智能化程度越来越高的人工智能为人类幸福服务。

　　有朝一日，当全世界人民能统一到共同目标——提高全球人均幸福度上，社会就会产生合力，走上和谐、多元、有序的发展道路。那时的人们将安居乐业，按照各自特性设定奋斗目标，并不断取得进步，在良性竞争中激发活力，在实现个人目标的过程中为社会做出贡献，同时收获个人成就感及幸福。

　　人类的发展进程没有尽头，最好的那一刻永远在将来，当下的我们唯有风雨兼程、砥砺前行。要相信，只要充满希望，人类就会拥有更加幸福的完美世界！

图片索引

附　录

思维体操汇总表

全因果律

出死入生平衡态
比耗危习诱失衡
负向反馈生动机
价值清单定方案
能耗最低为目标
抬低压高似弹簧
利益脂肪多多存
压力欲望慢慢消
全因不借玄学力
自由意志自生成

小鸭扳道多宝豆
假设信息我填补
观念固化前法官
改变要跨活化能
不知有来不知无
饭碗正义和单倾
行检标准同一套
自查无错圣人盲
思维体操有方法
无罪之罪唯善良

（封底扫二维码有详解）

参考文献

第一章

1. 坎农 . 躯体的智慧 [M]. 范岳年，魏有仁，译 . 北京：商务印书馆，2009.

2. 彭聃龄 . 普通心理学：第 4 版 [M]. 北京：北京师范大学出版社，2012.

3. 彭聃龄 . 普通心理学：第 4 版 [M]. 北京：北京师范大学出版社，2012.

4. 李爱梅，颜亮，王笑天，等 . 时间压力的双刃效应及其作用机制 [J]. 心理科学进展，2015，23（9）.

5. GARDNER D G. Activation Theory and Task Design: An Empirical Test of Several New Predictions [J]. Journal of Applied Psychology, 1986, 71(3) : 411.

6. 菲利普·津巴多，罗伯特·约翰逊，薇薇安·麦卡恩 . 津巴多普通心理学：第 7 版 [M]. 钱静，黄珏苹，译 . 北京：中国人民大学出版社，2016.

7. 刘杰，孟会敏 . 关于布郎芬布伦纳发展心理学生态系统理论 [J]. 中国健康心理学杂志，2009，17（2）.

8. FESTINGER L. A Theory of Social Comparison Processes [J/OL]. Human Relations, 1954, 7 (2): 117–140. doi:10.1177/001872675400700202.

9. 查尔斯·霍顿·库利 . 人类本性与社会秩序 [M]. 包凡一，王湲，译 . 北京：华夏出版社，1989.

10. MYERS D G. Exploring Social Psychology [M]. 7th ed. New York: McGraw Hill Education, 2015.

第二章

1. O'ROURKE M, GASPERINI R, YOUNG K M. Adult Myelination: Wrapping Up Neuronal Plasticity [J]. Neural Regeneration Research, 2014, 9(13): 1261.

2. CAJAL S R. The Croonian Lecture: La fine structure des centres nerveux [J]. Proceedings of the Royal Society of London, 1894, 55(331-335): 444-468.

3. 肖红蕊，黄一帆，龚先旻，等 . 简化的联合再认范式中情绪对错误记忆影响的

年龄差异 [J]. 心理学报，2015，47（1）：19-28.

4. LOFTUS E F, Palmer J C. Reconstruction of Automobile Destruction: An Example of the Interaction between Language and Memory [J]. Journal of Verbal Learning and Verbal Behavior, 1974, 13(5): 585-589.

5. LOFTUS E F. Planting Misinformation in the Human Mind: A 30-Year Investigation of the Malleability of Memory [J]. Learning & Memory, 2005, 12(4): 361-366.

6. Federal Communications Commission. Press Statement of Commissioner Gloria Tristani. [EB/OL]. (2001-03-09). https://transition.fcc.gov/Speeches/Tristani/Statements/2001/stgt123.html

7. FREUD S. On the History of the Psycho-Analytic Movement [M]. New York: WW Norton & Company, 1989.

8. KLEIN G A. Sources of Power: How People Make Decisions [M]. Cambridge, Mass.: MIT Press, 2017.

第三章

1. NATHANSON D L. Shame and Pride: Affect, Sex, and the Birth of the Self [M]. New York: WW Norton & Company, 1994.

2. LÖVHEIM H. A New Three-Dimensional Model for Emotions and Monoamine Neurotransmitters [J]. Medical Hypotheses, 2012, 78（2）：341-348.

3. ISSA G, WILSON C, TERRY A V, et al. An Inverse Relationship between Cortisol and BDNF Levels in Schizophrenia: Data from Human Postmortem and Animal Studies [J]. Neurobiology of Disease, 2010, 39(3): 327-333.

4. KALAT J W. Biological Psychology [M]. Toronto: Nelson Education, 2015.

5. LINDEN D J. The Compass of Pleasure: How Our Brains Make Fatty Foods, Orgasm, Exercise, Marijuana, Generosity, Vodka, Learning, and Gambling Feel So Good [M]. New York: Viking Adult, 2011.

6. LINDEN D J. The Compass of Pleasure: How Our Brains Make Fatty Foods, Orgasm, Exercise, Marijuana, Generosity, Vodka, Learning, and Gambling Feel So Good [M]. New York: Viking Adult, 2011.

7. SULLIVAN B, THOMPSON H. The Plateau Effect: Getting from Stuck to Success [M]. New York: Dutton, 2014.

第四章

1. BAUMEISTER R F, TIERNEY J. Willpower: Rediscovering the Greatest Human Strength [M]. New York: Penguin Press, 2011.

2. 乔治·米勒. 神奇的数字 7±2: 人类信息加工能力的某些局限 [J]. 陆冰章，陆丙甫，译. 心理科学进展，1983（4）：53-65.

3. MASSIE J L. Management Theory [J]. Handbook of Organizations, 1965, 387: 422.

4. SHIFFRIN R M, SCHNEIDER W. Controlled and Automatic Human Information Processing: II. Perceptual Learning, Automatic Attending and a General Theory [J]. Psychological Review, 1977, 84(2): 127.

5. SPELKE E, HIRST W, NEISSER U. Skills of Divided Attention [J]. Cognition, 1976, 4(3): 215-230.

6. MILICEVIC M. Contemporary Education and Digital Technologies [J]. International Journal of Social Science and Humanity, 2015, 5(7): 656.

7. Dember W N. The Psychology of Perception [M]. New York: Holt, Rinehart & Winston, 1960.

8. MERRIAM A P. Basongye Musicians and Institutionalized Social Deviance [J]. Yearbook of the International Folk Music Council, 1979, 11: 1-26.

9. SELIGMAN M E P. Flourish: A Visionary New Understanding of Happiness and Well-being[M]. New York: Simon & Schuster, 2012.

第五章

1. SCHERER K R, WALLBOTT H G. Evidence for Universality and Cultural Variation of Differential Emotion Response Patterning[J]. Journal of Personality and Social Psychology, 1994, 66(2): 310.

2. 孔清华. 林肯制止斯坦顿寄信 [J]. 中国电力企业管理，2009（2）：53.

3．　DICKENS M. My Father as I Recall Him [M]. London: Cambridge University Press, 2014.

第六章

1．　钱钟书 . 围城 [M]. 北京：人民文学出版社，1991.

2．　HALVORSON H G. No One Understands You and What to Do About It [M]. Brighton, Mass.: Harvard Business Review Press, 2015.

3．　史军 . 可乐的原始配方会致癌，这是真的吗？ [EB/OL].（2018-11-08）. http://songshuhui.net/archives/102938.

4．　山茂峰 . 关于恶意补足年龄适用的探讨 [J]. 法制博览，2016（19）.

第七章

1．　张会利 . 康拉德·洛伦茨及其习性对心理学的影响 [D]. 武汉：华中师范大学，2003.

2．　PLANCK M. Scientific Autobiography and Other Papers [M]. New York: Philosophical Library, 1949.

3．　NYHAN B, REIFLER J. When Corrections Fail: The Persistence of Political Misperceptions [J]. Political Behavior, 2010, 32(2): 303-330.

4．　PHILLIPS K W, MEDIN D, Lee C D, et al. How Diversity Works [J]. Scientific American, 2014, 311(4): 42-47.

5．　SENOR D, SINGER S. Start-up Nation: The Story of Israel's Economic Miracle [M]. New York: Random House Digital, Inc., 2011.

第八章

1．　HEBB D G. The Organization of Behavior [M]. New York: John Wiley and Sons, 1949.

2．　彭聃龄 . 普通心理学：第 4 版 [M]. 北京：北京师范大学出版社，2012.

3．　牛顿 . 自然哲学的数学原理 [M]. 赵振江，译 . 北京：商务印书馆，2006.

4. ZAJONC R B. Attitudinal Effects of Mere Exposure[J]. Journal of Personality and Social Psychology, 1968, 9(2p2): 1.

5. ZAJONC R. Brainwash: Familiarity Breeds Comfort[J]. Psychology Today, 1970, 3(9): 32.

6. NAISBITT J. Mind Set!: Eleven Ways to Change the Way You See—and Create—the Future[M]. New York: Harper Collins, 2009.

第九章

1. Seelig T. inGenius: A Crash Course on Creativity[M]. London: Hay House UK, 2012.

2. 付俊英 . 论思维定势与创造性思维 [J]. 科学技术与辩证法，2000，17（5）：19-22.

3. DUNCKER K, LEES L S. On Problem-solving[J]. Psychological Monographs, 1945, 58(5): i.

4. 杨宽 . 中国古代冶铁技术发展史 [M]. 上海：上海人民出版社，2004.

5. 杨旸 . 创新简史：从石斧到爆品 [M]. 北京：九州出版社，2017.

第十章

1. 刘亮 . 近代西方人对"丁戊奇荒"的认识及其背景——《纽约时报》传达的信息 [J]. 古今农业，2014（3）：107-114.

2. KRUGER J, DUNNING D. Unskilled and Unaware of It: How Difficulties in Recognizing One's Own Incompetence Lead to Inflated Self-Assessments[J]. Journal of Personality and Social Psychology, 1999, 77(6): 1121.

3. 邢小利 . 陈忠实：用笔画出民族的魂 [N/OL]. 光明日报，2018-12-21. http://news.gmw.cn/2018-12/21/content_32210013.htm.

第十一章

1. 康德 . 判断力批判：上卷 [M]. 宗白华，韦卓民，译 . 北京：商务印书馆，2000.

2. MLODINOW L. Subliminal: How Your Unconscious Mind Rules Your Behavior [M]. London: VINTAGE, 2013.

3. 彭聃龄. 普通心理学：第 4 版 [M]. 北京：北京师范大学出版社，2012.

4. Wason P C. Reasoning about a Rule [J]. Quarterly Journal of Experimental Psychology, 1968, 20（3）：273-281.

5. TWAIN M. Autobiography of Mark Twain[M]. Oakland: University of California Press, 2013.

6. BUSS D. Evolutionary Psychology: The New Science of the Mind[M]. Hove: Psychology Press, 2015.

7. KEARNS C E, SCHMIDT L A, GLANTZ S A. Sugar Industry and Coronary Heart Disease Research: A Historical Analysis of Internal Industry Documents[J]. JAMA Internal Medicine, 2016, 176(11): 1680-1685.

8. The National Archives. Luddites [EB/OL]. http://www.nationalarchives.gov.uk/education/politics/g3/.

9. RAWLS J. A Theory of Justice[M]. Cambridge, Mass.: Harvard University Press, 2009.